Etienne Emmrich • Carsten Trunk
Gut vorbereitet
in die erste Mathematikklausur

Gut vorbereitet in die erste Mathematikklausur

von Etienne Emmrich und Carsten Trunk

mit 20 Bildern, 117 Aufgaben und Lösungen
sowie drei Beispielklausuren

fv **Fachbuchverlag Leipzig**
im Carl Hanser Verlag

Autoren
Dr. rer. nat. Etienne Emmrich
Technische Universität Berlin
Institut für Mathematik
http://www.math.tu-berlin.de/~emmrich/

Dr. rer. nat. Carsten Trunk
Technische Universität Berlin
Institut für Mathematik
http://www.math.tu-berlin.de/~trunk/

Bibliografische Information der Deutschen Nationalbibliothek

Die Deutsche Nationalbibliothek verzeichnet diese Publikation in der Deutschen Nationalbibliografie; detaillierte bibliografische Daten sind im Internet über http://dnb.d-nb.de abrufbar.

ISBN 978-3-446-41135-7

Fachbuchverlag Leipzig im Carl Hanser Verlag
© 2007 Carl Hanser Verlag München
http://www.hanser.de

Lektorat: Christine Fritzsch
Herstellung: Renate Roßbach
Satz: Etienne Emmrich, Carsten Trunk, Berlin
Druck und Binden: Druckhaus „Thomas Müntzer" GmbH, Bad Langensalza
Printed in Germany

Vorwort

Viele Studentinnen und Studenten nichtmathematischer Fächer scheitern. Nicht etwa, weil sie Prüfungen ihres Faches nicht bestehen. Sie scheitern an Klausuren und Wiederholungsprüfungen zur Mathematik des ersten Semesters. Durchfallquoten von 60 Prozent und mehr sind bei Ingenieurstudentinnen und -studenten die Regel.

Die Ursachen dafür sind vielfältig: Überlastete Hochschulen und schlechte Studienbedingungen, überholte Lehrformen, die auf Passivität der Studierenden setzen, fehlendes mathematisches Grundverständnis (man vergleiche die PISA- und TIMSS-Studien der letzten Jahre), mangelndes Engagement (von Studierenden und Lehrenden gleichermaßen), Prüfungsstress und -angst, mangelnde Kenntnis über das Wie des Lernens usf.

Diese Ursachen können die Autoren nur unwesentlich beeinflussen. Mit dem vorliegenden Buch aber soll ein Beitrag geleistet werden, wie Sie, liebe Leserin, lieber Leser, sich unter den gegebenen Bedingungen doch behaupten können.

Das Konzept ist einfach: In jedem der nummerierten Abschnitte finden Sie klausurrelevante Aufgaben. Das sind Aufgaben, die so oder so ähnlich in Klausuren zur Höheren Mathematik I oder Analysis I gestellt wurden. Sie finden dann ausführliche und möglichst einfach formulierte Lösungen, mit denen das entsprechende Thema zugleich wiederholt wird. Zur Einstimmung beginnt (fast) jeder Abschnitt mit einer leichten, vorbereitenden Aufgabe. Mit einer Zusammenfassung der wesentlichen mathematischen Zusammenhänge und Verfahren schließt jeder Abschnitt. Die Zusammenfassungen fließen ein in eine kurze und handliche Übersicht: die Analysis des ersten Semesters auf einem A4-Blatt. An manchen Hochschulen ist es erlaubt, einen solchen „Spickzettel" mit zur Klausur zu nehmen. Sie finden diesen zum Heraustrennen noch einmal auf den letzten Buchseiten.

Dieses Vorgehen entspricht in natürlicher Weise dem menschlichen Lernen: Ausgehend von einer gestellten Aufgabe wird das für die Lösung Erforderliche zusammengetragen, um es danach zu systematisieren. Mit dem so erarbeiteten Wissen lassen sich dann alle ähnlichen Aufgaben lösen. – Der Weg der Erkenntnis beginnt mit der Problemstellung.

Die Auswahl der Aufgaben wurde dabei so getroffen, dass die relevanten Fragestellungen der Erstsemesterklausuren abgedeckt sind, zugleich aber zeitraubende Wiederholungen durch viele gleichartige Aufgaben vermieden werden. Dadurch konnte der Text in einem angemessenen Umfang gehalten werden, und es lohnt sich ein konzentriertes Durchdringen einer jeden Aufgabe, um sich für die diversen Varianten von Aufgaben zum gleichen Sachverhalt zu wappnen.

Die in diesem Buch enthaltenen Aufgaben lassen sich in zwei Kategorien einteilen, die optisch leicht zu erkennen sind:

Mit einem linken Balken sind einführende und leichtere Aufgaben gekennzeichnet.

Klausurrelevante Aufgaben sind mit zwei linken Balken gekennzeichnet. Das sind Aufgaben, die so oder so ähnlich bereits in Klausuren gestellt worden sind.

Die Autoren haben gelernt, dass es Aufgaben gibt, die die Studierenden eher verwirren oder etwas „tricky" sind. Deshalb sind einige davon nebst Lösungen extra in einem Abschnitt zusammengefasst. Schließlich finden Sie in den letzten Abschnitten drei Beispielklausuren mit Lösungen.

Den mathematischen Abschnitten sind zwei Abschnitte mit praktischen und psychologisch fundierten Hinweisen zur Prüfungsvorbereitung und zum Umgang mit Prüfungsangst vorangestellt.

Das Buch deckt den Stoff ab, wie er zum Beispiel an der TU Berlin in der Vorlesung *Analysis I für Ingenieure* gelehrt wird, insbesondere also die Differential- und Integralrechnung für Funktionen einer Veränderlichen. Es enthält daneben auch Aufgaben zu den Grundlagen der Linearen Algebra und Analytischen Geometrie, denn andernorts heißt die Veranstaltung womöglich *Höhere Mathematik I* und schließt solche Grundlagen mit ein. Dafür fällt dort vielleicht das eine oder andere analytische Thema weg.

Eines kann das vorliegende Buch nicht: Ihnen die Mühe abnehmen, sich intensiv auf die Prüfung vorzubereiten. Nehmen Sie sich Zeit und versuchen Sie, die Aufgaben selbst zu lösen. Geben Sie nicht gleich auf, wenn es nicht sofort gelingt. Lesen Sie die Lösungsvorschläge, machen Sie sich eigene Notizen. Das Buch ist klein und handlich. Sie können es also überallhin mitnehmen.

Wozu ist das Buch nicht geeignet? Es ist nicht dazu geeignet, Schulstoff zu wiederholen. Hierfür empfehlen wir das sehr einfühlsam und leicht geschriebene, mit zahlreichen Cartoons geschmückte Buch von Küstenmacher et al. [25] und den zugehörigen Analysisband von Partoll und Wagner [37]. Ebenso kann Knorrenschild [24] und die ausführliche Darstellung in Kemnitz [23] empfohlen werden. Das vorliegende Buch ist nicht unbedingt zur erstmaligen Beschäftigung mit den Themen gedacht, also zur Erstvermittlung und zum Aufbau des Verständnisses. Dafür empfehlen wir die Lehrbücher Bärwolff [3], Papula [34], Meyberg und Vachenauer [32] sowie zur Linearen Algebra Scherfner und Senkbeil [41]. Weitere Titel sind im Literaturverzeichnis zu finden.

Beim Schreiben des Buches hatten die Autoren vornehmlich Studentinnen und Studenten der Ingenieurwissenschaften vor Augen. Gleichermaßen aber kann das Buch Studierenden der Wirtschaftswissenschaften, Biologie, Chemie und Informatik von Nutzen sein. Es wendet sich an Studierende von Universitäten, ist aber durchaus auch für Studierende anderer Einrichtungen geeignet.

Den Autoren bleibt nur, Ihnen, liebe Leserin, lieber Leser, viel Erfolg und zumindest gelegentlich auch Freude bei der Beschäftigung mit Mathematik zu wünschen.

Für die Durchsicht des Manuskripts und zahlreiche Anregungen zur Verbesserung des Textes sind die Autoren Herrn Prof. Dr. Rolf D. Grigorieff zu großem Dank verpflichtet. Weiterer Dank geht an Frau Dr. Birgit Hoppe und Herrn Wolf Künne (allesamt Berlin), die den Autoren mit vielen Hinweisen und Vorschlägen bei der Abfassung der Abschnitte zur Prüfungsvorbereitung und zum Umgang mit Prüfungsangst dienten. Schließlich ist Frau Christine Fritzsch vom Fachbuchverlag Leipzig für die außerordentlich gute Zusammenarbeit bei der Umsetzung dieses Buchprojekts zu danken.

Für etwaige Fehler jedoch zeichnen allein die Autoren verantwortlich und sind für jeden diesbezüglichen Hinweis (`emmrich@math.tu-berlin.de` oder `trunk@math.tu-berlin.de`) schon jetzt dankbar.

Berlin, im April 2007   Etienne Emmrich und Carsten Trunk

Inhaltsverzeichnis

Prüfungsvorbereitung und Lernen

Viele Prüfer, auch die Autoren, haben oft beobachtet, dass Studierende trotz großer Anstrengungen nur schlechte Ergebnisse erzielen konnten. Ursächlich dafür ist zumeist ein „falsches" Lernverhalten. Unterschätzen Sie deshalb nicht die Bedeutung des Wissens um adäquate Vorbereitung und adäquates Lernen. Wenngleich sich die Vorbereitung bei jedem anders gestalten mag, so gibt es doch einige allgemein gültige Regeln, die Sie, liebe Leserin, lieber Leser, beherzigen sollten. In diesem Abschnitt werden wir Sie mit diesen vertraut machen und Ihnen Hinweise für eine effektive Vorbereitung auf die Klausur geben.

Verstehen Sie unsere Hinweise gleichwohl als eine Anregung, denn Sie kommen nicht umhin, Ihren eigenen Weg zu finden. Es sollte dabei im Vordergrund stehen, die individuellen Lernstrategien und -konzepte zu erkennen, zu bewerten, gegebenenfalls zu korrigieren und um neue zu erweitern. So können Sie den Prozess der Vorbereitung und des Lernens bewusst und nach Ihren individuellen Bedürfnissen gestalten.

Ergänzend zu diesem Abschnitt empfehlen wir Ihnen die Lektüre des nachfolgenden Abschnitts zum Umgang mit Prüfungsangst. Die dort vorgestellten Entspannungstechniken sowie die Methoden des inneren Dialogs und der positiven Selbstgespräche und Imaginationen können Sie zur Unterstützung des Lernprozesses anwenden, unabhängig davon, ob Sie unter Prüfungsangst leiden oder nicht. Tipps zum Verhalten während der Klausur finden Sie auf Seite 28 f.

Wer mehr zum Thema Lernen wissen möchte, findet einen Markt zahlreicher populärwissenschaftlicher und Fachbücher. Unter diesen können wir Metzig und Schuster [30] sowie den Ratgeber [16] empfehlen.

Klausurvorbereitung

Die Vorbereitung auf eine Klausur zeichnet sich insbesondere dadurch aus, dass in einer zumeist recht kurzen Zeit eine große Fülle an Stoff zu bewältigen ist. Oft wird es das Ziel der Vorbereitung sein, die bevorstehende Klausur mit einer angemessenen Note zu bestehen. Im günstigen Fall geht dieses Ziel mit einem authentischen Interesse am Wissensgegenstand einher. – Es ist wichtig, dass Sie sich Ihrer *Motivation* bewusst sind. Sie werden letztlich nur dann erfolgreich und nachhaltig lernen, wenn Sie ein authentisches, eigenes Interesse daran haben, Ihr Wissen und Können zu mehren.

Prüfungsvorbereitung ist eine anstrengende, schwere Tätigkeit. Sie sollten deshalb alles unternehmen, was Ihnen diese Arbeit so angenehm wie möglich macht. Berücksichtigen Sie dabei Ihre Bedürfnisse und Gewohnheiten. Das fängt bei wohl geplanten *Pausen und Unterbrechungen* an, geht über eine Ihnen angenehme Gestaltung des Arbeitsplatzes bis hin zu gutem Essen und ausreichendem Schlaf. Langschläfer sollten sich nicht plötzlich in Frühaufsteher verwandeln, denn das Missachten der *inneren Uhr* führt nur zu mehr Stress.

Beachten Sie auch, dass es verschiedene Lerntypen gibt: Manch einer etwa braucht absolute Ruhe zum Lernen, ein anderer wiederum lernt am besten im Gehen oder bei Musik. Die Lernforschung zeigt allerdings, dass sich größere Erfolge einstellen, wenn Sie stets am gleichen Ort zur gleichen Zeit lernen.

Für die Zeit der Vorbereitung hat sich ein *schriftlicher Vertrag* mit sich selbst bewährt: Regeln Sie darin genau, welche (realistischen!) Ziele Sie erreichen wollen und wie Sie sich darauf vorbereiten wollen. Machen Sie einen Zeitplan. Rufen Sie sich den Vertrag immer wieder in Erinnerung.

Falls Sie Unlust, Trägheit, gar Faulheit an sich bemerken sollten, so versuchen Sie zu ergründen, warum Sie sich der Vorbereitung verweigern wollen. Es nutzt nichts, sich übermäßig zu zwingen; Klärung geht stets vor. Machen Sie lieber eine Erholungspause, vielleicht einen Spaziergang, Sport oder auch einen Besuch bei Bekannten. Dann aber sollten Sie sich an Ihren eigenen Vertrag erinnern und daran, dass Verträge einzuhalten sind.

Ein solcher Vertrag mit Zeitplan hat auch den Vorteil, dass das „Großereignis" Klausur nicht mehr wie ein unüberwindbares Hindernis vor einem schwebt, sondern vielmehr ein Weg, bestehend aus kleinen Schritten mit Teilzielen und Erfolgserlebnissen, geebnet wird.

Die Klausurvorbereitung beginnt damit, sich *Klarheit über die Anforderungen und den eigenen Kenntnisstand* zu verschaffen. Besorgen Sie sich dafür zunächst alle Informationen, die Sie bekommen können. Besorgen Sie sich alte Klausuren, fragen Sie nach, welche Themen aus der Vorlesung klausurrelevant sind und welche nicht, fragen Sie nach Schwerpunkten für die Klausur, besorgen Sie sich geeignete Literatur zum Nachschlagen, sprechen Sie mit Kommilitonen, die die Klausur schon geschrieben haben.

Alte Klausuren sind für die Vorbereitung von besonderer Bedeutung. Anhand dieser können Sie am besten erkennen, von welchem Typ und Schwierigkeitsgrad die Klausuraufgaben sein werden und welche Themen relevant sind. Prüfer orientieren sich in aller Regel an den Klausuren der Vorjahre. Können Sie diese bearbeiten, so werden Sie auch die bevorstehende Klausur erfolgreich schreiben. Alte Klausuren erhalten Sie bei den Fachschafts- und Studentenräten und oft über die Webseite des Fachbereichs oder Instituts für Mathematik. Sie können aber auch die Sprechstunde des Prüfers oder Assistenten aufsuchen und diese fragen.

Auch die *Analyse bisheriger* positiver und negativer *Erfahrungen* mit Prüfungen und Arbeitstechniken gehört zur Vorbereitung. Überlegen Sie sich dabei, was Sie an alten Erfahrungen und Vorgehensweisen übernehmen wollen und was Sie dieses Mal anders gestalten wollen.

Überprüfen Sie nun Ihren Kenntnisstand, indem Sie etwa eine der alten Klausuren oder eine der Beispielklausuren aus diesem Buch bearbeiten. Es ist nicht weiter schlimm, wenn Ihnen dies noch nicht so gut gelingt, denn Sie stehen ja am Anfang der Vorbereitung. Sie können jetzt entscheiden, welche Stoffgebiete Sie im Rahmen der Vorbereitung zu lernen haben und welche Ziele Sie sich setzen wollen. Bedenken Sie dabei, sich erreichbare Ziele zu setzen. Neigen Sie dazu, Rückschläge und Enttäuschungen nur schwer zu ertragen, so setzen Sie sich eher niedrigere Ziele.

Ausgehend vom Stoffumfang, von Ihrem Kenntnisstand und äußeren Umständen, etwa dem Klausurtermin, müssen Sie sich entscheiden, wie viel Zeit Sie für die Vorbereitung aufwenden. Leserinnen und Lesern, die während des Semesters die Vorlesungen und Übungen besucht sowie Hausaufgaben bearbeitet haben, empfehlen wir, eine Woche für die Vorbereitung einzuplanen. Studierende, für die weite Teile des Stoffes noch unbekannt sind, sollten mindestens eine weitere Woche zur Verfügung haben. Günstig für den Lernerfolg und Ihr eigenes Wohlbefinden ist es, wenn Sie vor der Klausur etwa einen Tag Zeit zum Ausruhen und Erholen haben.

Damit sind wir bei einem wichtigen Teil der Vorbereitung, dem Entwurf eines *Zeitplans*, der Bestandteil Ihres schriftlichen Vertrages sein sollte. In Ihrem individuellen Zeitplan sollten Sie für jeden Tag Ihrer Vorbereitung den genauen Ablauf und die Teilziele, die Sie erreichen wollen, festlegen.

Planen Sie vor allem Ruhepausen und Pufferzeiten ein. Berücksichtigen Sie dabei Ihre eigene Leistungsfähigkeit. Sie sollten deshalb ein Gefühl für Zeit entwickeln und Ihr Verhalten beobachten. Machen Sie sich Ablenkungen bewusst und legen Sie dann lieber eine Pause ein. Übrigens: Die Forschung hat gezeigt, dass viele kleine Pausen sinnvoller sind als ein oder zwei große Pausen. Etwa alle halbe Stunde sollten Sie einige Minuten Pause machen, nach zwei Stunden sollten Sie 15 bis 20 Minuten Pause machen und nach weiteren zwei Stunden sollte eine lange Pause folgen. Am besten, Sie verlassen während der Pause Ihre Lernumgebung und gehen ganz anderen Dingen nach. Näheres finden Sie in [30, S. 29 f.].

Ferner sollten Sie *Phasen des Zusammentragens und Systematisierens* vorsehen. Diese empfehlen sich, nachdem Sie einen Stoffabschnitt, etwa einen Abschnitt dieses Buches, beendet haben oder zum Abschluss eines jeden Arbeitstages sowie zum Ende der Vorbereitung. Schließlich sollten Sie noch eine Schlussphase einplanen, in der Sie insbesondere Gelegenheit haben, sich selbst zu überprüfen.

Ein derartiger Zeitplan hat nun die Prüfungsvorbereitung in kleine, überschaubare und vor allem überprüfbare Abschnitte zerlegt. Nach all diesen Vorbereitungen können Sie jetzt, Ihrem Zeitplan folgend, zum Beispiel mit dem Durcharbeiten der einzelnen Abschnitte dieses Buches, mit dem Lösen von Aufgaben und dem eigentlichen Lernen beginnen. Näheres hierzu finden Sie weiter unten in den beiden nachfolgenden Teilabschnitten.

Wie bereits erwähnt, sollten Sie zwischendurch und zum Schluss der Vorbereitung Ihr Wissen zusammentragen und systematisieren. Das geschieht am besten durch *Schreiben und Erzählen*. Stellen Sie sich dabei vor, Sie würden einem anderen, der die Vorlesung nicht besucht hat, Materialien zum Lernen und Erarbeiten des Stoffes geben oder diesen präzise erklären wollen. Ihre Aufzeichnungen oder mündlichen Darstellungen sollten also aus sich heraus verständlich und vollständig sein. Sie werden merken, es ist gar nicht so leicht, für andere zu schreiben und etwas zu erklären. Ferner werden Sie feststellen, wie verschiedene Themen ineinander greifen und welche Analogien es gibt.

Systematisierung verlangt, sich von einer konkreten Aufgabe wieder zu lösen. Manch einer fragt sich, wozu dies gut sei, da doch nur Aufgaben zu rechnen sind. Jedoch eröffnet Ihnen erst die Systematisierung, das Erkennen von Zusammenhängen und Analogien die Möglichkeit, sich auch komplexen, unvorhergesehenen oder anderslautenden Aufgabenstellungen erfolgreich zu stellen. Im vorliegenden Buch finden Sie zum Beispiel auf den Seiten 189 ff. Aufgaben, die erfahrungsgemäß größere Schwierigkeiten bereiten. Versuchen Sie sich einmal an diesen!

Des Weiteren ist es wichtig, dass Sie Ihre *Lernfortschritte überprüfen*. Das können Sie zum Beispiel, indem Sie sich selbst oder gemeinsam in einer

Lerngruppe befragen. Nutzen Sie ruhig auch die Sprechstunden des Prüfers, der Assistenten und Tutoren. Bewährt haben sich Rollenspiele, in denen Sie mal der Prüfer, mal der Prüfungskandidat sind. Durch die vertauschten Rollen eröffnen sich oft neue Einsichten und zugleich erlernen Sie in einem Rollenspiel ein der Prüfungssituation angemessenes Verhalten. Die Zeiten, zu denen Sie Ihre Lernfortschritte überprüfen wollen, sollten Sie ruhig in Ihrem Zeitplan festhalten.

Außerdem sollten Sie zum Schluss der Vorbereitung eine oder zwei *Klausuren* unter realistischen Bedingungen *simulieren*. Dafür stehen Ihnen in diesem Buch drei Beispielklausuren zur Verfügung. Halten Sie die an Ihrer Hochschule vorgegebene Zeit ein und verwenden Sie nur zugelassene Hilfsmittel, etwa den „Spickzettel" auf den Seiten 34 und 35.

Schließlich sollten Sie noch einmal die alten Klausuren, Ihre Vorlesungsmitschrift, das Skript und dieses Buch in die Hand nehmen, um darin zu blättern und zu lesen. Dabei geht es weniger um eine zielgerichtete Aneignung von Stoff, sondern vielmehr um ein Verankern des Wissens und ein Erinnern an die einzelnen Lernschritte.

Den Abschluss der Vorbereitung bildet am besten ein Tag *Erholung*, an dem Sie sich für Ihre Arbeit belohnen können.

Wie verläuft der Lernprozess?

Stellen Sie sich Lernen als eine große Wanderung vor, deren erklärtes Ziel es ist, die Landschaft in einer gewissen Zeit möglichst genau zu erkunden. Der Weg ist nicht fest vorgegeben, jeder wird einen etwas anderen Weg wählen, wenngleich doch alle sich an den großen Trampelpfaden orientieren werden. Hier und da bleibt man stehen, um sich das eine oder andere etwas genauer anzusehen. Aufmerksames Beobachten und die Einteilung der eigenen Kräfte sind vonnöten. Um sich die Landschaft einzuprägen, wird man die Wanderung wiederholen müssen. Auch nach vielen, unzähligen Wanderungen lässt sich immer noch etwas Neues entdecken.

Bei der ersten Wanderung werden Sie sich sicherlich erst einmal einen Überblick verschaffen und vielleicht etwas staunend an der einen oder anderen Stelle verharren. Bei der zweiten und dritten Wanderung wissen Sie dann schon genauer, was Sie erkunden wollen. Dann wird es eine Zeit geben, in der Sie nur ganz gezielt wandern, sich nur ganz bestimmte Dinge ansehen wollen. Doch hierbei sollten Sie es nicht belassen.

Sie werden bemerken, dass Sie früher oder später zum eher ziellosen Stöbern neigen, um mehr durch Zufall das eine oder andere Neue oder auch schon

Bekannte zu entdecken. Das ist der optimale Zeitpunkt, sich einer Prüfung zu stellen.

Was sollen Sie aus diesem Bild mitnehmen? – Versuchen Sie nicht, Stück um Stück zu lernen. Der *Lernprozess verläuft nicht linear und nicht hierarchisch*. Nehmen Sie sich größere Wissensabschnitte vor und akzeptieren Sie, dass Sie nicht sofort alles verstehen. Kehren Sie dann später zurück. Sie werden mit anderen Augen, gewissermaßen von einer höheren Stufe aus, einen anderen Blick auf diesen Wissensabschnitt haben. Erst dieser neue Blick wird es Ihnen ermöglichen, im Lernen fortzufahren.

Zunächst also legen Sie eine grobe Schicht mit großen Löchern, dann eine zweite, schon feinere, und immer so weiter. Wie bei einem Looping kehren Sie dabei zu ein und demselben Gegenstand wieder zurück und durchdringen diesen zunehmend tiefer. Beim Lernen und Verstehen geht es eben nicht um ein „Alles oder Nichts" und auch nicht um ein „Jetzt oder Nie".

Diese Vorstellung vom Lernen passt auch zu unserem folgenden Tipp: Haben Sie *Mut zur Lücke*. Wenn Sie sich einen guten Überblick verschafft haben, so können Sie auch entscheiden, was Sie für Ihre Zwecke (zum Beispiel zum Bestehen der Klausur) nicht benötigen oder was Ihnen derzeit zu viel wird. Es ist auch nicht schlimm, etwas zu vergessen. Bedenken Sie dabei aber, dass es Wissen gibt, welches die Grundlage für Weiteres bildet. Hier wäre eine Lücke unangebracht.

Akzeptieren Sie auch Fehlschläge und Fehler. Stellen Sie sich einmal einen Lernprozess ohne Fehler vor; wie langweilig wäre doch dieser. Erst das Scheitern schafft die für die erneute Beschäftigung mit dem zu lernenden Gegenstand nötige Motivation.

Lernen ist ein mühsamer Prozess. Sicher haben auch Sie schon einmal bemerkt, dass Lernen leichter fällt, sind erst einmal die ersten Hürden genommen. Dann heißt es oft: „Ach, das ist ja eigentlich doch ganz einfach." Erinnern Sie sich? Bevor Sie diesen Satz gesagt haben, haben Sie vielleicht auch einmal gedacht: „Das ist zu kompliziert, das verstehe ich nie." Für einen Lernprozess ist es ganz typisch, dass er am Anfang langsam vorangeht. Verzweifeln Sie also nicht, wenn Sie am Anfang nicht so vorankommen, wie Sie es sich vielleicht wünschen würden.

Vereinfacht gesagt, ist Lernen das Abspeichern von Wissen im Gedächtnis. Dabei kann nach dem gängigen Dreispeichermodell zwischen dem sensorischen, dem Kurzzeit- und dem Langzeitgedächtnis unterschieden werden. Informationen (Sinneseindrücke) werden zunächst für sehr kurze Zeit in dem recht großen sensorischen Gedächtnis gespeichert. Dann geht die Information für höchstens wenige Minuten in das Kurzzeitgedächtnis über, welches von nur geringer Kapazität ist.

Beim Lernen ist es erforderlich, Informationen aus dem Kurzzeit- in das Langzeitgedächtnis, welches von enormer Kapazität ist, zu verlagern. Die Informationen werden dabei unter anderem reduziert oder auch erweitert, es werden Analogien beobachtet, Zusammenhänge entdeckt und verinnerlicht, Verknüpfungen und Assoziationen hergestellt, Lerngegenstände strukturiert und vieles mehr.

Bei dem Übergang der Informationen aus dem Kurzzeit- in das Langzeitgedächtnis kommt es insbesondere darauf an, dass die Informationen später auch wieder auffindbar sind. Günstig hierfür ist der Aufbau einer *multiplen Repräsentation*, bei der das zu Speichernde sowohl verschieden dargestellt (bildhaft, handlungsorientiert, symbolisch oder sprachlich) als auch mit verschiedenen Labels versehen wird, die es später erlauben, nach verschiedenen Kriterien zu suchen.

Deshalb bleibt uns Wissen länger auffindbar im Gedächtnis, wenn es mit verschiedenen Sinnen (Farben, Musik, Gerüche, ...) aufgenommen und mit anderen Dingen verknüpft wird. Dabei ist es nicht wichtig, dass es einen sachlichen oder logischen Zusammenhang zwischen den Dingen gibt. Vielmehr geht es gewissermaßen um „individuelle Erinnerungsmarken".

Diese *Verknüpfungen* erlauben unter anderem auch das schon beschriebene Auffinden von Informationen nach verschiedenen Ordnungsmerkmalen.

Ein Beispiel: Gehen Sie gedanklich so genau wie möglich Ihren täglichen Weg zur Universität und überlegen Sie, welche Stationen (Bäcker, Haltestelle, Coffee-Shop, ...) Sie dabei zurücklegen und was Sie bei diesen sehen, hören, riechen usf. Jetzt verknüpfen Sie jede dieser Stationen mit einem Sachverhalt, den Sie lernen müsssen. Denken Sie sich einfach eine (verrückte) Geschichte aus, etwa so: „Auf dem Weg zur Uni komme ich am Bäcker vorbei, in dem die Regel von l'Hospital in der Auslage liegt. Wenn man nach einem Stück Streuselkuchen fragt, so verlangt die Verkäuferin immer erst nach dem Grenzwert eines Bruches. Der Streuselkuchen ist dann in Ableitungen von Zähler und Nenner eingewickelt. ... " Indem Sie gedanklich Ihren Weg zur Universität gehen, erinnern Sie zugleich die verknüpften Sachverhalte. Weitere Lerntechniken finden Sie in [30].

Die Funktionsweise des Gedächtnisses legt es nahe, Informationen in ähnlicher Art, Struktur und Situation aufzunehmen, in der sie später auch abgerufen werden sollen. Sollen in einer Klausur also Aufgaben gelöst werden, so muss das Aufgabenlösen auch den Lernprozess bestimmen.

Es hat sich ferner gezeigt, dass sich *Abwechslung* positiv auf das Lernen aus-
wirkt. Sollen (inhaltlich oder von der Form her) ähnliche Lerngegenstände
nacheinander angeeignet werden, so kann die proaktive bzw. reaktive Hem-
mung dazu führen, dass zuvor bzw. später Gelerntes das zu Lernende auf-
hebt. Wir empfehlen Ihnen daher, von Zeit zu Zeit Thema und Aufgaben-
typ zu wechseln. Bearbeiten Sie einmal Aufgaben, die Sie schon recht gut
beherrschen, und wechseln Sie dann zu Aufgaben, die noch eine deutliche
Herausforderung für Sie bedeuten. Sie verschaffen sich so auch Erfolge, ohne
die es beim Lernen nicht geht.

Das Abspeichern im Langzeitgedächtnis wird auch durch Emotionen beein-
flusst. So kann es geschehen, dass das mühsam Erlernte wieder verlorengeht,
wenn Sie sich nach dem Lernen über etwas zu sehr aufregen.

Für das Lernen wird Wiederholung oft als sehr bedeutsam angesehen. Leider ist es nur sehr bedingt richtig und gelegentlich sogar falsch, dass Wiederholung das Mittel der Wahl zur Festigung von Wissen sei. In der Literatur sind dafür überzeugende Beispiele bekannt: So waren in Experimenten
zum assoziativen Lernen Blockierungseffekte festzustellen, wenn ein Stimu-
lus keine neue Information brachte. Bekannt ist auch das Beispiel eines
Professors, der ein Morgengebet über 25 Jahre lang öfter als jeden zweiten
Tag laut vorlas und es dennoch nicht auswendig aufsagen konnte (vgl. [30]).

Nur wenn Sie bei der Wiederholung (einer Aufgabe, einer Lösung, des Le-
sens eines Absatzes etc.) einen neuen Aspekt und aktives Tun (zum Beispiel
Schreiben in eigenen Worten) einbringen, wird dies den Lernerfolg steigern
können. Beachten Sie, dass das wiederholte Bearbeiten gleichartiger Aufgaben lediglich dazu führt, sich in Fertigkeiten wie Termumformungen zu
verbessern, Rechnungen schneller erledigen zu können usf.

Zur Festigung von Wissen und zum Ausbilden von Problemlösefähigkeiten
ist aber vor allem die *eigene Prüfung* geeignet, sodass wir Ihnen empfehlen,
Ihre Lernfortschritte selbst oder gegenseitig zu überprüfen und sich stets
neuen Problemen zu stellen.

Das Lösen von Aufgaben

Beim Lösen einer Aufgabe geht es darum, die Kluft zwischen einem durch
Voraussetzungen und Annahmen explizite oder stillschweigend beschrie-
benen Istzustand und einem durch Behauptungen oder offene Fragen be-
schriebenen Zielzustand zu überwinden. Bloßes Erinnern von Faktenwissen
ist oft nicht ausreichend; vielmehr müssen das Wissen um die richtige Anwendung von Verfahren und Fertigkeiten wie etwa Termumformungen hin-

zutreten sowie Zusammenhänge und Analogien erkannt werden. Deshalb hilft in der Regel auch das Auswendiglernen eines Lösungsablaufs nicht, denn mathematische Aufgaben sind selten reine Routineaufgaben. Das Lösen von Aufgaben erfolgt in *vier Phasen*, die jedoch ineinander greifen und gelegentlich einzeln oder allesamt zu wiederholen sind:

- Erfassen der Aufgabenstellung und der Anforderungen;

- Suchen und Anwenden geeigneter Verfahren und Operationen;

- Überprüfen der erzielten Ergebnisse und Abgleich mit der Aufgabe;

- Beschreiben und Darstellen von Lösungsweg und Ergebnissen.

Machen Sie sich diese Phasen bewusst; Sie werden bemerken, es erleichtert Ihnen das strukturierte Bearbeiten von Aufgaben.

Versuchen Sie stets, eine Aufgabe selbst zu lösen und geben Sie nicht vorschnell auf. Erst danach sollten Sie sich die angegebene Lösung durchlesen. Bedenken Sie, dass es zu einer Aufgabe verschiedene Lösungswege geben kann.

Um sich den Stoff anzueignen, reicht es aber nicht, sich die Lösung einfach nur durchzulesen. Eine gute Regel besagt, dass das Lernen mit einer feinmotorischen Bewegung einhergehen soll. Schreiben Sie also die Lösung selbst noch einmal auf, am besten aus dem Gedächtnis, und vergleichen Sie anschließend. Sie können sich so eine eigene Aufgabensammlung anlegen, in der Sie auch Notizen über besondere Schwierigkeiten oder Fehlerquellen festhalten.

Sie sollten die Lösungen dabei gut ausformulieren und nicht nur im Staccato-Stil Stichpunkte setzen. Durch das vollständige Ausformulieren in eigenen Worten gelangen Sie zu einem tieferen Verständnis und zu einer Festigung des zu lernenden Stoffes. Das liegt unter anderem daran, dass das menschliche Denken und Verstehen vornehmlich an Sprache und Begriffsbildung gebunden ist.

Eine typische, oft zu beobachtende Vermeidungsstrategie besteht übrigens darin, etwas Neues zu beginnen, bevor das Alte beendet ist. Bringen Sie eine einmal angefangene Aufgabe zu Ende, ehe Sie zur nächsten übergehen.

Zum Schluss sei darauf hingewiesen, dass gerade auch in der Mathematik *Irrwege* und vermeintlich falsche Lösungen von besonderer Bedeutung für den Lernprozess sind. Dies mag Sie angesichts der Exaktheit und Strukturiertheit von Mathematik verwundern. Der Arbeitsalltag eines Mathe-

matikers besteht aber darin, Ideen für eine Problemlösung zu entwickeln –
und wieder zu verwerfen. Konkret bedeutet dies, viel für den Papierkorb
zu schreiben.

Wir empfehlen Ihnen, Irrwege und Lösungswege, die nicht zum Ziel führen,
nicht etwa mit einem Tintenkiller auszulöschen. Heben Sie diese ruhig für
eine Weile auf. Machen Sie sich bewusst, warum Sie diesen Weg eingeschla-
gen hatten und warum er nicht zum Ziel führte. Auch bei einer „richtigen"
und vollständigen Lösung sollten Sie sich stets fragen, warum der nächste
Schritt so und nicht anders aussieht. Das Suchen und gegebenenfalls Verwerfen von Alternativen ist entscheidend für das Erlernen und ein tieferes
Verständnis von Mathematik.

Prüfungsangst

Das Herz rast, das Hemd ist durchgeschwitzt, rote Flecken zieren den Hals und die Stimme versagt. Angst. Angst ist etwas Natürliches und erfüllt Schutzfunktionen. Sie ist eine normale Reaktion auf ein als bedrohlich eingestuftes Ereignis. Doch nimmt sie überhand oder ist sie (in ihrem Ausmaß) unbegründet, so behindert sie uns. Umfragen zeigen, dass etwa 10 % der Studierenden unter Prüfungsangst leiden, unmittelbar vor einer Prüfung sogar 50 %. Bei etwa einem Viertel sind sowohl Prüfungsvorbereitung als auch Prüfungsleistung hierdurch beeinträchtigt (vgl. [31]).

Dieser Abschnitt wendet sich an Leserinnen und Leser, die bei Prüfungen sehr aufgeregt oder ängstlich sind und die sich dadurch in ihrer Leistung eingeschränkt fühlen, weil sie sich zum Beispiel nicht konzentrieren können, sie plötzlich alles vergessen haben oder nicht mehr schreiben können.

Unser Ziel ist es, Ihnen aufzuzeigen, welche Ursachen und Auswirkungen Prüfungsangst hat und mit welchen Methoden Sie Prüfungsstress begegnen und Ihre Prüfungsangst überwinden können. Wir kommen nicht umhin, Sie darauf hinzuweisen, dass Sie von Prüfungsangst leider nicht en passant befreit werden können. Vielmehr bedarf es Ihrer aktiven Anstrengung in einem längeren *Prozess der Veränderung*. Das Ziel besteht darin, *mehr Kontrolle über sich und die belastende Situation* zu erlangen.

Verstehen Sie unsere Tipps bitte als eine Anregung. Wenngleich unsere Vorschläge auf einer soliden Basis stehen, so können wir Ihnen doch eine Besserung nicht garantieren. Probieren Sie unsere Hinweise aus und finden Sie Ihren eigenen Weg. Und wenn Ihnen ein Tipp lächerlich vorkommt, dann bedenken Sie: Niemand sieht oder hört Ihnen beim Ausprobieren zu. Sollte Ihnen eine Übung einmal unangenehm sein, so brechen Sie diese ab und probieren eine andere.

Veränderung braucht Zeit und die meisten Techniken zur Bewältigung von Prüfungsangst beruhen auf übenden Verfahren. Nehmen Sie sich daher während der Prüfungsvorbereitung die Zeit, sich mit Ihrer Prüfungsangst auseinanderzusetzen. Freuen Sie sich auch über kleine Erfolge!

Die Bewältigung von Angst ist ein dynamischer Prozess mit großen und kleinen Veränderungen, vielen Fortschritten und gelegentlichen Misserfolgen. Es ist ein Prozess des inneren Wachsens.

Ein wesentlicher Baustein bei der Bewältigung von Angst ist es, sich anderen mitzuteilen und sich so in Beziehung zu anderen zu setzen. Der Hintergrund dafür ist, dass Sie über die Kommunikation mit anderen zu mehr Klarheit über Ihr eigenes Empfinden, Ihre eigenen Gedanken und Ihr Verhalten gelangen. Außerdem ermöglicht Ihnen der Austausch mit anderen, sich deren Erfahrungen zunutze zu machen, das eigene Verhalten gespiegelt zu bekommen und Unterstützung und Zuspruch zu erhalten.

Sollte es Ihnen unmöglich erscheinen, sich anderen mitzuteilen, oder fühlen Sie sich häufig unverstanden, so empfehlen wir Ihnen, sich an einen Psychologischen Psychotherapeuten zu wenden.

Auf tieferliegende Konflikte oder massive Ängste können wir hier nicht eingehen. Bei sehr starken, immer wiederkehrenden Angstzuständen, Panikattacken oder allgemeiner Niedergeschlagenheit und Verstimmung oder wenn Ängste und innere Erregung diffus sind und sich nicht konkretisieren lassen („Warum habe ich gerade jetzt und wovor eigentlich Angst?") empfehlen wir Ihnen ebenfalls, ärztlichen oder psychologischen Rat einzuholen. Entsprechende Adressen finden Sie über die auf Seite 32 angegebenen Webseiten.

Warum bloß habe ich diese Angst?

Prüfungsangst ist eine Form der *Angst vor Bewertung* (vgl. [31]). Dabei geht es um

- Angst vor (negativer) Bewertung und Abwertung der eigenen Person,
- Verletzung des Selbstwertgefühls und Beschämung,
- Vorwegnahme eines möglichen Scheiterns und Versagens.

Dies führt dazu, dass das oft mühsam erarbeitete Selbstbild gestört und angegriffen wird. Hinzu kommen negative Erfahrungen, die zu einer Konditionierung führen können. Zweifel am eigenen Wert und das Gefühl, nicht so lernen und leisten zu können wie andere, werden genährt. Sie fühlen sich dem Erfolgsdruck nicht gewachsen.

Aber bedenken Sie, dass all dies zumeist ganz unbewusst geschieht und auf diversen Erfahrungen mit Eltern, Geschwistern, Mitschülern, Lehrern usf. beruht. Manchmal ist es auch die bevorstehende Trennung vom bislang

Gewohnten, die jemanden verunsichert und ängstigt, etwa wenn nach einer Abschlussprüfung ein neuer Lebensabschnitt beginnt.

Stellen Sie sich einmal vor, was passiert, wenn Sie keine Angst mehr haben. Was würden Sie dann anders machen und wie würde die Prüfung dann ablaufen? Überlegen Sie auch, was Sie während der Klausur machen können, falls die Angst Sie doch wieder überkommt. Übrigens, Sie dürfen sich belohnen, auch wenn Sie einmal eine Klausur nicht bestanden haben. Sie haben sich ja doch sehr intensiv vorbereitet und viel gearbeitet. Danach überlegen Sie, was Sie daran gehindert hat, die Klausur zu bestehen. Bestrafen Sie sich keinesfalls selbst und schimpfen Sie auch nicht mit sich, denn das hilft nicht weiter. Ermutigen Sie sich stattdessen und betrachten Sie, was Sie schon erreicht haben.

Den ersten großen Schritt sind Sie schon gegangen: Sie sind sich Ihrer Prüfungsangst bewusst. Sie wissen also, warum Sie unruhig und unkonzentriert sind, schlecht schlafen oder Ihnen vielleicht übel ist. Da Prüfungen nicht alltäglich sind, werden die unguten Gefühle oft genug wieder verdrängt – bis zur nächsten Prüfung. Wenn Sie erkannt und sich selbst zugestanden haben, unter Prüfungsangst zu leiden, dann können Sie damit beginnen, etwas dagegen zu unternehmen.

Jetzt kommt noch ein wichtiger Hinweis: Viele Menschen meiden Situationen, die Angst auslösen. Das können Sie nicht, denn Sie wollen die Klausur schreiben, weil Sie sich für das Studium entschieden haben. Sie kommen also nicht umhin, sich mit der Prüfungssituation und Ihrer Angst davor auseinanderzusetzen. Auch wenn die Prüfungsangst so ausgeprägt ist, dass ein Arzt Sie daraufhin krank schreibt. Es nutzt nichts. Sie müssen lernen, sich Prüfungen zu stellen. Zwar können Sie mal einen Prüfungstermin verschieben oder der Prüfer unterbricht für Sie eine mündliche Prüfung. Nach der neueren Rechtsprechung aber gehört es zur persönlichen Eignung, sich Prüfungen und Bewertungen stellen zu können, will jemand ein Hochschulstudium abschließen.

Auch Ihnen wird das gelingen. Dafür ist es erforderlich zu erkennen, dass Prüfungsangst *drei Aspekte* hat, die einander bedingen:

- die körperliche und Gefühlsebene,
- die Gedankenebene und
- die Verhaltensebene.

Auf der körperlichen und Gefühlsebene äußert sich Prüfungsangst in körperlichen Symptomen wie Schwitzen, Herzrasen usf. Charakteristisch ist ein erhöhter physiologischer Erregungszustand. Negative Gedanken und Phantasien des bevorstehenden Scheiterns machen die Gedankenebene aus. Auf der Ebene des Verhaltens kann sich Prüfungsangst in Vermeidungsstrategien, im nicht angemessenen Lernverhalten und ähnlichem äußern.

Um Ihre Prüfungsangst erfolgreich und auf Dauer zu bewältigen, müssen Sie ihr auf jeder dieser Ebenen etwas entgegensetzen. Dabei ist zu beachten, dass die Regulierung des physiologischen Zustands, etwa durch Entspannungstechniken, Voraussetzung für eine bewusste Regulierung der Gedanken und für ein angemessenes Verhalten ist.

Körperliche und Gefühlsebene

Angst kann verschiedene Gesichter haben. Neben den schon genannten Körperreaktionen können auch Übelkeit, Unwohlsein, kalte und schwitzige Hände, Ausschlag, Kälte oder Hitze, Weinen oder Lachen, Konzentrationsschwierigkeiten, Müdigkeit, Schlaflosigkeit, Gereiztheit und Aggressivität, Sprachschwierigkeiten und vieles mehr auftreten. Aber werden Sie jetzt nicht zum Hypochonder; Sie wollen ja Ihre Aufgeregtheit und Angst unter Kontrolle bringen und sich nicht neue Symptome zulegen!

Sicher haben Sie schon einmal etwas von *Entspannungstechniken* gehört. Das sind Verfahren, die, regelmäßig geübt, Sie eine tiefe Entspannung erleben lassen und Ihnen Möglichkeiten an die Hand geben, physiologische Vorgänge besser zu erkennen und zu regulieren. Man spricht dann auch von einer psychovegetativen Umschaltung.

Wir empfehlen Ihnen, eine Entspannungstechnik unter Anleitung eines erfahrenen Therapeuten oder Kursleiters zu erlernen und danach regelmäßig selbständig anzuwenden. So können Sie Ihren Erregungszustand vor und während einer Prüfung bewusst steuern. Oftmals bieten Volkshochschulen oder private Gesundheitszentren Kurse an und die Krankenkassen geben ein Zuschuss zu den Kosten.

Die Verfahren beruhen auf komplexen Vorgängen. Deshalb raten wir von dem Versuch, diese allein erlernen zu wollen, eher ab. Die genaue Unterweisung in den Übungen und die Beratung bei eventuell auftretenden Schwierigkeiten erfordern einen kompetenten Therapeuten oder Kursleiter. Fragen Sie diesen ruhig nach seiner Ausbildung und Erfahrung.

Im Folgenden stellen wir zwei Verfahren vor, deren Wirksamkeit durch zahlreiche klinische Studien wissenschaftlich belegt ist und die auch als Basis- oder Begleittherapie in der psychotherapeutischen und ärztlichen Praxis aber auch im Leistungssport Anwendung finden.

Das **Autogene Training**, auch Konzentrative Selbstentspannung genannt, geht auf den Berliner Nervenarzt J. H. Schultz zurück und basiert auf der Erkenntnis, dass sich im Zustand tiefer Entspannung die Körperempfindungen ändern, sich Herz- und Pulsschlag verlangsamen und beruhigen, der Blutdruck sinkt, die Muskeln entspannt sind usf.

Durch die wiederholte Vorstellung bestimmter Formeln wie „Arme und Beine sind ganz schwer und warm.", „Der Bauch ist strömend warm.", „Atmung und Herz gehen ruhig und gleichmäßig." (oder auch „Es atmet mich."), „Die Stirn ist angenehm kühl.", ergänzt um die wiederholte Formel „Ich bin ganz ruhig.", wird die eigene Aufmerksamkeit auf bestimmte Körperfunktionen fokussiert und so der für eine tiefe Entspannung charakteristische physiologische Zustand induziert.

Zusätzlich kann man sich unterstützende Bilder wie einen warmen Ofen bei der Bauchübung, einen Blasebalg bei der Atemübung oder einen zarten Windhauch bei der Stirnübung vorstellen. Gute Wirkung bei Anspannungen zeigt auch die Formel „Schulter und Nacken sind weich und warm." Nach einigen Minuten wird die Tiefenentspannung etwa durch die Formel „Arme fest, atme tief, Augen auf." zurückgenommen.

Ist das Autogene Training gut eingeübt, so reicht eine kurze Formel oder auch ein vorher eingeübtes Signal (zum Beispiel übereinander gekreuzte Finger), um in diesen Zustand tiefer Entspannung zu wechseln.

Im Zustand tiefer Entspannung sind wir besonders empfänglich für Botschaften an unser Unterbewusstsein. Darauf beruht die *formelhafte Vorsatzbildung*. Sie hat sich unter anderem bei der Behandlung psychosomatischer Erkrankungen bewährt.

Ein klassischer Vorsatz, mit dem schon viele tausend Menschen sich selbst geholfen haben, lautet: „An jedem Ort, zu jeder Zeit, Ruhe und Gelassenheit." Aber auch sehr persönliche Formeln können ausprobiert werden. Wichtig ist es, die Vorsätze positiv und in der Zeitform der Gegenwart zu formulieren: „Ich werde keine Angst haben." wäre kein guter Vorsatz, denn unsere Psyche würde das Wort „nicht" einfach überhören und was „wird" interessiert sie auch nicht besonders.

Sie könnten es zum Beispiel mit dem Satz „Bei der Klausur bin ich ganz ruhig und konzentriert." versuchen oder „Ich schreibe ruhig und gelassen eine gute Klausur." Sehr ähnlich arbeiten Verfahren der Selbsthypnose und Autosuggestion. Selbstverständlich können Sie die formelhafte Vorsatzbildung auch im Anschluss an andere Verfahren, die Sie in eine tiefe Entspannung versetzen, probieren.

Die **Progressive Muskelentspannung**, auch Muskelrelaxation genannt, geht auf die Verhaltenstherapeuten E. Jacobson und J. Wolpe zurück und ist ein systematisches Behandlungsprogramm bei Ängsten und Spannungen auf der Grundlage physiologischer Erkenntnisse. Bei Spannungszuständen, die auch bei Angst auftreten, sind stets Muskelkontraktionen beteiligt. Die Progressive Muskelrelaxation beruht darauf, einen Zustand tiefer Entspannung durch die gezielte Wahrnehmung, Anspannung und Entspannung von Muskeln zu erzeugen.

Im Sitzen werden 16 Muskelgruppen (Hände, Arme, Gesicht, Nacken, Brust, Schultern, Rücken, Bauch, Beine, Füße) auf Aufforderung hin gespürt und auf eine bestimmte Weise angespannt und entspannt. Nach einigem Üben wird dies auf wenige Muskelgruppen reduziert. Später dann kann die Konzentration auf die Muskelgruppen, deren Anspannung und Lockerung allein durch Vergegenwärtigung oder durch Zählen erreicht werden.

Sie werden so lernen, Anspannungen zu erkennen und bewusst Muskelgruppen zu lockern, bei der differentiellen Entspannung etwa nach einem Übungsplan in ganz alltäglichen Situationen in verschiedenen Körperhaltungen bei unterschiedlichem Aktivitätsniveau. Dabei geht es um die Entspannung der nicht benötigten Muskeln. Ähnlich wie beim Autogenen Training ist die konditionierte Entspannung auf ein selbstgewähltes Signal hin erlernbar.

Neben diesen beiden Techniken gibt es weitere übende Verfahren, die zur vermehrten Selbstkontrolle des physiologischen Erregheitszustands und zu einer allgemeinen Entspannung führen, wenn auch die Zielsetzung gelegentlich eine andere ist: Qi Gong und Tai Chi Chuan, Feldenkrais, Yoga, Atemtraining nach Middendorf, Biofeedback sowie imaginative Verfahren.

Unter diesen soll das Qi Gong (und Tai Chi Chuan) besonders hervorgehoben werden, denn es gehört zum Standard der Traditionellen Chinesischen Medizin und seine Wirksamkeit ist ebenfalls wissenschaftlich belegt. Es ist ein System von Körperübungen, um durch beharrliches Arbeiten (Gong) die Lebenskraft (Qi) zu stärken und Körper und Geist in Einklang zu bringen. In [22] beschreibt der Arzt Jiao Guorui das von ihm zusammengestellte Übungssystem des Qi Gong Yangsheng, welches größere Verbreitung auch in Deutschland gefunden hat.

Wenn Sie vor der nächsten Prüfung keine Zeit mehr zum Erlernen einer Entspannungstechnik haben, so hilft Ihnen womöglich eine der folgenden Kurzübungen:

- Laufen Sie kurz ganz schnell auf der Stelle. Das nimmt die überschüssige Energie, reguliert die Muskelspannungen und das Herzkreislaufsystem und bringt Sie aus der Angststarre.

- Nehmen Sie Ihre Ohren zwischen Mittel- und Ringfinger und reiben Sie leicht hin und her. Dies entspannt und fördert die Konzentration, insbesondere auch während der Klausur.

- Klopfen Sie leicht mit Zeige- und Mittelfinger Ihrer rechten Hand auf der vorderen Spitze der linken Schulter. Das wirkt beruhigend.

- Spannen Sie alle Muskeln an und ballen Sie eine Faust. Lockern Sie dann alle Muskeln und öffnen Sie die Hand (nicht langsam, sondern plötzlich). Wiederholen Sie dies ein paar Mal.

- Legen Sie etwas unterhalb des Nabels eine Hand auf den Bauch und atmen Sie durch die Nase tief gegen die Hand ein. Atmen Sie dann durch den Mund, vielleicht mit einem seufzenden Ton, aus und vergegenwärtigen Sie sich dabei, wie der Atem langsam über den Brustraum wieder nach außen entweicht. Beobachten Sie, wie sich Ihre Hand beim Ein- und Ausatmen hebt und senkt.

- Schließen Sie die Augen und stellen Sie sich einen Ort vor, an dem Sie sich wohlfühlen. Das kann zum Beispiel eine weite Wiese sein, die nach frischem Gras riecht, oder ein Meer mit seichten, im Takt rauschenden Wellen. Beziehen Sie alle Sinne in Ihre Vorstellung ein und verinnerlichen Sie dieses Bild. Sie können es sich dann in Stresssituationen leicht in Erinnerung rufen.

Gedankenebene

Vielleicht kennen auch Sie so etwas: Sie denken schon vor der Klausur, dass Sie diese nicht schaffen werden, ja gar nicht schaffen können. Und dann passiert es: Sie sind tatsächlich durchgefallen. Das nennt man auch eine sich selbst verwirklichende Prophezeiung. Wollen Sie Ihrer Prüfungsangst entgegentreten, so müssen Sie Ihre Gedankenwelt und Ihre (Prüfungs-) Phantasien steuern. Dabei gibt es einen wichtigen Grundsatz: Bleiben Sie mit Ihren Gedanken um die bevorstehende Prüfung und deren Bewertung in der Realität und bemühen Sie sich um positive Gedanken.

Um dies zu erreichen, gibt es wieder einige Techniken. Zunächst können wir auf die *formelhafte Vorsatzbildung* beim Autogenen Training verweisen. Ein klassischer Vorsatz lautet: „Gedanken kommen und gehen." oder auch „Gedanken sind wie ziehende Wolken." (mit der entsprechenden bildhaften Vorstellung). Dieser Vorsatz wird vor allem eingesetzt, um bei der Entspannungsübung störende Gedanken „zu vertreiben". Außerdem können Sie mit positiven Vorsätzen negativen Gedanken entgegentreten.

Daneben gibt es die so genannten kognitiven Techniken. Sehr bedeutsam ist der *Gedankenstopp*. Gehen Sie die Sie behindernden Gedanken und Fragestellungen noch einmal durch und entschließen Sie sich dann innerlich „Stopp! Nein, so muss ich nicht denken." Es ist nicht hilfreich, nach Begründungen für Ihr „Stopp!" zu suchen, denn so verfangen Sie sich nur wieder in den Gedankengängen, die Sie gerade verlassen wollten.

Hilfreich dagegen sind *innere Dialoge* und *bildhafte Vorstellungen* der folgenden Art: Sprechen Sie mit Ihrer Angst (wie mit einem guten Freund). Schauen Sie sich zusammen den Raum an, in dem die Prüfung stattfindet und gehen Sie den Ablauf der Prüfung gemeinsam durch. Berichten Sie Ihrer Angst von Ihren Vorbereitungen und Ihrer ganzen Mühe und Arbeit, die Sie für die Prüfung schon aufgewandt haben. Am Tag der Prüfung dann, wenn Ihre Angst Sie begleitet, sagen Sie ihr, freundlich, aber bestimmt, sie möge vor der Tür des Prüfungsraumes auf Sie warten. Sie möchten bei der Klausur lieber allein sein. Das wird Ihre Angst verstehen.

Wenn Sie keinen persönlichen Kontakt zu Ihrer Angst herstellen können, versuchen Sie die folgende Methode: Entspannen Sie sich und bereiten Sie sich auf einen kleinen Tagtraum vor. Stellen Sie sich einen großen Karton vor, nicht zu groß, aber auch nicht zu klein. Legen Sie sich in Ihrem Traum Klebeband und Schere zurecht. Jetzt nehmen Sie die Prüfungsangst (wie sieht Ihre Prüfungsangst eigentlich aus?) und legen sie in den Karton. Diesen verschließen Sie gut und kleben ihn zu. Anschließend stellen Sie ihn gut weg, vielleicht auf den Dachboden. So. Jetzt ist Ihre Angst erst einmal weg. In dem Karton ist sie gut aufgehoben und nach der Prüfung können Sie den Karton vorholen und sich vielleicht intensiver mit ihr beschäftigen und ergründen, warum sie Sie so gestört hat. Aber erst nach der Prüfung.

Sie können auch versuchen, die Angst, wie einen Mantel, an den Kleiderhaken zu hängen, bevor Sie in den Prüfungsraum gehen.

Überlegen Sie sich noch einmal, worin genau Ihre Befürchtungen bestehen und was Sie *ohne* diese Befürchtungen tun würden. Versuchen Sie, an angstfreie Situationen anzuknüpfen. Erinnern Sie sich an Prüfungen und ähnliche Situationen, bei denen Sie Angst hatten, die Sie aber dennoch gut überstanden haben. Überprüfen Sie irrationale *Gedanken* und stellen Sie diesen *rationale* gegenüber. Fragen Sie sich nicht, warum andere (angeblich) keine Angst haben, sondern bleiben Sie bei sich und machen Sie sich selbst Mut: „Ich schaffe es, ich kann mit meiner Angst umgehen."

Handlungen werden oft mit inneren Selbstgesprächen vorbereitet und begleitet, zum Beispiel: „Ich kann mich einfach nicht konzentrieren.", „Das kann ich sowieso nicht, dafür bin ich zu blöd.", „Ich schaffe das einfach nicht.", „Ich glaube nicht, dass ich das kann.". Mit solchen negativen Sätzen aber programmieren sich Menschen für eine ungünstige Problemlösung oder -vermeidung.

Wenn auch Sie solche negativen Gedanken kennen, dann hilft Ihnen das Folgende: Sammeln Sie alle Gedanken, die Ihnen in Stress- und Prüfungssituationen durch den Kopf gehen. Wandeln Sie dann negative Sätze in positive um. Aus „Bin ich wieder nervös!" wird so „Etwas Aufregung gehört dazu." oder „Ich bin ruhig und konzentriert und sehe, was möglich ist.". Integrieren Sie diese Technik der *positiven Selbstgespräche* in Ihr Alltagsleben, sodass sie Ihnen in schwierigen Situationen geläufig ist. Sie können diese Technik auch gut mit dem Gedankenstopp verbinden.

Ob Menschen Situationen als belastend erleben, hängt unter anderem auch davon ab, ob sie sich unter das Diktat unrealistischer Grundüberzeugungen stellen, die absolut gelten sollen. „Ich darf keine Fehler machen.", „Wenn ich da durchfalle, ist mein Ansehen hin.", „Es darf (in meinem Leben) nichts schief gehen, das überlebe ich nicht." sind Beispiele für solche überbürdenden Grundhaltungen.

Haben Sie sich wiedererkannt? Dann machen Sie sich eine Liste all dieser negativen Überzeugungen und bearbeiten Sie sie nach folgendem Schema: Enthalten diese Überzeugungen Ansprüche, die nicht erfüllbar sind, so setzen Sie diesen einen realistischen Anspruch entgegen. Dem unrealistischen Anspruch „Ich darf keine Fehler machen." etwa steht die realistische Feststellung „Kein Mensch ist perfekt und kann es auch nicht sein." gegenüber.

Gibt es Überzeugungen, denen Sie eher gerecht werden können, dann formulieren Sie diese, zum Beispiel: „Ich tue, was unter den gegebenen Umständen möglich ist, um Fehler zu vermeiden. Wenn es mir nicht gelingt, gehe ich nicht unter. Manchmal sind Fehler der Beginn neuer Einsichten." Eine Veränderung innerer Überzeugungen im Sinne einer Ihrer Realität angemessenen Grundhaltung wird Ihnen negative Spannung nehmen und positive Selbstgespräche erleichtern.

Schließlich kann es hilfreich sein, sich die Sie stressenden oder ängstigenden Situationen bewusst bildhaft vorzustellen und positiv vorwegzunehmen. Malen Sie sich die Situation so genau und so realistisch wie möglich aus und betrachten Sie sich selbst, wie Sie die Situation ruhig und gelassen, ganz ohne Stress und ohne Angst meistern.

Damit die Vorstellungen Sie nicht überwältigen oder negative Gedanken und Phantasien aufkommen, können Sie die Vorstellungen abstufen: Stellen Sie sich zunächst nur eine für Sie nicht so bedrohliche Prüfungssituation in weiter Ferne vor oder beginnen Sie mit dem Weg zum Prüfungsort. Steigern Sie dann allmählich die Vorstellungen, bis Sie die bevorstehende Prüfung im Ganzen vorwegnehmen und sich selbst darin positiv betrachten können.

Verhaltensebene

Neben Ihrem Empfinden, Ihren Gefühlen und Gedanken spielt Ihr Verhalten eine wichtige Rolle bei der Bewältigung von Prüfungsstress und Prüfungsangst. Dabei geht es um das Verhalten vor, unmittelbar vor und während der belastenden Situation.

Das Verhalten vor der Prüfung ist im Wesentlichen durch ihre Prüfungsvorbereitung und das angemessene Lernen geprägt, womit wir uns bereits im vorangegangenen Abschnitt beschäftigt haben.

Sie sollten mit Freunden und Kommilitonen sprechen und Ihre Befürchtungen formulieren. Oft hilft es schon, negative Gedanken und Befürchtungen laut und deutlich auszusprechen.

Nutzen Sie auch die Sprechstunden des Prüfers oder der Assistenten und Tutoren. Sie können so mehr über die bevorstehende Klausur (und die damit in Verbindung stehenden Personen) in Erfahrung bringen und sich ein realistisches Bild von der Situation, aber auch von sich selbst und von Ihren Lernfortschritten machen. Klarheit über die tatsächlichen Anforderungen ist eine Grundvoraussetzung für ein realistisches Bild und damit für Ihren positiven inneren Dialog.

Schauen Sie sich schließlich den Prüfungsraum an und überlegen Sie, wie Sie dort sitzen werden.

Das Verhalten unmittelbar vor der Prüfung ist oft von unangenehmen Körperreaktionen und negativen Gedanken bestimmt. Versuchen Sie deshalb, sich zu beruhigen (Entspannungsübung) und negative Gedanken aufzugeben (Gedankenstopp, innerer Dialog). Es hat sich als günstig erwiesen, sich vor der Prüfung zu bewegen und zum Beispiel spazieren zu gehen.

Für die Klausur selbst gibt es einige Regeln, die Sie beherzigen sollten:

- Behalten Sie die Kontrolle über Ihre Gefühle, Gedanken und Ihr Verhalten. Versuchen Sie, einen gewissen Abstand zur Situation und den Menschen um Sie herum zu bewahren, und bleiben Sie bei sich.

- Legen Sie sich Ihre Schreibutensilien zurecht und nehmen Sie ein Getränk und gegebenenfalls einen Imbiss mit.

- Lesen Sie zunächst alle Aufgaben der Klausur durch und beginnen Sie dann mit der Aufgabe, die Ihnen am leichtesten erscheint. Sollten Sie einmal bei einer Aufgabe nicht weiterkommen, so gehen Sie einfach zur nächsten Aufgabe über.

- Machen Sie nach etwa einer halben Stunde eine kurze Pause. (Kurzübung: Ohren reiben oder Augen schließen und sich ein beruhigendes Bild vorstellen oder Autogenes Training.) Nach der Pause können Sie effektiv weiterarbeiten.

- Sollten Sie einen Blackout verspüren, so bedenken Sie: Computer stürzen ständig ab und können leicht neu gestartet werden. Auch Sie können mit einem Blackout leicht umgehen. Schließen Sie dazu die Augen, stoppen Sie die Gedanken um den Blackout, stellen Sie sich ein beruhigendes Bild vor. Atmen Sie tief in den Bauch ein und wieder aus. Öffnen Sie dann die Augen, nehmen Sie ein neues Blatt Papier, einen anderen Stift und beginnen Sie von Neuem.

- Verfallen Sie nicht in Hektik, denn dies bedeutet unnütz weitere Aufregung. Vermeiden Sie eine zu starre Haltung und bewegen Sie sich zwischendurch, indem Sie sich kurz strecken und rekeln. Bedenken Sie, dass äußere und innere Haltung einander bedingen.

- Erinnern Sie sich immer wieder an Ihren Vorsatz und schreiben Sie sich diesen ruhig auf, damit Sie ihn stets vor Augen haben: „Nichts kann mich davon abbringen, ruhig und gelassen eine gute Klausur zu schreiben."

Allgemein gilt: Machen Sie sich Ihr Verhalten bewusst, indem Sie sich, Ihren Tagesablauf und Ihre Strategien genau beobachten. Lassen Sie sich beim Lernen gern ablenken? Oder haben Sie schon Prüfungstermine verschoben? Dann könnte es sein, dass Ihr Verhalten auf Vermeidung abzielt. Doch das ist keine Lösung. Versuchen Sie daher, Verhaltensmuster, die einer günstigen Prüfungsvorbereitung und einer erfolgreichen Prüfung eher im Wege stehen, und deren Motivation zu erkennen, und ersetzen Sie diese durch ein der bevorstehenden Prüfung angepasstes Verhalten.

Beobachten Sie auch Ihre Körperhaltung, denn sie gibt Auskunft über die körperliche Ebene. Wollen Sie Ihr Verhalten steuern, so ist es wichtig, sich selbst wahrzunehmen. Bemerken Sie etwa eine verkrampfte Haltung, so probieren Sie eine der Entspannungstechniken, zum Beispiel die Formel „Schulter und Nacken sind weich und warm." aus dem Autogenen Training.

Für den Tag der Klausur können Sie einen Vertrag mit sich selbst machen, etwa so: „Am Dienstag stehe ich um 8 Uhr auf, dann frühstücke ich und gehe zur Klausur. Wenn ich meinen Platz gefunden habe, schließe ich kurz die Augen und erinnere mich, dass ich in Ruhe und mit Gelassenheit die Klausur schreibe. Ich lese erst alle Aufgaben durch. Dann beginne ich mit der leichtesten Aufgabe. Ich fange einfach an, die Lösungen hinzuschreiben. Während der Klausur arbeite ich konzentriert und nach etwa 30 Minuten gönne ich mir eine Pause. Nichts kann mich daran hindern, eine gute Klausur zu schreiben. ... "

Es ist zu beobachten, dass Schulkinder als auch Studierende gelegentlich nicht wissen, wie sie Ihre Gedanken zu Papier bringen können und etwa bei einem leeren Blatt Papier zögern und sich nicht entscheiden können, wo sie mit dem Schreiben beginnen sollen. Dahinter steckt womöglich die antrainierte Lehre, was geschrieben ist, soll richtig sein. Hier gibt es einen einfachen Tipp. Beginnen Sie einfach zu kritzeln, so wie Sie vielleicht während eines langen Telefonats ganz nebenbei herumkritzeln. Aus diesem Kritzeln wird sich das konzentrierte Schreiben wie von selbst ergeben.

Ein anderes Problem, das mit dem Schreiben zusammenhängt, ist das Löschen von vermeintlich Falschem. Belassen Sie es einfach beim Durchstreichen, denn es gehört (fast immer) zur Lösung einer Aufgabe, zwischendurch einen Weg einzuschlagen, der nicht zum Ziel führt. Verzichten Sie auf einen Tintenkiller, denn womöglich brauchen Sie das Durchgestrichene später noch einmal, und sei es nur, um sich an Ihren schon gemachten Gedankengang zu erinnern.

Schließlich seien noch ein paar Worte zum Verhalten nach der Prüfung gesagt: Belohnen Sie sich, wenn Sie Ihren Vertrag eingehalten haben, und belohnen Sie sich dafür, dass Sie diese für Sie doch schwierige Situation gemeistert haben.

Für den Fall, dass Sie nicht mit sich zufrieden sind, so bedenken Sie: Veränderung braucht Zeit und auch Rückschläge gehören zum Prozess der Veränderung. Schimpfen Sie also nicht mit sich. Erholen Sie sich und ergründen Sie dann, warum Sie dieses Mal noch nicht erfolgreich waren und was Sie das nächste Mal verändern könnten.

Wenn Sie die Klausur wiederholen müssen – auch das ist nicht tragisch, denn nicht umsonst sind Wiederholungen vorgesehen –, so überlegen Sie, ob Ihre Vorbereitung angemessen war und Sie eine realistische Vorstellung von der Klausur hatten. Gehen Sie noch einmal alle Punkte Ihrer Vorbereitung durch, überprüfen Sie diese anhand Ihrer neuen Erfahrung und überlegen Sie sich dann, wie Sie die Vorbereitung auf die Wiederholungsprüfung gestalten wollen.

Schieben Sie die Wiederholungsklausur nicht vor sich her; Sie verlieren sonst womöglich das Wissen, das Sie sich schon angeeignet haben. Auch die Angst könnte sich so womöglich steigern. Besuchen Sie stattdessen eine der vom Prüfer oder Assistenten angebotenen Sprechstunden und gehen Sie gemeinsam Ihre Fragen zum Stoff durch. Sie merken so am besten, wo Ihre Lücken sind.

Wo finde ich weitergehende Informationen und Beratung?

Ein sehr guter Ratgeber mit vielen weiteren Übungen und Hinweisen ist [31]. Mehr über Autogenes Training und Selbsthypnose erfahren Sie in [21, 27], mehr zur Progressiven Muskelentspannung in [4] und zum Qi Gong in [22] oder unter `www.qigong-yangsheng.de`. Auf den Audiokassetten bzw. CD [17, 18] finden Sie eine Kombination von Tiefenentspannung, Vorsatzbildung und subliminalen Affirmationen (das sind in wohlklingende Musik eingebettete, kaum hörbare Texte, die positiv auf Ihr Unterbewusstsein wirken sollen).

Mittlerweile bieten die meisten Hochschulen bzw. Studentenwerke eine psychologische Beratung für Studierende an, siehe zum Beispiel

`www-zhv.rwth-aachen.de/zentral/abt14_dl_psychoberatung_allg.htm`

`www.studienberatung.tu-berlin.de`

`www.ruhr-uni-bochum.de/studienbuero/zsbausfu.htm`

`www.zsb.tu-darmstadt.de/oh/beratung_hochschulberatung.html`

`www.uni-siegen.de/zsb/`

Sie können sich aber auch direkt an einen Psychologischen Psychotherapeuten wenden. Wenn Sie bei einer der gesetzlichen Krankenkassen versichert sind, müssen Sie darauf achten, dass der Therapeut eine Kassenzulassung für eines der Richtlinienverfahren besitzt. Zur Zeit sind als Richtlinienverfahren anerkannt: Verhaltenstherapie (VP), Tiefenpsychologisch fundierte Psychotherapie (TP) und Analytische Psychotherapie (AP).

Die ersten fünf (bei einem Analytischen Psychotherapeuten die ersten acht) Sitzungen kann der Therapeut ohne Überweisung einfach mit Ihrer Chipkarte abrechnen. Für eine weitergehende Behandlung wird ein Antrag bei der Krankenkasse gestellt, worüber Sie der Therapeut dann genauer informieren kann. Sie können sich auch an einen Psychologischen Psychotherapeuten ohne Kassenzulassung wenden, müssen dann allerdings für die Behandlung selbst aufkommen.

Verhaltenstherapie hat sich bei der Behandlung von Ängsten als sehr effektiv erwiesen; entscheidend ist aber immer das Verhältnis zwischen Klient und Therapeut. Adressen Psychologischer Psychotherapeuten und weitere nützliche Informationen finden Sie unter

`www.psychotherapiesuche.de`

Außerdem können Sie auf den Webseiten der Kassenärztlichen Vereinigungen nach zugelassenen Therapeuten suchen. Entsprechende Links finden Sie auf der Seite der Kassenärztlichen Bundesvereinigung

`www.kbv.de/patienten/arztsuche/arztsuche.htm`

Wenn Ihre Nervosität, innere Unruhe oder Aufgeregtheit Sie allzu sehr hindert, dann suchen Sie sich professionellen Rat. Bedenken Sie immer Ihr Ziel: Sie wollen mit möglichst guter Note die Klausur schreiben.

Alles auf einem Blatt

Auf den beiden folgenden Seiten ist das Wichtigste für eine Klausur in Analysis I bzw. Höherer Mathematik I zusammengefasst. Die Grundlagen der Linearen Algebra und Analytischen Geometrie blieben dabei jedoch unberücksichtigt und sollten gegebenenfalls selbständig hinzugefügt werden.

An manchen Hochschulen ist es erlaubt, ein A4-Blatt mit zur Klausur zu nehmen, an manchen Hochschulen darf man alles zur Klausur mitnehmen und an anderen gar nichts.

Wir empfehlen deshalb, diese zwei Seiten auf ein A4-Blatt zu kopieren und mit in die Klausur zu nehmen, sofern es erlaubt ist. Andernfalls empfehlen wir, diese beiden Seiten selbst noch einmal zu schreiben und so zu verinnerlichen.

Zum Heraustrennen finden Sie die folgende Übersicht auch noch einmal auf den letzten Buchseiten.

Rechengesetze

$\sqrt[n]{x} = x^{\frac{1}{n}}$, $\frac{1}{x^a} = x^{-a}$, $a^x = e^{\ln a \cdot x}$

Binomische Formeln

$(a \pm b)^2 = a^2 \pm 2ab + b^2$

$(a + b)(a - b) = a^2 - b^2$

Quadratische Gleichung

$x^2 + px + q = 0 \Rightarrow x_{1,2} = -\frac{p}{2} \pm \sqrt{\frac{p^2}{4} - q}$

Biquadratische Gleichung

$z^4 + pz^2 + q = 0$, $x = z^2 \Rightarrow x^2 + px + q = 0$

Grenzwerte ($a > 0$)

$\lim\limits_{x \to \infty} \frac{x^a}{e^x} = 0$, $\lim\limits_{n \to \infty} \sqrt[n]{a} = 1$, $\lim\limits_{n \to \infty} \sqrt[n]{n} = 1$,

$\lim\limits_{x \to \infty} \frac{\ln x}{x^a} = 0$, $\lim\limits_{z \to \infty} \left(1 + \frac{1}{z}\right)^z = e$,

$\lim\limits_{n \to \infty} \frac{1}{n^a} = 0$, $\lim\limits_{x \to \pm\infty} \arctan x = \pm\frac{\pi}{2}$

Funktion	Ableitung
$ax + b$	a
x^a	ax^{a-1}
$\ln x$	$\frac{1}{x}$
e^x	e^x
$\sin x$	$\cos x$
$\cos x$	$-\sin x$
$\tan x$	$\frac{1}{\cos^2 x} = 1 + \tan^2 x$
$\arctan x$	$\frac{1}{1+x^2}$
$f^{-1}(\cdot)$	$\frac{1}{f'(f^{-1}(\cdot))}$
$u \pm v$	$u' \pm v'$
$u \cdot v$	$u'v + uv'$
$\frac{u}{v}$	$\frac{u'v - uv'}{v^2}$
$u(v(x))$	$u'(v(x)) \cdot v'(x)$

Regel von l'Hospital

$\lim\limits_{x \to \alpha} \frac{f(x)}{g(x)} = \lim\limits_{x \to \alpha} \frac{f'(x)}{g'(x)}$,

wenn $\frac{f(x)}{g(x)} = \frac{0}{0}, \frac{\pm\infty}{\pm\infty}$

(ggf. mehrfach)

Vollständige Induktion

Induktionsanfang: Aussage für $n = 0$ (oder $n = n_0$) hinschreiben und zeigen, dass sie gilt.

Induktionsschritt: Aussage für $n = m$ sei wahr, Aussage für $n = m$ hinschreiben. $(*)$

Dann Aussage für $n = m + 1$ hinschreiben und mit $(*)$ beweisen.

Partielle Integration

$\int_a^b uv'\mathrm{d}x = uv\big|_a^b - \int_a^b u'v\mathrm{d}x$

Substitution $t = g(x), x = g^{-1}(t), \mathrm{d}t = g'(x)\mathrm{d}x$

$\int_{x=a}^b f(x)\mathrm{d}x = \int_{t=g^{-1}(a)}^{t=g^{-1}(b)} f(g^{-1}(t))(g^{-1})'(t)\mathrm{d}t$

Reihe $\sum_{k=k_0}^\infty a_k = \lim_{n \to \infty}\left(\sum_{k=k_0}^n a_k\right)$ konvergiert, wenn $\lim_{k \to \infty}\left|\frac{a_{k+1}}{a_k}\right| < 1$

(a_k) keine Nullfolge oder $\lim_{k \to \infty}\left|\frac{a_{k+1}}{a_k}\right| > 1 \Rightarrow$ keine Konvergenz

$0 \le |a_k| \le b_k$ und $\sum_{k=k_0}^\infty b_k$ konvergiert $\Rightarrow \sum_{k=k_0}^\infty a_k$ konvergiert

$0 \le b_k \le a_k$ und $\sum_{k=k_0}^\infty b_k$ konv. nicht $\Rightarrow \sum_{k=k_0}^\infty a_k$ konv. nicht

alternierende Reihe konvergiert, wenn Glieder monotone Nullfolge bilden

$\sum_{k=0}^\infty q^k = \frac{1}{1-q}$ $(|q| < 1)$, $\sum_{k=1}^\infty \frac{1}{k^\alpha}$ $(\alpha > 1)$, $\sum_{k=1}^\infty \frac{(-1)^{k+1}}{k^\alpha}$ $(\alpha > 0)$ konv.

$\sum_{k=0}^\infty q^k$ $(|q| \ge 1)$, $\sum_{k=1}^\infty \frac{1}{k^\alpha}$ $(\alpha \le 1)$ nicht konvergent

---

Potenzreihe $\sum_{k=k_0}^\infty a_k(x - x_0)^k$ konvergiert, wenn $|x - x_0| < R$; konv. nicht,

wenn $|x - x_0| > R$; Randpunkte mit $|x - x_0| = R$ extra; $R = 1/\lim_{k \to \infty}\left|\frac{a_{k+1}}{a_k}\right|$

Uneigentliches Integral $\int_a^\infty f(x)\mathrm{d}x = \lim_{A \to \infty} \int_a^A f(x)\mathrm{d}x$

$0 \le |f(x)| \le g(x)$ und $\int_a^\infty g(x)\mathrm{d}x$ existiert $\Rightarrow \int_a^\infty f(x)\mathrm{d}x$ existiert

$0 \le g(x) \le f(x)$ und $\int_a^\infty g(x)\mathrm{d}x$ ex. nicht $\Rightarrow \int_a^\infty f(x)\mathrm{d}x$ ex. nicht

Partialbruchzerlegung	
Nenner	Ansatz
$x - a$	$\frac{A}{x-a}$
$(x-a)^2$	$\frac{A}{x-a} + \frac{B}{(x-a)^2}$
$(x-u)^2 + v^2$	$\frac{Ax+B}{(x-u)^2+v^2}$

Funktion $f : \mathbb{R} \to \mathbb{R}$ bzw. $f : D \to W$
gerade: $f(-x) = f(x)$
ungerade: $f(-x) = -f(x)$
surjektiv: zu $w \in W$ ex. $d \in D$ mit $f(d) = w$
injektiv: $c, d \in D$, $c \neq d \Rightarrow f(c) \neq f(d)$
bijektiv: injektiv und surjektiv

Stetigkeit

$$f(x) = \begin{cases} f_l(x), & \text{falls } x < x_0 \\ f_0, & \text{falls } x = x_0 \\ f_r(x), & \text{falls } x > x_0 \end{cases}$$

stetig in x_0, wenn

f_l stetig auf $(-\infty, x_0)$,
f_r stetig auf (x_0, ∞) und
$\lim_{x \to x_0-} f_l(x) = \lim_{x \to x_0+} f_r(x) = f_0$

Differenzierbarkeit
$f : (a, b) \to \mathbb{R}$ in $x_0 \in (a, b)$
differenzierbar, wenn
$f'(x_0) = \lim_{x \to x_0} \frac{f(x) - f(x_0)}{x - x_0}$ ex.

Extrema von $f : D \to \mathbb{R}$ (D sei Intervall)
lokales Max (Min) im Innern von D: $f'(x_0) = 0$
und $f''(x_0) < 0$ (> 0); Rand von D untersuchen
globales Max (Min) ist größtes (kleinstes) lok.
Max (Min); kein globales, wenn f unbeschränkt

Taylorpolynom $T_n(x) = f(x_0) + f'(x_0)(x - x_0) + \frac{f''(x_0)}{2!}(x - x_0)^2 + \ldots + \frac{f^{(n)}(x_0)}{n!}(x - x_0)^n$ mit **Restglied** $R_n(x) = f(x) - T_n(x) = \frac{f^{(n+1)}(\xi)}{(n+1)!}(x - x_0)^{n+1}$, ξ zwischen x und x_0 unbekannt; oft ist $|R_n(x)|$ abzuschätzen

Fourierreihe der T-periodischen Funktion $f : \mathbb{R} \to \mathbb{R}$, $f(x + T) = f(x)$
$\frac{a_0}{2} + \sum_{k=1}^{\infty} (a_k \cos(k\omega x) + b_k \sin(k\omega x)) = \sum_{k=-\infty}^{\infty} c_k e^{ik\omega x}$, $\omega = \frac{2\pi}{T}$
$a_k = \frac{2}{T} \int_0^T f(x) \cos(k\omega x) dx$, $b_k = \frac{2}{T} \int_0^T f(x) \sin(k\omega x) dx$, $c_k = \frac{1}{T} \int_0^T f(x) e^{-ik\omega x} dx$
f gerade $\Rightarrow b_k = 0$, f ungerade $\Rightarrow a_k = 0$; f stückweise monoton, stetig $\Rightarrow$
Fourierreihe konvergiert an Stetigkeitsstellen gegen f, an Sprungstellen gegen
arithmetisches Mittel aus links- und rechtsseitigem Grenzwert

x	0	$\frac{\pi}{6}$	$\frac{\pi}{4}$	$\frac{\pi}{3}$	$\frac{\pi}{2}$	$\frac{2\pi}{3}$	$\frac{3\pi}{4}$	$\frac{5\pi}{6}$	π	$\frac{3\pi}{2}$	$\pi = 180°$
$\sin x$	0	$\frac{1}{2}$	$\frac{\sqrt{2}}{2}$	$\frac{\sqrt{3}}{2}$	1	$\frac{\sqrt{3}}{2}$	$\frac{\sqrt{2}}{2}$	$\frac{1}{2}$	0	-1	$\frac{\pi}{2} = 90°$
$\cos x$	1	$\frac{\sqrt{3}}{2}$	$\frac{\sqrt{2}}{2}$	$\frac{1}{2}$	0	$-\frac{1}{2}$	$-\frac{\sqrt{2}}{2}$	$-\frac{\sqrt{3}}{2}$	-1	0	$\tan x = \frac{\sin x}{\cos x}$
$\tan x$	0	$\frac{\sqrt{3}}{3}$	1	$\sqrt{3}$	$-$	$-\sqrt{3}$	-1	$-\frac{\sqrt{3}}{3}$	0	$-$	$\cot x = \frac{1}{\tan x}$

$\sin(x \pm y) = \sin x \cos y \pm \sin y \cos x$, $\cos(x \pm y) = \cos x \cos y \mp \sin x \sin y$

Komplexe Zahl $z = a + ib = re^{i\varphi} = r(\cos \varphi + i \sin \varphi)$ mit $r = |z|$ und

$$|z| = \sqrt{a^2 + b^2}, \quad \varphi = \arg z = \begin{cases} \arctan \frac{b}{a}, & \text{falls } a > 0 \text{ und } b \geq 0, \\ 2\pi + \arctan \frac{b}{a}, & \text{falls } a > 0 \text{ und } b < 0, \\ \pi + \arctan \frac{b}{a}, & \text{falls } a < 0, \end{cases}$$

$\varphi = \frac{\pi}{2}$, falls $a = 0$, $b > 0$, und $\varphi = \frac{3\pi}{2}$, falls $a = 0$, $b < 0$. Es gilt $\overline{z} = a - ib = re^{-i\varphi}$, $z^\alpha = r^\alpha e^{i\alpha\varphi}$. Brüche werden mit der zum Nenner konjugiert komplexen Zahl erweitert. Die n Lösungen von $z^n = v$ mit $v = se^{i\psi}$ lauten
$z_k = \sqrt[n]{s} \cdot e^{i\varphi_k}$ mit $\varphi_k = \frac{\psi}{n} + (k - 1) \cdot \frac{2\pi}{n}$, $k = 1, 2, \ldots, n$.

1 Grenzwerte

Lösung
Untersuchen wir eine Folge auf *Konvergenz*, so versuchen wir stets, auf bereits bekannte Grenzwerte zurückzugreifen. Im vorliegenden Fall bietet es sich an, in Zähler und Nenner jeweils die höchste auftretende Potenz auszuklammern, um sie anschließend zu kürzen,

$$a_n = \frac{\left(n\left(1+\frac{1}{n}\right)\right)^4}{n^3 n\left(1+\frac{2}{n}\right)} = \frac{n^4\left(1+\frac{1}{n}\right)^4}{n^4\left(1+\frac{2}{n}\right)} = \frac{\left(1+\frac{1}{n}\right)^4}{1+\frac{2}{n}}.$$

Es folgt

$$\lim_{n\to\infty} a_n = \lim_{n\to\infty} \frac{\left(1+\frac{1}{n}\right)^4}{1+\frac{2}{n}} = \frac{\lim\limits_{n\to\infty}\left(1+\frac{1}{n}\right)^4}{\lim\limits_{n\to\infty}\left(1+\frac{2}{n}\right)},$$

falls alle auftretenden Grenzwerte existieren. Nun benutzen wir, dass

$$\lim_{n\to\infty} \frac{1}{n} = 0.$$

Allgemeiner gilt sogar für beliebiges $r \in \mathbb{R},\ r > 0$,

$$\lim_{n\to\infty} \frac{1}{n^r} = 0. \qquad (1.2)$$

Außerdem benutzen wir einige Rechenregeln für Grenzwerte. Insbesondere gilt

$$\lim_{n\to\infty} \left(1+\frac{1}{n}\right)^4 = \left(1+\lim_{n\to\infty}\frac{1}{n}\right)^4 = (1+0)^4 = 1,$$

$$\lim_{n\to\infty} \left(1 + \frac{2}{n}\right) = 1 + 2\lim_{n\to\infty}\frac{1}{n} = 1 + 2\cdot 0 = 1\,.$$

Wir können jetzt den gesuchten Grenzwert bestimmen, womit wir zugleich gezeigt haben, dass die Folge konvergiert,

$$\lim_{n\to\infty} a_n = \frac{\lim_{n\to\infty}\left(1+\frac{1}{n}\right)^4}{\lim_{n\to\infty}\left(1+\frac{2}{n}\right)} = \frac{1}{1} = 1\,.$$

Aufgabe 1.2
Untersuchen Sie die Folge (a_n) mit $a_1 = a_2 = a_3 = \ldots = a_7 = 0$ und

$$a_n = \frac{\frac{4n^2+3}{n^2(7-n)}}{\frac{4(n+1)^2+3}{(n+1)^2(7-(n+1))}} \quad \text{für } n \geq 8 \tag{1.3}$$

auf Konvergenz und bestimmen Sie gegebenenfalls den Grenzwert.

Lösung
Da die ersten Folgenglieder einer Folge keinen Einfluss auf das Konvergenzverhalten haben, untersuchen wir nur die Folgenglieder a_n mit $n \geq 8$.

Wir erinnern zunächst an die Regel für die Division zweier Brüche $\frac{a}{b}$ und $\frac{c}{d}$ mit $b, c, d \neq 0$. Es gilt

$$\frac{\frac{a}{b}}{\frac{c}{d}} = \frac{a}{b}\cdot\frac{d}{c}\,,$$

zum Beispiel

$$\frac{\frac{4}{3}}{\frac{2}{9}} = \frac{4}{3}\cdot\frac{9}{2} = 2\cdot 3 = 6.$$

Für den Doppelbruch aus (1.3) erhalten wir daher

$$a_n = \frac{\frac{4n^2+3}{n^2(7-n)}}{\frac{4(n+1)^2+3}{(n+1)^2(7-(n+1))}} = \frac{(4n^2+3)}{n^2(7-n)}\cdot\frac{(n+1)^2(7-(n+1))}{4(n+1)^2+3}$$

$$= \frac{(4n^2+3)(n+1)^2(6-n)}{n^2(7-n)(4(n+1)^2+3)}\,.$$

Zur Bestimmung des gesuchten Grenzwerts benutzen wir wieder genau jenen Trick, den wir schon in der vorherigen Aufgabe benutzt haben: Wir klammern die höchste im Zähler und Nenner auftretende Potenz aus. Für den Zähler beobachten wir, dass

$$(4n^2 + 3)(n + 1)^2(6 - n) = n^2 \left(4 + \frac{3}{n^2}\right) n^2 \left(1 + \frac{1}{n}\right)^2 n \left(\frac{6}{n} - 1\right)$$

$$= -n^5 \left(4 + \frac{3}{n^2}\right) \left(1 + \frac{1}{n}\right)^2 \left(1 - \frac{6}{n}\right).$$

Für den Nenner finden wir

$$n^2(7 - n)(4(n + 1)^2 + 3) = n^2 n \left(\frac{7}{n} - 1\right) \left(4n^2 \left(1 + \frac{1}{n}\right)^2 + 3\right)$$

$$= -n^5 \left(1 - \frac{7}{n}\right) \left(4 \left(1 + \frac{1}{n}\right)^2 + \frac{3}{n^2}\right).$$

Somit folgt

$$a_n = \frac{\left(4 + \frac{3}{n^2}\right) \left(1 + \frac{1}{n}\right)^2 \left(1 - \frac{6}{n}\right)}{\left(1 - \frac{7}{n}\right) \left(4 \left(1 + \frac{1}{n}\right)^2 + \frac{3}{n^2}\right)}.$$

Unter Anwendung der Rechenregeln für Grenzwerte und insbesondere unter Benutzung von (1.2) erhalten wir

$$\lim_{n \to \infty} a_n = \frac{\lim\limits_{n \to \infty} \left(4 + \frac{3}{n^2}\right) \left(1 + \frac{1}{n}\right)^2 \left(1 - \frac{6}{n}\right)}{\lim\limits_{n \to \infty} \left(1 - \frac{7}{n}\right) \left(4 \left(1 + \frac{1}{n}\right)^2 + \frac{3}{n^2}\right)}$$

$$= \frac{(4 + 0)(1 + 0)^2(1 - 0)}{(1 - 0)(4(1 + 0)^2 + 0)} = \frac{4}{4} = 1.$$

Der Grenzwert ist also 1 und die Folge konvergiert.

Aufgabe 1.3
Untersuchen Sie die Folge (a_n) mit

$$a_n = \frac{3n}{n + 1} - \frac{(n - \arctan n)^3}{(2n^2 + 1)(n + 1)}$$

auf Konvergenz und bestimmen Sie gegebenenfalls den Grenzwert.

Lösung

Für den Fall, dass die Folge konvergiert und dass auch die beiden Folgen, deren Differenz (a_n) ist, konvergieren, gilt

$$\lim_{n \to \infty} a_n = \lim_{n \to \infty} \frac{3n}{n+1} - \lim_{n \to \infty} \frac{(n - \arctan n)^3}{(2n^2 + 1)(n+1)}. \tag{1.4}$$

Wir wollen daher die einzelnen Terme getrennt betrachten.[1]

Für den ersten Term beobachten wir, dass

$$\lim_{n \to \infty} \frac{3n}{n+1} = \lim_{n \to \infty} \frac{3}{1 + \frac{1}{n}} = \frac{3}{1 + 0} = 3.$$

Für den zweiten Term veranschaulichen wir uns zunächst die Arkustangensfunktion, siehe Bild 1.1. Die Arkustangensfunktion ist beschränkt. Später

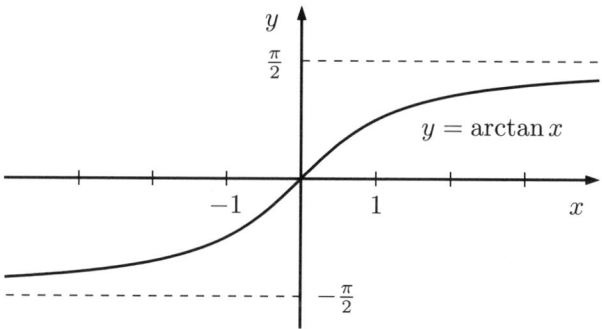

Bild 1.1: Arkustangensfunktion

werden wir auch davon Gebrauch machen, dass

$$\lim_{n \to \infty} \arctan n = \frac{\pi}{2}.$$

Insbesondere aber folgt

$$\lim_{n \to \infty} \frac{1}{n} \arctan n = 0.$$

---

[1]Derartige Rechenregeln für Grenzwerte gelten nur, wenn alle auftretenden Grenzwerte existieren. Wird im Verlaufe der Rechnung festgestellt, dass einer der Grenzwerte nicht existiert, so muss man neu überlegen. Als ein einfaches Beispiel sei die Folge mit $a_n = 2n - 2n$ genannt. Die in der Aufgabe angewandte Rechenregel würde hier nicht zum Ziel führen, denn die Folge $(2n)$ konvergiert nicht. Dagegen konvergiert (a_n) für $n \to \infty$ sicher gegen Null, denn es gilt $a_n = 0$ für alle n.

Durch Kürzen der höchsten Potenz erhalten wir

$$\frac{(n - \arctan n)^3}{(2n^2 + 1)(n + 1)} = \frac{n^3 \left(1 - \frac{1}{n} \arctan n\right)^3}{n^2 \left(2 + \frac{1}{n}\right) n \left(1 + \frac{1}{n}\right)} = \frac{\left(1 - \frac{1}{n} \arctan n\right)^3}{\left(2 + \frac{1}{n}\right) \left(1 + \frac{1}{n}\right)}$$

und somit

$$\lim_{n \to \infty} \frac{(n - \arctan n)^3}{(2n^2 + 1)(n + 1)} = \frac{(1 - 0)^3}{(2 + 0)(1 + 0)} = \frac{1}{2}.$$

Da alle Grenzwerte in (1.4) existieren, gilt

$$\lim_{n \to \infty} a_n = 3 - \frac{1}{2} = \frac{5}{2}.$$

Die Folge (a_n) konvergiert also gegen $\frac{5}{2}$.

Aufgabe 1.4
Untersuchen Sie die Folge (a_n) mit

$$a_n = \frac{n^2 + 1}{n - 2}$$

auf Konvergenz und bestimmen Sie gegebenenfalls den Grenzwert.

Lösung
Wir klammern wieder die höchste Potenz in Zähler und Nenner aus und
kürzen, soweit möglich,

$$a_n = \frac{n^2 + 1}{n - 2} = \frac{n^2}{n} \cdot \frac{1 + \frac{1}{n^2}}{1 - \frac{2}{n}} = n \cdot \frac{1 + \frac{1}{n^2}}{1 - \frac{2}{n}} \tag{1.5}$$

Wegen (1.2) konvergiert

$$\frac{1 + \frac{1}{n^2}}{1 - \frac{2}{n}}$$

für $n \to \infty$ gegen 1. Daher wird die rechte Seite in (1.5) für $n \to \infty$ beliebig
groß. Also konvergiert die Folge (a_n) nicht. Nicht konvergente Folgen werden
auch *divergent* genannt. Ein Grenzwert kann nicht bestimmt werden.

In dem speziellen Fall, dass, wie hier, die Folgenglieder beliebig groß werden, sagt man auch, die Folge (a_n) sei *bestimmt divergent gegen* ∞ und schreibt $\lim_{n \to \infty} a_n = \infty$. Fallen die Folgenglieder unter jede noch so kleine negative Zahl, so sagt man, die Folge sei *bestimmt divergent gegen* $-\infty$ und schreibt $\lim_{n \to \infty} a_n = -\infty$. Von einem *uneigentlichen Grenzwert* sprechen wir immer dann, wenn ein Grenzwert zwar nicht existiert, gleichwohl aber bestimmte Divergenz gegen ∞ oder $-\infty$ vorliegt.

Aufgabe 1.5

Untersuchen Sie die Folge (a_n) mit

$$a_n = \sqrt[n]{100} \, \frac{3n^2 + 4}{(n-1)^2 \cos(n^{-2})}$$

auf Konvergenz und bestimmen Sie gegebenenfalls den Grenzwert.

Lösung

Hier beachten wir zunächst, dass

$$\lim_{n \to \infty} \sqrt[n]{100} = 1 \, .$$

Außerdem konvergiert $\frac{1}{n^2}$ für $n \to \infty$ gegen 0, womit dann wegen der Stetigkeit des Kosinus (siehe auch Abschnitt 4)

$$\lim_{n \to \infty} \cos\left(n^{-2}\right) = \lim_{n \to \infty} \cos\frac{1}{n^2} = \cos 0 = 1$$

folgt. Kürzen wir nun noch wie üblich die höchsten Potenzen, so ergibt sich

$$\lim_{n \to \infty} a_n = \frac{\lim_{n \to \infty} \sqrt[n]{100}}{\lim_{n \to \infty} \cos\frac{1}{n^2}} \cdot \lim_{n \to \infty} \frac{3 + \frac{4}{n^2}}{\left(1 - \frac{1}{n}\right)^2} = \frac{1}{1} \cdot \frac{3 + 0}{(1 - 0)^2} = 3,$$

und die Folge (a_n) konvergiert gegen 3.

Aufgabe 1.6

Untersuchen Sie die Folge (a_n) mit

$$a_n = \frac{n^2}{n^2 + \sqrt{n}} \left(\frac{n+4}{n}\right)^{3 + \frac{n}{8}}$$

auf Konvergenz und bestimmen Sie gegebenenfalls den Grenzwert.

Lösung

Wir wollen wieder die Rechengesetze für Grenzwerte anwenden und betrachten die einzelnen Faktoren separat. Wegen $\sqrt{n} = n^{\frac{1}{2}}$ führt uns das Prinzip des Kürzens der höchsten Potenzen zusammen mit (1.2) zu

$$\lim_{n \to \infty} \frac{n^2}{n^2 + \sqrt{n}} = \lim_{n \to \infty} \frac{1}{1 + \frac{1}{n^{\frac{3}{2}}}} = \frac{1}{1 + 0} = 1 \,.$$

Außerdem gilt

$$\lim_{n \to \infty} \frac{n + 4}{n} = \lim_{n \to \infty} \left(1 + \frac{4}{n} \right) = 1$$

und damit

$$\lim_{n \to \infty} \left(\frac{n + 4}{n} \right)^3 = \left(\lim_{n \to \infty} \frac{n + 4}{n} \right)^3 = 1 \,,$$

sodass die Zerlegung

$$\left(\frac{n + 4}{n} \right)^{3 + \frac{n}{8}} = \left(1 + \frac{4}{n} \right)^{3 + \frac{n}{8}} = \left(1 + \frac{4}{n} \right)^3 \left(1 + \frac{4}{n} \right)^{\frac{n}{8}}$$

nahe liegt. Wir betrachten den verbleibenden Faktor und erinnern an die Definition der *Eulerschen Zahl*

$$e = \lim_{z \to \infty} \left(1 + \frac{1}{z} \right)^z \approx 2,71 \,.$$

Mit $z = \frac{n}{4}$ folgt $\frac{1}{z} = \frac{4}{n}$ und deshalb

$$\left(1 + \frac{4}{n} \right)^{\frac{n}{8}} = \left(1 + \frac{1}{z} \right)^{\frac{1}{2} z} = \left(\left(1 + \frac{1}{z} \right)^z \right)^{\frac{1}{2}} \,.$$

Setzen wir nun alles zusammen, so finden wir

$$\lim_{n \to \infty} a_n = \lim_{n \to \infty} \frac{n^2}{n^2 + \sqrt{n}} \cdot \lim_{n \to \infty} \left(\frac{n + 4}{n} \right)^3 \cdot \lim_{n \to \infty} \left(\frac{n + 4}{n} \right)^{\frac{n}{8}}$$
$$= 1 \cdot 1 \cdot e^{\frac{1}{2}} = \sqrt{e},$$

denn alle auftretenden Grenzwerte existieren. Somit konvergiert die Folge (a_n) gegen $\sqrt{e}$.

Aufgabe 1.7

Bestimmen Sie die Grenzwerte

$$\lim_{x \to 0} \frac{1}{x+1}, \quad \lim_{x \to \infty} \frac{1}{x+1} \quad \text{und} \quad \lim_{x \to -\infty} \frac{1}{\arctan x}.$$

Lösung

Diese Aufgabe unterscheidet sich von den vorangegangenen dadurch, dass nicht der Grenzwert einer Zahlenfolge gesucht wird, sondern der Grenzwert einer Funktion. Zur Bestimmung von $\lim_{x \to 0} \frac{1}{x+1}$ betrachten wir eine beliebige Folge (x_n) reeller Zahlen, die gegen 0 konvergiert. Dann ergibt sich

$$\lim_{n \to \infty} \frac{1}{x_n + 1} = \frac{1}{\left(\lim\limits_{n \to \infty} x_n\right) + 1} = \frac{1}{0+1} = 1.$$

Daher gilt

$$\lim_{x \to 0} \frac{1}{x+1} = \lim_{n \to \infty} \frac{1}{x_n + 1} = 1.$$

Zur Berechnung von $\lim_{x \to \infty} \frac{1}{x+1}$ wählen wir eine beliebige Folge (x_n) reeller Zahlen, die beliebig groß werden ((x_n) ist also bestimmt divergent gegen ∞, vgl. Aufgabe 1.4). Dann gilt

$$\lim_{n \to \infty} \frac{1}{x_n + 1} = 0$$

und wir erhalten

$$\lim_{x \to \infty} \frac{1}{x+1} = 0.$$

Den letzten Grenzwert der Aufgabe bestimmen wir, indem wir eine beliebige Folge (x_n) reeller Zahlen betrachten, die bestimmt divergent gegen $-\infty$ ist. Dann gilt

$$\lim_{n \to \infty} \frac{1}{\arctan x_n} = \frac{1}{\lim\limits_{n \to \infty} \arctan x_n} = \frac{1}{-\frac{\pi}{2}} = -\frac{2}{\pi},$$

wobei wir $\lim_{n \to \infty} \arctan x_n = -\frac{\pi}{2}$ benutzt haben, siehe auch Bild 1.1. Wir erhalten

$$\lim_{x \to -\infty} \frac{1}{\arctan x_n} = -\frac{2}{\pi}.$$

Aufgabe 1.8
Bestimmen Sie den Grenzwert

$$\lim_{x \to -\infty} \left(\sqrt{28 - 10x + x^2} - x \right).$$

Lösung
Wir können hier nicht einfach die einzelnen Terme der Differenz separat betrachten, denn schon $\lim_{x \to -\infty} x$ existiert nicht. Für große x aber gilt $28 - 10x + x^2 \approx x^2$ und daher $\sqrt{28 - 10x + x^2} \approx x$. Deshalb besteht die Hoffnung, dass der Grenzwert aus der Aufgabenstellung existiert. Um das präzise in den Griff zu bekommen, erweitern wir im Hinblick auf die binomische Formel $(a + b)(a - b) = a^2 - b^2$ wie folgt:

$$\sqrt{28 - 10x + x^2} - x = \left(\sqrt{28 - 10x + x^2} - x \right) \frac{\sqrt{28 - 10x + x^2} + x}{\sqrt{28 - 10x + x^2} + x}$$

$$= \frac{28 - 10x + x^2 - x^2}{\sqrt{28 - 10x + x^2} + x} = \frac{-10x + 28}{\sqrt{28 - 10x + x^2} + x}.$$

Wiederum wird die höchste auftretende Potenz ausgeklammert und anschließend gekürzt, sodass

$$\lim_{x \to -\infty} \left(\sqrt{28 - 10x + x^2} - x \right) = \lim_{x \to -\infty} \left(\frac{x}{x} \cdot \frac{-10 + \frac{28}{x}}{\sqrt{\frac{28}{x^2} - \frac{10}{x} + 1} + 1} \right)$$

$$= \frac{-10 + 0}{\sqrt{0 - 0 + 1} + 1} = \frac{-10}{2} = -5$$

folgt. Dabei haben wir benutzt, dass das Wurzelziehen eine stetige Funktion ist (vgl. auch Abschnitt 4). Das bedeutet insbesondere, dass die Grenzwertbildung mit dem Wurzelziehen vertauscht werden darf. Es gilt also

$$\lim_{x \to -\infty} \sqrt{\frac{28}{x^2} - \frac{10}{x} + 1} = \sqrt{\lim_{x \to -\infty} \frac{28}{x^2} - \lim_{x \to -\infty} \frac{10}{x} + 1} = \sqrt{0 - 0 + 1} = 1.$$

Aufgabe 1.9
Bestimmen Sie den Grenzwert

$$\lim_{x \to 0} \frac{2x}{\sin x}.$$

Lösung

Wir wollen die Funktion im Zähler f und die Funktion im Nenner g nennen, also $f(x) = 2x$ und $g(x) = \sin x$. Sodann stellen wir fest, dass sowohl $f(x)$ als auch $g(x)$ für $x \to 0$ gegen Null konvergiert. Da der Ausdruck „$\frac{0}{0}$" nicht definiert ist, können wir einen Grenzwert nicht durch Einsetzen von $x = 0$ bestimmen. In solchen Situationen können wir den gesuchten Grenzwert aber unter Benutzung der *Regel von l'Hospital* bestimmen. Diese besagt für unbestimmte Ausdrücke der Form „$\frac{0}{0}$", dass

$$\lim_{x \to 0} \frac{f(x)}{g(x)} = \lim_{x \to 0} \frac{f'(x)}{g'(x)}. \tag{1.6}$$

Wir berechnen daher zunächst die Ableitungen,

$$f'(x) = 2 \quad \text{und} \quad g'(x) = \cos x.$$

Dann ergibt sich unter Benutzung der Regel von l'Hospital

$$\lim_{x \to 0} \frac{2x}{\sin x} = \lim_{x \to 0} \frac{2}{\cos x} = \frac{2}{\cos 0} = \frac{2}{1} = 2.$$

Aufgabe 1.10

Bestimmen Sie den Grenzwert

$$\lim_{x \to 0} \frac{e^x - e^{-x} - 2x}{x - \sin x}.$$

Lösung

Die Funktion im Zähler nennen wir wieder f, also $f(x) = e^x - e^{-x} - 2x$, und die Funktion im Nenner sei g, also $g(x) = x - \sin x$. Beide konvergieren für $x \to 0$ gegen Null, da beide Funktionen stetig sind und $f(0) = g(0) = 0$ gilt. Wir können also die Regel von l'Hospital (1.6) anwenden. Wir bestimmen daher die Ableitungen,

$$f'(x) = e^x + e^{-x} - 2 \quad \text{und} \quad g'(x) = 1 - \cos x.$$

Dann ergibt sich

$$\lim_{x \to 0} \frac{e^x - e^{-x} - 2x}{x - \sin x} = \lim_{x \to 0} \frac{e^x + e^{-x} - 2}{1 - \cos x}.$$

In diesem Fall konvergiert nach wie vor die Funktion im Zähler als auch die Funktion im Nenner für $x \to 0$ gegen Null; es liegt also wiederum ein unbestimmter Ausdruck der Form „$\frac{0}{0}$" vor. Wir wenden daher die Regel von l'Hospital einfach noch einmal an (und sparen uns, Zähler und Nenner extra zu bezeichnen),

$$\lim_{x \to 0} \frac{e^x + e^{-x} - 2}{1 - \cos x} = \lim_{x \to 0} \frac{e^x - e^{-x}}{\sin x}.$$

Nach wie vor konvergiert die Funktion im Zähler als auch jene im Nenner für $x \to 0$ gegen Null. Eine nochmalige Anwendung der Regel von l'Hospital liefert

$$\lim_{x \to 0} \frac{e^x - e^{-x}}{\sin x} = \lim_{x \to 0} \frac{e^x + e^{-x}}{\cos x}.$$

Wir stellen nun fest, dass zumindest der Nenner für $x \to 0$ nicht gegen Null konvergiert. Jetzt bilden wir einfach im Zähler und Nenner den Grenzwert und erhalten, da Kosinus- und Exponentialfunktion stetig sind,

$$\lim_{x \to 0} \frac{e^x + e^{-x}}{\cos x} = \frac{\lim_{x \to 0}(e^x + e^{-x})}{\lim_{x \to 0} \cos x} = \frac{e^0 + e^0}{\cos 0} = \frac{1 + 1}{1} = 2.$$

So ergibt sich schließlich der gesuchte Grenzwert zu

$$\lim_{x \to 0} \frac{e^x - e^{-x} - 2x}{x - \sin x} = 2.$$

Aufgabe 1.11
Bestimmen Sie den Grenzwert

$$\lim_{x \to \infty} \frac{\ln x}{5 \ln x + \arctan x}.$$

Lösung
Auch diese Aufgabe lässt sich mit Hilfe der Regel von l'Hospital lösen. Die Regel von l'Hospital wurde in Aufgabe 1.9 zwar für den Fall eingeführt, dass Zähler und Nenner gegen Null konvergieren. Aber eine analoge Regel gilt auch für den Fall, dass Zähler und Nenner gegen ∞ (oder gegen $-\infty$)

streben. In dieser Aufgabe strebt die Funktion im Zähler für $x \to \infty$ gegen ∞ und ebenso die Funktion im Nenner. Daher erhalten wir wegen

$$(\ln x)' = \frac{1}{x} \quad \text{und} \quad (\arctan x)' = \frac{1}{1+x^2}$$

mit der Regel von l'Hospital

$$\lim_{x \to \infty} \frac{\ln x}{5\ln x + \arctan x} = \lim_{x \to \infty} \frac{\frac{1}{x}}{\frac{5}{x} + \frac{1}{1+x^2}}. \tag{1.7}$$

Nun könnte man auf die Idee kommen, die Regel von l'Hospital noch einmal anzuwenden, da ein unbestimmter Ausdruck der Form „$\frac{0}{0}$" vorliegt. Doch das ist gar nicht nötig, denn

$$\frac{\frac{1}{x}}{\frac{5}{x} + \frac{1}{1+x^2}} = \frac{x}{x} \cdot \frac{\frac{1}{x}}{\frac{5}{x} + \frac{1}{1+x^2}} = \frac{1}{5 + \frac{x}{1+x^2}} = \frac{1+x^2}{5 + 5x^2 + x}. \tag{1.8}$$

Es folgt mit (1.7) und (1.8)

$$\lim_{x \to \infty} \frac{\ln x}{5\ln x + \arctan x} = \lim_{x \to \infty} \frac{1+x^2}{5 + 5x^2 + x} = \lim_{x \to \infty} \frac{\frac{1}{x^2} + 1}{\frac{5}{x^2} + 5 + \frac{1}{x}} = \frac{1}{5}.$$

Auch hier gibt es, wie so oft, alternative Lösungswege. Erinnern wir uns daran, dass der Arkustangens beschränkt, die Logarithmusfunktion dagegen unbeschränkt wachsend ist, so ist einzusehen, dass

$$\lim_{x \to \infty} \frac{\arctan x}{\ln x} = 0$$

und damit

$$\lim_{x \to \infty} \frac{\ln x}{5\ln x + \arctan x} = \lim_{x \to \infty} \frac{1}{5 + \frac{\arctan x}{\ln x}} = \frac{1}{5}$$

gilt.

Aufgabe 1.12
Bestimmen Sie für alle $k \in \mathbb{N}$ den Grenzwert

$$\lim_{x \to \infty} x^k e^{-x}.$$

Lösung

Zunächst schreiben wir die Aufgabe um,

$$\lim_{x \to \infty} x^k e^{-x} = \lim_{x \to \infty} \frac{x^k}{e^x}. \tag{1.9}$$

Der Fall $k = 0$ ist sofort erledigt, denn wegen $x^0 = 1$ für alle $x \in \mathbb{R}$ gilt

$$\lim_{x \to \infty} x^0 e^{-x} = \lim_{x \to \infty} \frac{1}{e^x} = 0. \tag{1.10}$$

Es sei im Folgenden $k \geq 1$. Wir stellen fest, dass wir in (1.9) die Regel von l'Hospital anwenden können, da die Funktionen in Zähler und Nenner für $x \to \infty$ gegen ∞ streben. Wir erhalten

$$\lim_{x \to \infty} \frac{x^k}{e^x} = \lim_{x \to \infty} \frac{k x^{k-1}}{e^x}.$$

Ist $k = 1$, so sieht man, dass der gesuchte Grenzwert Null ist, denn wir sind wieder bei (1.10) angekommen. Sofern $k \geq 2$ ist, streben die Funktionen in Zähler und Nenner für $x \to \infty$ wieder gegen ∞, also erhält man nach nochmaliger Anwendung der Regel von l'Hospital

$$\lim_{x \to \infty} \frac{x^k}{e^x} = \lim_{x \to \infty} \frac{k x^{k-1}}{e^x} = \lim_{x \to \infty} \frac{k(k-1) x^{k-2}}{e^x}.$$

Der Fall $k = 2$ führt uns wieder auf (1.10). Diesen Prozess wiederholen wir so oft, bis wir bei $x^{k-k} = x^0 = 1$ angekommen sind, also

$$\lim_{x \to \infty} \frac{x^k}{e^x} = \lim_{x \to \infty} \frac{k(k-1)(k-2) \cdot \ldots \cdot 3 \cdot 2 \cdot 1 \cdot x^{k-k}}{e^x}$$

$$= \lim_{x \to \infty} \frac{k! \cdot 1}{e^x} = \frac{k!}{\lim_{x \to \infty} e^x}.$$

Nun geht der Nenner für $x \to \infty$ gegen ∞, der Zähler aber ist konstant gleich $k!$. Somit ergibt sich

$$\lim_{x \to \infty} \frac{x^k}{e^x} = 0,$$

und zwar für alle $k \in \mathbb{N}$. Bei dieser Argumentation würde die Verwendung der vollständigen Induktion (siehe auch Abschnitt 11) nahe liegen.

Einen etwas kürzeren Lösungsweg erlaubt die Benutzung der Taylorentwicklung der Exponentialfunktion (siehe auch Abschnitt 6). Für alle $x \geq 0$ gilt

$$e^x = 1 + x + \frac{x^2}{2} + \cdots + \frac{x^{k+1}}{(k+1)!} + \cdots \geq \frac{x^{k+1}}{(k+1)!}.$$

Somit folgt

$$0 \leq \frac{x^k}{e^x} \leq \frac{x^k}{\frac{x^{k+1}}{(k+1)!}} = \frac{(k+1)!}{x}.$$

Da die rechte Seite für $x \to \infty$ gegen Null geht, folgt unmittelbar

$$\lim_{x \to \infty} \frac{x^k}{e^x} = 0.$$

Zusammenfassung

Es gelten die Rechenregeln

$$\lim_{n\to\infty}(a_n \pm b_n) = \lim_{n\to\infty} a_n \pm \lim_{n\to\infty} b_n\,,$$

$$\lim_{n\to\infty}(a_n \cdot b_n) = \lim_{n\to\infty} a_n \cdot \lim_{n\to\infty} b_n\,,$$

$$\lim_{n\to\infty}\frac{a_n}{b_n} = \frac{\lim_{n\to\infty} a_n}{\lim_{n\to\infty} b_n} \quad (b_n \neq 0,\ \lim_{n\to\infty} b_n \neq 0)\,,$$

sofern alle auftretenden Grenzwerte existieren.

Ist der Grenzwert einer Folge von Brüchen zu bestimmen, so hilft es oft, in Zähler und Nenner die höchste auftretende Potenz auszuklammern und zu kürzen. Man kann dann oftmals den Grenzwert einfach ablesen. Dazu bedient man sich der Kenntnis der folgenden Grenzwerte:

$$\lim_{n\to\infty}\frac{1}{n^r} = 0 \ \text{ für } r > 0\,,$$

und für $k \in \mathbb{N}$

$$\lim_{x\to\infty}\frac{\ln x}{x^k} = 0,\quad \lim_{x\to\infty}\frac{x^k}{e^x} = 0,\quad \lim_{n\to\infty}\sqrt[n]{a} = 1 \quad (a > 0),$$

$$\lim_{z\to\infty}\left(1 + \frac{1}{z}\right)^z = e,\quad \lim_{x\to\infty}\arctan x = \frac{\pi}{2},\quad \lim_{x\to-\infty}\arctan x = -\frac{\pi}{2}.$$

Eine andere Methode besteht darin, einen Bruch geschickt zu erweitern.

Ist f eine in x_0 stetige Funktion, so gilt

$$\lim_{x\to x_0} f(x) = f(x_0)\,.$$

Soll der Grenzwert

$$\lim_{x\to\alpha}\frac{f(x)}{g(x)} \quad \text{mit } \alpha \in \mathbb{R} \text{ oder } \alpha = \infty \text{ oder } \alpha = -\infty$$

bestimmt werden und gehen f und g beide zugleich für $x \to \alpha$ gegen 0, ∞ oder $-\infty$, so benutzt man die Regel von l'Hospital: Es gilt

$$\lim_{x\to\alpha}\frac{f(x)}{g(x)} = \lim_{x\to\alpha}\frac{f'(x)}{g'(x)}\,.$$

Gelegentlich ist die Regel von l'Hospital mehrfach anzuwenden.

2 Reihen und Potenzreihen

Lösung

Wir haben es hier mit einer *Reihe* zu tun, die allgemein von der Gestalt

$$\sum_{k=k_0}^{\infty} a_k$$

ist, wobei $k_0 \in \mathbb{N}$ und $a_k \in \mathbb{R}$ (oder auch $a_k \in \mathbb{C}$). In unserem Fall ist $k_0 = 0$ und $a_k = q^k$. Der Anfang der Reihe und damit der Wert von k_0 spielt für die Frage der Konvergenz keine Rolle.

Eine Reihe konvergiert genau dann, wenn der Grenzwert der *Folge der Partialsummen*

$$\lim_{n \to \infty} \sum_{k=k_0}^{n} a_k$$

existiert. Im Falle seiner Existenz ist dieser Grenzwert zugleich der Wert der Reihe. Mit Hilfe der vollständigen Induktion können wir zeigen, dass

$$\sum_{k=0}^{n} q^n = \begin{cases} \dfrac{1 - q^{n+1}}{1 - q}, & \text{falls } q \neq 1, \\[2mm] n + 1, & \text{falls } q = 1. \end{cases}$$

Da die Folge $(n + 1)$ für $n \to \infty$ nicht konvergiert, konvergiert die Reihe (2.1) nicht für $q = 1$. Die Folge $\left(\frac{1 - q^{n+1}}{1 - q} \right)$ konvergiert genau dann, wenn $|q| < 1$, und zwar gegen $\frac{1}{1-q}$. Somit konvergiert auch die Reihe (2.1) dann und nur dann, wenn $|q| < 1$. Wir können sogar den Wert der Reihe angeben; es gilt

$$\sum_{k=0}^{\infty} q^k = \frac{1}{1-q} \quad \text{für} \quad |q| < 1, \tag{2.2}$$

zum Beispiel

$$\sum_{k=0}^{\infty} \left(\frac{1}{2}\right)^k = \frac{1}{1 - \frac{1}{2}} = 2.$$

Im Falle der Konvergenz der Reihe (2.1) ist also $|q| < 1$. Dann aber bilden die Reihenglieder $a_k = q^k$ eine Nullfolge. Das ist kein Zufall, sondern eine allgemein gültige Aussage: Konvergiert eine Reihe, so bilden ihre Glieder eine Nullfolge. Für die Untersuchung der Konvergenz ist vor allem der Umkehrschluss interessant: Konvergieren die Glieder einer Reihe nicht gegen Null, so ist die Reihe nicht konvergent.

Die Reihe (2.1) heißt übrigens *geometrische Reihe*.

Aufgabe 2.2
Konvergiert die Reihe

$$\sum_{k=0}^{\infty} \left((-1)^{k+1} + 1\right) \cdot 2^{-k}?$$

Bestimmen Sie gegebenenfalls den Wert dieser Reihe.

Lösung
Es ist

$$\sum_{k=0}^{\infty} \left((-1)^{k+1} + 1\right) \cdot 2^{-k}$$
$$= 0 + 2 \cdot 2^{-1} + 0 + 2 \cdot 2^{-3} + 0 + 2 \cdot 2^{-5} + 0 + \dots$$
$$= 2^0 + 2^{-2} + 2^{-4} + \dots$$

Folglich gilt

$$\sum_{k=0}^{\infty} \left((-1)^{k+1} + 1\right) \cdot 2^{-k} = \sum_{k=0}^{\infty} 2^{-2k} = \sum_{k=0}^{\infty} (2^{-2})^k = \sum_{k=0}^{\infty} \left(\frac{1}{4}\right)^k.$$

Aus der vorhergehenden Aufgabe wissen wir, dass diese Reihe konvergiert und gemäß der Beziehung (2.2) für die geometrische Reihe

$$\sum_{k=0}^{\infty} \left(\frac{1}{4}\right)^k = \frac{1}{1 - \frac{1}{4}} = \frac{4}{3}$$

gilt. Die Reihe aus der Aufgabenstellung ist also konvergent und hat den Wert $\frac{4}{3}$.

Aufgabe 2.3
Konvergiert die Reihe

$$\sum_{k=1}^{\infty} \frac{k!}{k^k} ? \tag{2.3}$$

Lösung
Im Unterschied zu Aufgabe 2.1 haben wir keine explizite Berechnung der Partialsummen zur Hand und müssen deshalb ein Konvergenzkriterium bemühen. Ein oft benutztes Kriterium zur Untersuchung der Konvergenz von Reihen ist das *Quotientenkriterium*. Danach konvergiert die Reihe, falls für ihre Glieder a_k der Grenzwert

$$\lim_{k \to \infty} \left| \frac{a_{k+1}}{a_k} \right| \tag{2.4}$$

existiert und echt kleiner als 1 ist. Ist der Grenzwert echt größer als 1, so konvergiert die Reihe nicht. Ist er gleich 1 oder existiert er nicht, so ist keine Aussage möglich.

In unserem Fall haben wir

$$\lim_{k \to \infty} \left| \frac{a_{k+1}}{a_k} \right| = \lim_{k \to \infty} \frac{\frac{(k+1)!}{(k+1)^{k+1}}}{\frac{k!}{k^k}} = \lim_{k \to \infty} \frac{k^k \cdot (k+1)!}{k! \cdot (k+1)^{k+1}}$$

$$= \lim_{k \to \infty} \frac{(k+1) \cdot k \cdot (k-1) \cdot (k-2) \cdot \ldots \cdot 3 \cdot 2 \cdot 1 \cdot k^k}{k \cdot (k-1) \cdot (k-2) \cdot \ldots \cdot 3 \cdot 2 \cdot 1 \cdot (k+1)^{k+1}}$$

$$= \lim_{k \to \infty} \frac{k^k}{(k+1)^k} = \lim_{k \to \infty} \frac{1}{\left(\frac{k+1}{k}\right)^k} = \frac{1}{\lim_{k \to \infty} \left(1 + \frac{1}{k}\right)^k} = \frac{1}{e} < 1,$$

und die Reihe (2.3) ist konvergent.

Aufgabe 2.4
Konvergiert die Reihe

$$\sum_{k=8}^{\infty} \frac{4k^2 + 3}{k^2(k - 7)} ?$$ (2.5)

Lösung
Wir verfahren zunächst so wie in der Aufgabe zuvor. Zwar ist $k_0 = 8$, aber das ist für die Frage der Konvergenz unerheblich. Mit

$$a_k = \frac{4k^2 + 3}{k^2(k - 7)}$$

folgt

$$\lim_{k \to \infty} \left| \frac{a_{k+1}}{a_k} \right| = \lim_{k \to \infty} \frac{\frac{4(k+1)^2+3}{(k+1)^2(k+1-7)}}{\frac{4k^2+3}{k^2(k-7)}} = 1 \,,$$

wobei wir den Grenzwert aus Aufgabe 1.2 benutzt haben. Eine Aussage mit Hilfe des Quotientenkriteriums ist somit nicht möglich. Wir müssen daher auf ein anderes Kriterium zurückgreifen.

Da sich a_k für große k wie $\frac{4k^2}{k^2 k} = \frac{4}{k}$ verhält, vermuten wir, dass die Reihe (2.5) nicht konvergiert. Wir probieren deshalb das *Minorantenkriterium*. Dazu schätzen wir die Reihenglieder a_k nach unten durch $b_k \geq 0$ ab. Wissen wir von der Reihe $\sum_{k=k_0}^{\infty} b_k$, dass sie nicht konvergiert, so konvergiert auch die Reihe $\sum_{k=k_0}^{\infty} a_k$ nicht. Für $k \geq 8$ gilt

$$\frac{4k^2 + 3}{k^2(k - 7)} \geq \frac{4k^2}{k^2(k - 7)} \geq \frac{1}{k - 7} \,.$$

Die so genannte *harmonische Reihe*

$$\sum_{k=8}^{\infty} \frac{1}{k - 7} = \sum_{k=1}^{\infty} \frac{1}{k} = 1 + \frac{1}{2} + \frac{1}{3} + \dots$$ (2.6)

aber konvergiert nicht. Damit konvergiert nach dem Minorantenkriterium auch die Reihe (2.5) nicht.

Dass die harmonische Reihe (2.6) nicht konvergiert, ist wie folgt einzusehen.

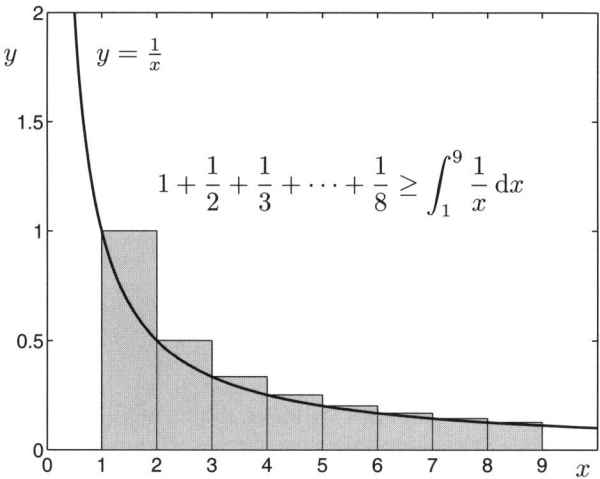

Bild 2.1: Nichtkonvergenz der harmonischen Reihe

Bild 2.1 lehrt uns, dass

$$1 + \frac{1}{2} + \frac{1}{3} + \ldots + \frac{1}{8} \geq \int_1^9 \frac{1}{x}\,\mathrm{d}x$$

gilt, denn das erste grau schraffierte Rechteck hat die Fläche 1, das zweite die Fläche $\frac{1}{2}$ usf. Das Integral $\int_1^9 \frac{1}{x}\,\mathrm{d}x$ dagegen ist die Fläche unter dem Graphen von $y = \frac{1}{x}$ von $x = 1$ bis $x = 9$. Genauso sieht man sofort, dass

$$1 + \frac{1}{2} + \frac{1}{3} + \ldots + \frac{1}{8} + \frac{1}{9} \geq \int_1^{10} \frac{1}{x}\,\mathrm{d}x$$

gilt. Allgemein ist für $n \in \mathbb{N}$

$$1 + \frac{1}{2} + \frac{1}{3} + \ldots + \frac{1}{n} \geq \int_1^{n+1} \frac{1}{x}\,\mathrm{d}x = \ln x \Big|_1^{n+1} = \ln(n+1).$$

Nun wird $\ln(n+1)$ für $n \to \infty$ beliebig groß, also konvergiert die Reihe in (2.6) nicht (siehe auch Aufgabe 9.2).

Aufgabe 2.5

Für welche Parameter $\alpha \in \mathbb{R}$ konvergiert die Reihe

$$\sum_{k=1}^{\infty} \frac{(-1)^{k+1}}{k^\alpha}\,? \tag{2.7}$$

Lösung

Für $\alpha = 1$ unterscheidet sich die Reihe (2.7) nur durch das wechselnde Vorzeichen der Reihenglieder von der harmonischen Reihe (2.6). Sie heißt deshalb auch *alternierende harmonische Reihe*.

Für alternierende Reihen, also Reihen, bei denen zwei aufeinanderfolgende Glieder unterschiedliches Vorzeichen haben, steht das *Leibnizkriterium* zur Verfügung: Bilden die Beträge der Reihenglieder eine monoton fallende Nullfolge[1], so konvergiert die alternierende Reihe.

Ist $\alpha \leq 0$, so ist $\left(\frac{(-1)^{k+1}}{k^\alpha}\right)$ keine Nullfolge und die Reihe (2.7) konvergiert nicht. Ist dagegen $\alpha > 0$, so gilt

$$\lim_{k\to\infty} |a_k| = \lim_{k\to\infty} \frac{1}{k^\alpha} = 0\,.$$

Wir müssen noch überprüfen, ob die Folge $\left(\frac{1}{k^\alpha}\right)$ für $\alpha > 0$ auch monoton fallend ist. Wegen

$$\frac{1}{(k+1)^\alpha} - \frac{1}{k^\alpha} = \frac{k^\alpha - (k+1)^\alpha}{k^\alpha(k+1)^\alpha} < 0\,,$$

ist das aber der Fall. Dabei haben wir benutzt, dass stets $k^\alpha < (k+1)^\alpha$ für $k = 1, 2, \ldots$ und $\alpha > 0$ gilt. Nach dem Leibnizkriterium konvergiert die Reihe (2.7) daher für alle $\alpha > 0$.

Es sei noch einmal hervorgehoben, dass die alternierende harmonische Reihe, die man für $\alpha = 1$ erhält, konvergent ist, während die harmonische Reihe nicht konvergiert.

---

[1]Eine monoton fallende Nullfolge ist eine Folge (b_n), die für $n \to \infty$ gegen Null konvergiert und deren Glieder für alle $n \in \mathbb{N}$ der Ungleichung $b_{n+1} \leq b_n$ genügen; notwendigerweise sind alle Folgenglieder nichtnegativ.

Aufgabe 2.6

Bestimmen Sie die Menge aller $x \in \mathbb{R}$, sodass

$$\sum_{k=0}^{\infty} \frac{1}{2^k} (x+1)^k \tag{2.8}$$

konvergiert.

Lösung

Im Unterschied zu den bisherigen Aufgaben hängen die Reihenglieder jetzt von der Variablen x ab. Die allgemeine Gestalt dieser so genannten *Potenzreihe* lautet

$$\sum_{k=k_0}^{\infty} a_k (x - x_0)^k \tag{2.9}$$

mit $k_0 \in \mathbb{N}$, den Koeffizienten $a_k \in \mathbb{R}$, dem Argument $x \in \mathbb{R}$ und dem *Entwicklungspunkt* $x_0 \in \mathbb{R}$ (oder auch $a_k, x, x_0 \in \mathbb{C}$).

Nach dem Quotientenkriterium aus Aufgabe 2.3 konvergiert die Potenzreihe (2.9) für alle $x \in \mathbb{R}$ mit

$$\lim_{k \to \infty} \left| \frac{a_{k+1}}{a_k} \right| |x - x_0| < 1 \,,$$

also für alle $x \in \mathbb{R}$ mit

$$|x - x_0| < R = \frac{1}{\lim\limits_{k \to \infty} \left| \frac{a_{k+1}}{a_k} \right|} \,, \tag{2.10}$$

sofern der Grenzwert auf der rechten Seite (das ist der Grenzwert (2.4)) existiert und ungleich Null ist. Ist der Grenzwert gleich Null, so konvergiert die Potenzreihe (2.9) für alle $x \in \mathbb{R}$ (und wir setzen $R = \infty$). Die Zahl R heißt *Konvergenzradius* der Potenzreihe. Für alle $x \in \mathbb{R}$ mit $|x - x_0| > R$ konvergiert die Potenzreihe nicht. Gilt $|x - x_0| = R$, so ist auf diese Weise keine Aussage möglich.

Für unsere Aufgabe beobachten wir $k_0 = 0$, $a_k = \frac{1}{2^k}$ und $x_0 = -1$. Es ist

$$\left| \frac{a_{k+1}}{a_k} \right| = \frac{\frac{1}{2^{k+1}}}{\frac{1}{2^k}} = \frac{2^k}{2^{k+1}} = \frac{1}{2}$$

und daher

$$R = \frac{1}{\lim\limits_{k\to\infty} \left|\frac{a_{k+1}}{a_k}\right|} = \frac{1}{\frac{1}{2}} = 2\,. \tag{2.11}$$

Die Potenzreihe aus der Aufgabenstellung konvergiert daher für alle $x \in \mathbb{R}$ mit $|x + 1| < 2$, also für alle $x \in (-3, 1)$. Für alle $x \in \mathbb{R}$ mit $|x + 1| > 2$ konvergiert sie nicht.

Es fehlt noch die *Untersuchung der Konvergenz in den Randpunkten*. Das sind jene Punkte x, für die $|x - x_0| = R$ gilt, hier also $x = 1$ und $x = -3$. Setzen wir in (2.8) für x den Wert 1 ein, so erhalten wir die offenbar nicht konvergente Reihe

$$\sum_{k=0}^{\infty} \frac{1}{2^k} 2^k = \sum_{k=0}^{\infty} 1 = 1 + 1 + 1 + \ldots$$

Für $x = -3$ erhalten wir die Reihe

$$\sum_{k=0}^{\infty} \frac{1}{2^k}(-2)^k = \sum_{k=0}^{\infty}(-1)^k = 1 - 1 + 1 - 1 + 1 - \ldots$$

Auch diese Reihe ist nicht konvergent, denn die Reihenglieder konvergieren nicht gegen Null (siehe auch Aufgabe 2.1).

Die Potenzreihe aus der Aufgabenstellung konvergiert also für alle $x \in (-3, 1)$ und ist ansonsten nicht konvergent.

Aufgabe 2.7
Bestimmen Sie die Menge aller $x \in \mathbb{R}$, sodass

$$\sum_{k=0}^{\infty} \frac{1}{2^k}\, x^{2k}$$

konvergiert.

Lösung
Der wesentliche Unterschied zu Aufgabe 2.6 besteht darin, dass hier $x^{2k} = (x^2)^k$ anstelle von x^k steht. Außerdem ist $x_0 = 0$. Mit

$$z = x^2 \tag{2.12}$$

erhalten wir

$$\sum_{k=0}^{\infty} \frac{1}{2^k} x^{2k} = \sum_{k=0}^{\infty} \frac{1}{2^k} z^k. \tag{2.13}$$

Aus der Lösung zu Aufgabe 2.6 wissen wir bereits, dass die Potenzreihe auf der rechten Seite von (2.13) genau dann konvergiert, wenn $|z| < 2$. Ein Blick auf (2.12) ergibt, dass die Potenzreihe aus der Aufgabenstellung somit genau für alle $x \in \mathbb{R}$ konvergiert, deren Quadrat kleiner als 2 ist, also für alle $x \in (-\sqrt{2}, \sqrt{2})$, sonst aber nicht konvergent ist.

Aufgabe 2.8
Bestimmen Sie die Menge aller $x \in \mathbb{R}$, sodass

$$\sum_{k=0}^{\infty} \frac{(-1)^k}{(2k+1)!} x^k$$

konvergiert.

Lösung
Da

$$\lim_{k \to \infty} \left| \frac{a_{k+1}}{a_k} \right| = \lim_{k \to \infty} \left| \frac{\frac{(-1)^{k+1}}{(2(k+1)+1)!}}{\frac{(-1)^k}{(2k+1)!}} \right| = \lim_{k \to \infty} \frac{(2k+1)!}{(2k+3)!}$$

$$= \lim_{k \to \infty} \frac{1}{(2k+3)(2k+2)} = 0,$$

ist $R = \infty$ und die Potenzreihe aus der Aufgabenstellung konvergiert für alle $x \in \mathbb{R}$.

Aufgabe 2.9
Bestimmen Sie die Menge aller $x \in \mathbb{R}$, sodass

$$\sum_{k=1}^{\infty} \frac{1}{k \cdot 2^k} x^k \tag{2.14}$$

konvergiert.

Lösung

Es ist

$$\lim_{k\to\infty}\left|\frac{a_{k+1}}{a_k}\right| = \lim_{k\to\infty}\frac{\frac{1}{(k+1)\cdot 2^{k+1}}}{\frac{1}{k\cdot 2^k}} = \lim_{k\to\infty}\frac{k\cdot 2^k}{(k+1)\cdot 2^{k+1}}$$

$$= \lim_{k\to\infty}\frac{k}{2(k+1)} = \frac{1}{2}$$

und daher (siehe (2.10)) $R = 2$. Unter Berücksichtigung des Entwicklungspunktes $x_0 = 0$ konvergiert die Potenzreihe (2.14) für alle $x \in (-2, 2)$. Ist $|x| > 2$, so konvergiert die Potenzreihe nicht.

Nun muss noch die Konvergenz in den Randpunkten untersucht werden; es sind dies $x = -2$ und $x = 2$. Setzen wir in (2.14) $x = 2$, so erhalten wir

$$\sum_{k=1}^{\infty}\frac{1}{k\cdot 2^k}\cdot 2^k = \sum_{k=1}^{\infty}\frac{1}{k} = 1 + \frac{1}{2} + \frac{1}{3} + \cdots,$$

also die harmonische Reihe, die nach Aufgabe 2.4 nicht konvergiert. Für $x = -2$ erhalten wir

$$\sum_{k=1}^{\infty}\frac{1}{k\cdot 2^k}\cdot (-2)^k = \sum_{k=1}^{\infty}(-1)^k\frac{1}{k}.$$

Bis aufs Vorzeichen ist das die alternierende harmonische Reihe, die gemäß Aufgabe 2.5 konvergiert.

Zusammenfassend konvergiert die Potenzreihe (2.14) für alle $x \in [-2, 2)$ und sonst nicht.

Aufgabe 2.10

Bestimmen Sie die Menge aller $x \in \mathbb{R}$, sodass

$$\sum_{k=1}^{\infty}\frac{1}{k^2}x^k$$

konvergiert.

Lösung

Es ist

$$\lim_{k\to\infty}\left|\frac{a_{k+1}}{a_k}\right| = \lim_{k\to\infty}\frac{\frac{1}{(k+1)^2}}{\frac{1}{k^2}} = \lim_{k\to\infty}\frac{k^2}{(k+1)^2} = 1$$

und somit $R = 1$. Die Potenzreihe aus der Aufgabenstellung mit dem Entwicklungspunkt $x_0 = 0$ konvergiert daher für alle $x \in (-1, 1)$; sie konvergiert nicht für $|x| > 1$.

Die Randpunkte sind $x = -1$ und $x = 1$. Für $x = 1$ erhalten wir

$$\sum_{k=1}^{\infty} \frac{1}{k^2} = 1 + \frac{1}{4} + \frac{1}{9} + \dots \tag{2.15}$$

Diese Reihe ist nach dem *Majorantenkriterium* konvergent. Danach konvergiert eine Reihe $\sum_{k=k_0}^{\infty} a_k$, wenn es eine konvergente Reihe $\sum_{k=k_0}^{\infty} b_k$ mit $|a_k| \leq b_k$ für alle k gibt. Für die Reihe (2.15) beobachten wir, dass für alle $k = 2, 3, \dots$

$$0 \leq \frac{1}{k^2} \leq \frac{1}{k(k-1)} = \frac{k - (k-1)}{k(k-1)} = \frac{1}{k-1} - \frac{1}{k}$$

gilt. Die Reihe

$$\sum_{k=2}^{\infty} \left(\frac{1}{k-1} - \frac{1}{k} \right)$$

aber konvergiert, da für die Folge der Partialsummen

$$\lim_{n \to \infty} \sum_{k=2}^{n} \left(\frac{1}{k-1} - \frac{1}{k} \right) = \lim_{n \to \infty} \left(1 - \frac{1}{2} + \frac{1}{2} - + \dots - \frac{1}{n} \right)$$

$$= \lim_{n \to \infty} \left(1 - \frac{1}{n} \right) = 1$$

gilt. Es folgt sogar

$$\sum_{k=1}^{\infty} \frac{1}{k^2} = 1 + \sum_{k=2}^{\infty} \frac{1}{k^2} \leq 1 + \sum_{k=2}^{\infty} \left(\frac{1}{k-1} - \frac{1}{k} \right) \leq 1 + 1 = 2 \,.$$

Eine andere Methode, die Konvergenz der Reihe (2.15) nachzuweisen, besteht in der Anwendung des *Reihen-Integral-Kriteriums*, siehe Aufgabe 9.2.

Für $x = -1$ erhalten wir die nach Aufgabe 2.5 konvergente Reihe

$$\sum_{k=1}^{\infty} \frac{1}{k^2} (-1)^k = -\sum_{k=1}^{\infty} \frac{(-1)^{k+1}}{k^2} \,.$$

Insgesamt ist die Potenzreihe für alle $x \in [-1, 1]$ konvergent.

Zusammenfassung

Für eine Reihe gilt $\sum\limits_{k=k_0}^{\infty} a_k = \lim\limits_{n \to \infty} \left(\sum\limits_{k=k_0}^{n} a_k \right)$. Bilden die Glieder a_k keine Nullfolge, so ist die Reihe nicht konvergent. Ferner gilt

$$\lim_{k \to \infty} \left| \frac{a_{k+1}}{a_k} \right| \begin{cases} < 1 \Rightarrow \text{Reihe konvergiert,} \\ > 1 \Rightarrow \text{Reihe konvergiert nicht,} \end{cases}$$

$$0 \leq |a_k| \leq b_k \text{ und } \sum_{k=k_0}^{\infty} b_k \text{ konvergiert} \Rightarrow \sum_{k=k_0}^{\infty} a_k \text{ konvergiert,}$$

$$0 \leq b_k \leq a_k \text{ und } \sum_{k=k_0}^{\infty} b_k \text{ konv. nicht} \Rightarrow \sum_{k=k_0}^{\infty} a_k \text{ konv. nicht.}$$

Eine alternierende Reihe konvergiert, wenn die Beträge der Reihenglieder eine monoton fallende Nullfolge bilden. Beispiele für konvergente Reihen sind

$$\sum_{k=0}^{\infty} q^k = \frac{1}{1-q} \, (|q| < 1) \,, \ \sum_{k=1}^{\infty} \frac{1}{k^\alpha} \, (\alpha > 1) \,, \ \sum_{k=1}^{\infty} \frac{(-1)^{k+1}}{k^\alpha} \, (\alpha > 0).$$

Beispiele für nicht konvergente Reihen sind

$$\sum_{k=0}^{\infty} q^k \, (|q| \geq 1) \,, \ \sum_{k=1}^{\infty} \frac{1}{k^\alpha} \, (\alpha \leq 1) \,.$$

Die Potenzreihe $\sum\limits_{k=0}^{\infty} a_k (x - x_0)^k$ mit dem Entwicklungspunkt x_0 konvergiert für alle x mit

$$|x - x_0| < R = \frac{1}{\lim\limits_{k \to \infty} \left| \frac{a_{k+1}}{a_k} \right|} \,.$$

Sie konvergiert nicht, wenn $|x - x_0| > R$. In den Randpunkten mit $|x - x_0| = R$ ist eine gesonderte Betrachtung erforderlich.

3 Komplexe Zahlen

Aufgabe 3.1
Skizzieren Sie die Menge aller Punkte $z \in \mathbb{C}$ mit

$$|z + 2 - 3\mathrm{i}| \leq 3. \tag{3.1}$$

Lösung

Jede *komplexe Zahl* $z \in \mathbb{C}$ lässt sich in der Form

$$z = a + \mathrm{i}b \quad \text{mit } a, b \in \mathbb{R}$$

mit dem *Realteil* a und dem *Imaginärteil* b schreiben. Ihr entspricht der Punkt (a, b) in der so genannten *Gaußschen* oder auch *komplexen Zahlenebene*. Der *Betrag* $|z| = \sqrt{a^2 + b^2}$ einer komplexen Zahl $z = a + \mathrm{i}b$ ist die Länge des Vektors, der vom Koordinatenursprung zum Punkt (a, b) zeigt.

Nach dieser kurzen Wiederholung können wir die Aufgabe lösen. Dazu bringen wir die Betragsungleichung (3.1) in die Gestalt $|z - z_0| \leq r$:

$$|z + 2 - 3\mathrm{i}| = |z - (-2 + 3\mathrm{i})| \leq 3.$$

Diese Ungleichung beschreibt alle komplexen Zahlen z, deren Differenz zur Zahl $z_0 = -2 + 3\mathrm{i}$ einen Betrag kleiner oder gleich $r = 3$ hat. Das sind genau jene komplexen Zahlen z, aufgefasst als Punkte in der Gaußschen Zahlenebene, deren Abstand zum Punkt $(-2, 3)$ kleiner oder gleich 3 ist. Es sind also gerade jene Punkte, die in einem Kreis vom Radius 3 um den Mittelpunkt $(-2, 3)$ liegen, siehe Bild 3.1.

Dabei gehört die Kreislinie mit zur Menge, denn es heißt „≤ 3" (im Gegensatz zum Fall „< 3", in dem die komplexen Zahlen, die auf der Kreislinie liegen, nicht zur gesuchten Menge gehören würden).

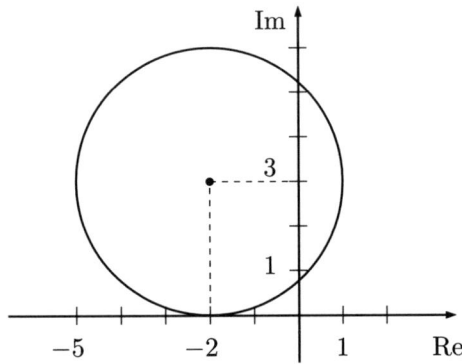

Bild 3.1: Lösung zu Aufgabe 3.1

Aufgabe 3.2

Bestimmen Sie Real- und Imaginärteil der komplexen Zahl

$$\left(i^{99} + i^{100} + i^{101}\right)^{102} .$$

Lösung

Es gilt

$$i^1 = i, \quad i^2 = -1, \quad i^3 = -i, \quad i^4 = 1, \quad i^5 = i, \quad i^6 = -1 \quad \text{usf.}$$

Es bietet sich bei Potenzen von i an, den Exponenten in ein Vielfaches von Vier plus Rest zu zerlegen, da i^4 gleich Eins ist,

$$i^{99} = i^{96+3} = i^{4 \cdot 24 + 3} = \left(i^4\right)^{24} \cdot i^3 = 1^{24} \cdot (-i) = -i .$$

So könnten wir auch mit den weiteren Potenzen verfahren,

$$i^{100} = i^{4 \cdot 25} = \left(i^4\right)^{25} = 1^{25} = 1, \quad i^{101} = i^{4 \cdot 25 + 1} = 1 \cdot i^1 = i .$$

Geschickter ist es aber, $i^{99} = -i$ auszunutzen und damit weiterzurechnen:

$$i^{100} = i^{99} \cdot i = -i \cdot i = 1, \quad i^{101} = i^{100} \cdot i = 1 \cdot i = i .$$

Schließlich folgt

$$\left(i^{99} + i^{100} + i^{101}\right)^{102} = (-i + 1 + i)^{102} = 1^{102} = 1 = 1 + 0i .$$

Der Realteil ist also gleich 1 und der Imaginärteil ist gleich 0.

Aufgabe 3.3

Geben Sie die komplexe Zahl $\dfrac{5 + 12i}{12 - 5i}$ in der Form $a + ib$ $(a, b \in \mathbb{R})$ an.

Lösung

Wir müssen den Bruch $\frac{5+12i}{12-5i}$ geeignet umformen, sodass im Nenner keine komplexe Zahl mehr auftritt. Hierzu erinnern wir uns daran, dass das Produkt einer komplexen Zahl $z = a + ib$ mit ihrer *konjugiert komplexen Zahl* $\bar{z} = a - ib$ gerade das Quadrat des Betrags ergibt, also eine reelle Zahl,

$$z \cdot \bar{z} = (a + ib)(a - ib) = a^2 - i^2 b^2 = a^2 + b^2 = |z|^2 \, .$$

Deshalb liegt es nahe, den Bruch aus der Aufgabenstellung mit der zum Nenner $12 - 5i$ konjugiert komplexen Zahl $12 + 5i$ zu erweitern,

$$\frac{5 + 12i}{12 - 5i} = \frac{(5 + 12i)(12 + 5i)}{(12 - 5i)(12 + 5i)} \, .$$

Eine kleine Nebenrechnung liefert

$$(12 - 5i)(12 + 5i) = 12^2 + 5^2 = 144 + 25 = 169$$

und es folgt

$$\frac{5 + 12i}{12 - 5i} = \frac{(5 + 12i)(12 + 5i)}{169}$$

$$= \frac{5 \cdot 12 + 5 \cdot 5i + 12i \cdot 12 + 12i \cdot 5i}{169}$$

$$= \frac{60 + 25i + 144i - 60}{169} = \frac{169i}{169} = i = 0 + 1i \, .$$

Aufgabe 3.4

Bestimmen Sie Real- und Imaginärteil sowie den Betrag der komplexen Zahl

$$i + \frac{2 - 2i}{3 + i}$$

und tragen Sie die Zahl in der Gaußschen Zahlenebene ein.

Lösung

Auch bei dieser Aufgabe ist es zunächst das Ziel, die komplexe Zahl $i + \frac{2-2i}{3+i}$ in die Form $a + ib$ $(a, b \in \mathbb{R})$ zu bringen, denn a ist der Realteil und b der Imaginärteil der vorgegebenen Zahl, ihr entspricht der Punkt (a, b) in der Gaußschen Zahlenebene und sie hat den Betrag $\sqrt{a^2 + b^2}$.

Dazu formen wir zuerst wie in der Aufgabe zuvor den Bruch $\frac{2-2i}{3+i}$ um. Die zum Nenner konjugiert komplexe Zahl ist $3 - i$ und es gilt

$$\frac{2 - 2i}{3 + i} = \frac{(2 - 2i)(3 - i)}{(3 + i)(3 - i)} = \frac{6 - 2i - 6i - 2}{9 + 1} = \frac{4 - 8i}{10} = \frac{2}{5} - \frac{4}{5}i.$$

Wir erhalten

$$i + \frac{2 - 2i}{3 + i} = i + \frac{2}{5} - \frac{4}{5}i = \frac{2}{5} + \frac{1}{5}i.$$

Der Realteil ist daher $\frac{2}{5}$, der Imaginärteil ist $\frac{1}{5}$. Für den Betrag gilt

$$\left| i + \frac{2 - 2i}{3 + i} \right| = \left| \frac{2}{5} + \frac{1}{5}i \right| = \sqrt{\left(\frac{2}{5}\right)^2 + \left(\frac{1}{5}\right)^2} = \sqrt{\frac{5}{25}} = \frac{\sqrt{5}}{5}.$$

Der Zahl $i + \frac{2-2i}{3+i} = \frac{2}{5} + \frac{1}{5}i$ entspricht in der Gaußschen Zahlenebene der Punkt $\left(\frac{2}{5}, \frac{1}{5}\right) = (0.4, 0.2)$, siehe Bild 3.2.

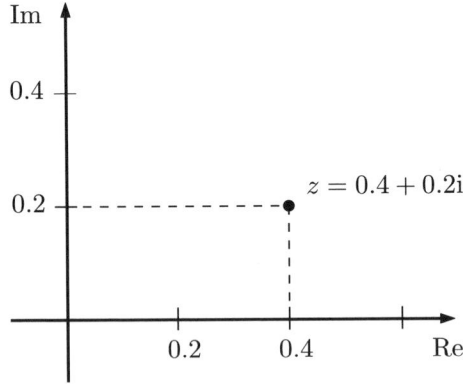

Bild 3.2: Lösung zu Aufgabe 3.4

Aufgabe 3.5

Geben Sie alle Lösungen der Gleichung

$$z^5 = -32 \tag{3.2}$$

in der Form $a + \mathrm{i}b$ $(a, b \in \mathbb{R})$ an und skizzieren Sie die Lösungen in der Gaußschen Zahlenebene.

Lösung

Zunächst einmal halten wir fest, dass es fünf Lösungen $z_1, \ldots, z_5$ gibt, die so genannten Wurzeln, denn es sind die Nullstellen eines Polynoms fünften Grades zu bestimmen, nämlich $z^5 + 32 = 0$.

Ist z eine Lösung, so können wir diese in der Form $z = a + \mathrm{i}b$ oder auch in der so genannten *Eulerschen Darstellung*

$$z = r\mathrm{e}^{\mathrm{i}\varphi}$$

schreiben. Dabei bezeichnet $r \geq 0$ den Betrag von z und $\varphi \in [0, 2\pi)$ ist der

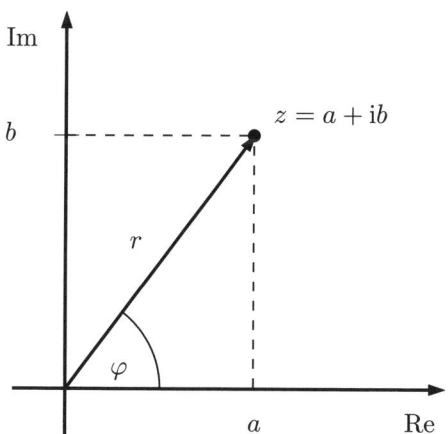

Bild 3.3: Eulersche Darstellung

Winkel (gemessen im Bogenmaß) zwischen dem Vektor, der in der Gaußschen Zahlenebene vom Koordinatenursprung zum Punkt (a, b) zeigt, und der Realteil-, also x-Achse, siehe auch Bild 3.3. Der Winkel φ heißt auch *Argument* der komplexen Zahl z und wird mit $\arg z$ bezeichnet.

Zur Lösung unserer Aufgabe wählen wir $z = re^{i\varphi}$ als Ansatz und bestimmen im Folgenden die Größen r und φ. Setzen wir $z = re^{i\varphi}$ in die Gleichung (3.2) ein, so erhalten wir unter Anwendung der Potenzgesetze

$$z^5 = \left(re^{i\varphi}\right)^5 = r^5 \left(e^{i\varphi}\right)^5 = r^5 e^{5i\varphi} \overset{!}{=} -32 \,.$$

Jetzt schreiben wir auch die rechte Seite -32 in Eulerscher Darstellung. Die Zahl -32 hat den Realteil -32 und den Imaginärteil 0. Sie liegt daher bei -32 auf der Realteilachse, sodass der Winkel $\pi = 180°$ beträgt. Der Betrag von -32 ist gleich 32. Deshalb gilt

$$-32 = 32e^{i\pi} \,.$$

Es folgt nun

$$r^5 e^{5i\varphi} \overset{!}{=} 32e^{i\pi} \,,$$

woraus sich zunächst $r^5 = 32$ und also $r = 2$ ergibt, denn $2^5 = 32$. Außerdem ist $5\varphi = \pi$ zu fordern, sodass $z_1 = 2e^{i\frac{\pi}{5}}$ sicher eine der gesuchten Lösungen ist. Wie bereits anfangs festgehalten, gibt es aber fünf Lösungen $z_1, \ldots, z_5$. Diese erhalten wir nun mit der folgenden Formel für die n Lösungen $z_1, \ldots, z_n$ der Gleichung $z^n = v$:

$$z_k = \sqrt[n]{s} \cdot e^{i\varphi_k} \quad \text{mit} \quad \varphi_k = \frac{\psi}{n} + (k-1)\frac{2\pi}{n} \,, \quad k = 1, 2, \ldots, n \,, \quad (3.3)$$

wobei ψ und s aus der Eulerschen Darstellung von $v = se^{i\psi}$ zu wählen sind. In unserem Fall ist $n = 5$, $\psi = \pi$ und $s = 32$. Setzen wir diese Werte in die Formel (3.3) ein, so erhalten wir

$$\varphi_k = \frac{\pi}{5} + (k-1)\frac{2\pi}{5} \,, \quad k = 1, \ldots, 5 \,.$$

Also gilt für die zugehörigen Winkel $\varphi_1, \ldots, \varphi_5$

$$\varphi_1 = \frac{\pi}{5} \,, \quad \varphi_2 = \frac{\pi}{5} + \frac{2\pi}{5} = \frac{3\pi}{5} \,, \quad \varphi_3 = \frac{\pi}{5} + \frac{4\pi}{5} = \frac{5\pi}{5} = \pi \,,$$

$$\varphi_4 = \frac{\pi}{5} + \frac{6\pi}{5} = \frac{7\pi}{5} \,, \quad \varphi_5 = \frac{\pi}{5} + \frac{8\pi}{5} = \frac{9\pi}{5} \,,$$

und unsere fünf Lösungen lauten

$$z_1 = 2e^{i\frac{\pi}{5}} \,, \quad z_2 = 2e^{i\frac{3\pi}{5}} \,, \quad z_3 = 2e^{i\pi} \,, \quad z_4 = 2e^{i\frac{7\pi}{5}} \,, \quad z_5 = 2e^{i\frac{9\pi}{5}} \,. \quad (3.4)$$

Nun sollen die Lösungen allerdings in der Form $a + ib$ und nicht in der Eulerschen Darstellung angegeben werden. Dazu benutzen wir die *Eulersche Formel*

$$e^{i\varphi} = \cos\varphi + i\sin\varphi. \tag{3.5}$$

Für unsere Aufgabe folgt daher

$$z_1 = 2e^{i\frac{\pi}{5}} = 2\cos\frac{\pi}{5} + 2i\sin\frac{\pi}{5}, \quad z_2 = 2e^{i\frac{3\pi}{5}} = \cos\frac{3\pi}{5} + 2i\sin\frac{3\pi}{5},$$

$$z_3 = 2e^{i\pi} = 2\cos\pi + 2i\sin\pi = -2,$$

$$z_4 = 2e^{i\frac{7\pi}{5}} = 2\cos\frac{7\pi}{5} + 2i\sin\frac{7\pi}{5}, \quad z_5 = 2e^{i\frac{9\pi}{5}} = 2\cos\frac{9\pi}{5} + 2i\sin\frac{9\pi}{5}.$$

Wir wollen jetzt die Lösungen in der Gaußschen Zahlenebene darstellen. Da alle Lösungen den gleichen Betrag 2 haben, liegen sie alle auf der Kreislinie eines Kreises um den Ursprung mit dem Radius 2. Die Lösung z_1 hat dabei den Winkel $\frac{\pi}{5} = 36°$ zur Realteilachse, z_2 hat den Winkel $\frac{3\pi}{5} = 108°$ und alle anderen Lösungen folgen mit einem weiteren Winkel von $\frac{2\pi}{5} = 72°$, siehe Bild 3.4. Um zu erkennen, wo die Lösungen näherungsweise liegen, können mit Hilfe eines Taschenrechners Real- und Imaginärteil der Lösungen bestimmt werden:

$$z_1 \approx 1,61 + 1,18i, \quad z_2 \approx -0,62 + 1,90i, \quad z_3 = -2,$$

$$z_4 \approx -0,62 - 1,90i, \quad z_5 \approx 1,61 - 1,18i.$$

Zur Erleichterung des Rechnens können wir berücksichtigen, dass komplexe Nullstellen eines Polynoms mit reellen Koeffizienten stets paarweise mit der konjugiert komplexen Zahl als weitere Nullstelle auftreten. In unserer Aufgabe gilt $z_1 = \bar{z}_5$ und $z_2 = \bar{z}_4$, die Lösung z_3 ist reell.

Aufgabe 3.6
Geben Sie alle Lösungen der Gleichung

$$(z + 2i)^3 = 64$$

in der Form $a + ib$ $(a, b \in \mathbb{R})$ an.

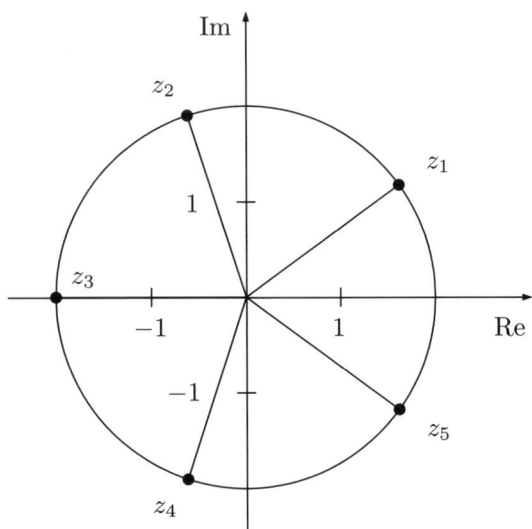

Bild 3.4: Lösungen der Gleichung $z^5 = -32$

Lösung

Wir setzen zunächst $w = z + 2\mathrm{i}$ und bestimmen die drei Lösungen der Gleichung $w^3 = 64$.

Dazu schreiben wir die Zahl 64 in Eulerscher Darstellung. Es gilt

$$64 = 64\mathrm{e}^{0\mathrm{i}},$$

denn 64 liegt auf dem positiven Teil der Realteilachse und das Argument ist 0. Nun setzen wir wie schon in der Aufgabe zuvor $w = r\mathrm{e}^{\mathrm{i}\varphi}$ an und erhalten

$$w^3 = r^3\mathrm{e}^{3\mathrm{i}\varphi} \overset{!}{=} 64 = 64\mathrm{e}^{0\mathrm{i}},$$

sodass

$$r = \sqrt[3]{64} = 4.$$

Außerdem gilt für die drei zu berechnenden Winkel nach der Formel (3.3)

$$\varphi_k = 0 + (k-1)\frac{2\pi}{3}, \quad k = 1, 2, 3,$$

wobei in dieser Aufgabe $n = 3$ und $\psi = 0$ ist. Wir erhalten

$$\varphi_1 = 0 \,, \ \varphi_2 = \frac{2\pi}{3} \,, \ \varphi_3 = \frac{4\pi}{3} \,.$$

Als Lösungen der Gleichung $w^3 = 64$ ergeben sich daher (siehe auch die Tabelle auf Seite 35)

$$
\begin{aligned}
w_1 &= 4\mathrm{e}^{0\mathrm{i}} & &= 4 \,, \\
w_2 &= 4\mathrm{e}^{\mathrm{i}\frac{2\pi}{3}} = 4\left(\cos\frac{2\pi}{3} + \mathrm{i}\sin\frac{2\pi}{3} \right) &&= -2 + 2\sqrt{3}\,\mathrm{i} \,, \\
w_3 &= 4\mathrm{e}^{\mathrm{i}\frac{4\pi}{3}} = 4\left(\cos\frac{4\pi}{3} + \mathrm{i}\sin\frac{4\pi}{3} \right) &&= -2 - 2\sqrt{3}\,\mathrm{i} \,.
\end{aligned}
$$

Wegen $w = z + 2\mathrm{i}$ ergeben sich die drei Lösungen der Aufgabe zu

$$z_1 = 4 + 2\mathrm{i} \,, \ z_2 = -2 + 2(1+\sqrt{3})\mathrm{i} \,, \ z_2 = -2 + 2(1-\sqrt{3})\mathrm{i} \,.$$

Aufgabe 3.7
Geben Sie die komplexe Zahl

$$\left(\frac{1}{\sqrt{3}} + \frac{\mathrm{i}}{\sqrt{3}} \right)^{14}$$

in der Form $a + \mathrm{i}b$ $(a, b \in \mathbb{R})$ an.

Lösung
Um Potenzen von komplexen Zahlen zu berechnen, ist es günstig, von der Eulerschen Darstellung auszugehen. Wir wollen daher

$$\frac{1}{\sqrt{3}} + \frac{\mathrm{i}}{\sqrt{3}} = \frac{1}{\sqrt{3}} + \frac{1}{\sqrt{3}}\mathrm{i}$$

als $r\mathrm{e}^{\mathrm{i}\varphi}$ schreiben. Da r der Betrag ist, gilt

$$r = \sqrt{\left(\frac{1}{\sqrt{3}} \right)^2 + \left(\frac{1}{\sqrt{3}} \right)^2} = \sqrt{\frac{2}{3}} \,.$$

Wir wollen nun φ bestimmen. Allgemein gilt: Bezeichnet a den Real- und b den Imaginärteil einer komplexen Zahl $z = a + ib$, so erhalten wir die Eulersche Darstellung $z = re^{i\varphi}$ stets aus $r = \sqrt{a^2 + b^2}$ und

$$\varphi = \arg z = \begin{cases} \arctan \frac{b}{a}, & \text{falls } a > 0 \text{ und } b \geq 0, \\ 2\pi + \arctan \frac{b}{a}, & \text{falls } a > 0 \text{ und } b < 0, \\ \pi + \arctan \frac{b}{a}, & \text{falls } a < 0, \\ \frac{\pi}{2}, & \text{falls } a = 0 \text{ und } b > 0, \\ \frac{3\pi}{2}, & \text{falls } a = 0 \text{ und } b < 0. \end{cases} \tag{3.6}$$

Sind $a = b = 0$, so betrachten wir den Koordinatenursprung, für den es nicht sinnvoll ist, vom Winkel zur Realteilachse zu sprechen. Für die Arkustangensfunktion vergleiche auch Bild 1.1 auf Seite 39. Da man sich die obigen Fälle nur schwer merken kann, mag es für manch einen Leser leichter sein, bei einer konkreten Aufgabe von den Beziehungen im rechtwinkligen Dreieck auszugehen.

Fahren wir fort mit der Lösung unserer Aufgabe. Es ist $a = b = \frac{1}{\sqrt{3}}$. Der erste Fall in der Formel (3.6) ergibt

$$\varphi = \arctan \frac{\frac{1}{\sqrt{3}}}{\frac{1}{\sqrt{3}}} = \arctan 1 = \frac{\pi}{4},$$

denn ein Blick auf die Tabelle auf Seite 35 lehrt $\tan \frac{\pi}{4} = 1$. Dass das Argument $\varphi = \frac{\pi}{4} = 45°$ ist, ist gleichwohl leichter mit einer kleinen Skizze einzusehen, denn der Vektor zum Punkt $\left(\frac{1}{\sqrt{3}}, \frac{1}{\sqrt{3}}\right)$ hat einen Winkel von $45°$ zur x-Achse. Wir erhalten

$$\frac{1}{\sqrt{3}} + \frac{i}{\sqrt{3}} = \sqrt{\frac{2}{3}}\, e^{i\frac{\pi}{4}},$$

sodass mit (3.5)

$$\left(\frac{1}{\sqrt{3}} + \frac{i}{\sqrt{3}}\right)^{14} = \left(\sqrt{\frac{2}{3}}\, e^{i\frac{\pi}{4}}\right)^{14} = \left(\sqrt{\frac{2}{3}}\right)^{14} (e^{i\frac{\pi}{4}})^{14} = \left(\frac{2}{3}\right)^{7} e^{i\frac{7\pi}{2}}$$

$$= \left(\frac{2}{3}\right)^{7} \left(\cos \frac{7\pi}{2} + i \sin \frac{7\pi}{2}\right) = \left(\frac{2}{3}\right)^{7} (0 - 1i).$$

Der Realteil ist also gleich 0 und der Imaginärteil gleich $-\left(\frac{2}{3}\right)^{7}$.

Aufgabe 3.8
Geben Sie alle Lösungen der folgenden Gleichung an:

$$z^4 + 4z^2 = -16. \tag{3.7}$$

Lösung
Es handelt sich hier um eine *biquadratische Gleichung*. Setzen wir nämlich $y = z^2$, so ergibt sich die quadratische Gleichung

$$y^2 + 4y + 16 = 0 \,.$$

Diese hat die beiden Lösungen

$$y_{1,2} = -2 \pm \sqrt{4 - 16} = -2 \pm i\sqrt{12} \,.$$

Wir wollen $y_{1,2}$ in Eulerscher Darstellung angeben, denn wir müssen aus $y_{1,2}$ noch die Wurzel ziehen, um z zu erhalten. Für den Betrag gilt

$$|y_{1,2}| = \sqrt{4 + 12} = 4 \,.$$

Mit dem dritten Fall aus der Formel (3.6) erhalten wir dann

$$\arg y_{1,2} = \pi + \arctan \frac{\pm\sqrt{12}}{-2} = \pi + \arctan\left(\mp\sqrt{3}\right) = \pi + \begin{cases} -\frac{\pi}{3} \\ \frac{\pi}{3} \end{cases} \,.$$

Somit ist

$$y_1 = 4e^{i\frac{2\pi}{3}} \quad \text{und} \quad y_2 = 4e^{i\frac{4\pi}{3}} \,.$$

Um die vier Lösungen $z_1, \ldots, z_4$ der urprünglichen Gleichung zu erhalten, müssen wir nun noch die Gleichungen

$$z^2 = y_1 = 4e^{i\frac{2\pi}{3}} \quad \text{und} \quad z^2 = y_2 = 4e^{i\frac{4\pi}{3}}$$

lösen. Dies geschieht wieder mit der Formel (3.3). Für die Gleichung $z^2 = 4e^{i\frac{2\pi}{3}}$ setzen wir $s = 4$ und $\psi = \frac{2\pi}{3}$ in die Formel (3.3) ein und erhalten als Lösungen

$$z_k = \sqrt{4} \cdot e^{i\varphi_k} \quad \text{mit} \quad \varphi_k = \frac{\pi}{3} + (k - 1)\pi \,, \quad k = 1, 2 \,,$$

also

$$z_1 = 2e^{i\frac{\pi}{3}} \quad \text{und} \quad z_2 = 2e^{i\frac{4\pi}{3}}.$$

Für die Gleichung $z^2 = 4e^{i\frac{4\pi}{3}}$ erhalten wir mit einer entsprechenden Rechnung zwei Lösungen, die wir jetzt allerdings zur besseren Unterscheidung z_3 und z_4 nennen wollen,

$$z_3 = 2e^{i\frac{2\pi}{3}} \quad \text{und} \quad z_4 = 2e^{i\frac{5\pi}{3}}.$$

Die vier gesuchten Lösungen der Gleichung (3.7) lauten

$$z_1 = 2e^{i\frac{\pi}{3}}, \quad z_2 = 2e^{i\frac{4\pi}{3}}, \quad z_3 = 2e^{i\frac{2\pi}{3}} \quad \text{und} \quad z_4 = 2e^{i\frac{5\pi}{3}}.$$

Aufgabe 3.9
Es sei z eine komplexe Zahl, deren Argument gleich $\frac{\pi}{8}$ ist. Bestimmen Sie Betrag, Argument, Real- und Imaginärteil der komplexen Zahl

$$\frac{z^4}{\bar{z}^4}.$$

Lösung
Für den Betrag erhalten wir sofort

$$\left|\frac{z^4}{\bar{z}^4}\right| = \frac{|z^4|}{|\bar{z}^4|} = \frac{|z|^4}{|\bar{z}|^4} = \frac{|z|^4}{|z|^4} = 1.$$

Wir setzen z in der Eulerschen Darstellung an, es sei also $z = re^{i\varphi}$ mit $\varphi = \frac{\pi}{8}$. Dann gilt für die zu z konjugiert komplexe Zahl $\bar{z} = re^{-i\varphi}$ und es folgt mit den Potenzgesetzen

$$\frac{z^4}{\bar{z}^4} = \frac{\left(re^{i\varphi}\right)^4}{\left(re^{-i\varphi}\right)^4} = \frac{r^4 e^{4i\varphi}}{r^4 e^{-4i\varphi}} = e^{4i\varphi + 4i\varphi} = e^{8i\varphi}.$$

Für $\varphi = \frac{\pi}{8}$ folgt somit

$$\frac{z^4}{\bar{z}^4} = e^{i\pi} = -1.$$

Wir sehen uns in unserer Rechnung für den Betrag bestätigt. Außerdem können wir ablesen, dass das Argument gleich π, der Realteil gleich -1 und der Imaginärteil gleich 0 ist.

Zusammenfassung

Die Menge aller $z \in \mathbb{C}$ mit $|z - (a + ib)| \leq R$ beschreibt einen Kreis um den Punkt (a, b) mit dem Radius R.

Ist der Nenner eines Bruchs eine komplexe Zahl, so kann durch Erweitern mit der zum Nenner konjugiert komplexen Zahl der Bruch in die Form $a + ib$ gebracht werden.

Die Eulersche Darstellung $z = re^{i\varphi}$ einer komplexen Zahl $z = a + ib$ erhält man mit $r = |z| = \sqrt{a^2 + b^2}$ und

$$\varphi = \arg z = \begin{cases} \arctan \frac{b}{a}\,, & \text{falls } a > 0 \text{ und } b \geq 0\,, \\ 2\pi + \arctan \frac{b}{a}\,, & \text{falls } a > 0 \text{ und } b < 0\,, \\ \pi + \arctan \frac{b}{a}\,, & \text{falls } a < 0\,, \\ \frac{\pi}{2}\,, & \text{falls } a = 0 \text{ und } b > 0\,, \\ \frac{3\pi}{2}\,, & \text{falls } a = 0 \text{ und } b < 0\,. \end{cases}$$

Potenzen von $z = a + ib$ werden mit der Eulerschen Darstellung $z = re^{i\varphi}$ berechnet. Es gilt $z^\alpha = r^\alpha e^{i\alpha\varphi} = r^\alpha \cos(\alpha\varphi) + ir^\alpha \sin(\alpha\varphi)$.

Die n-ten Wurzeln von $v = se^{i\psi}$ sind die n Lösungen von $z^n = v$,

$$z_k = \sqrt[n]{s} \cdot e^{i\varphi_k} \quad \text{mit} \quad \varphi_k = \frac{\psi}{n} + (k - 1)\frac{2\pi}{n}\,, \quad k = 1, 2, \ldots, n\,.$$

In der Gaußschen Zahlenebene liegen sie auf der Linie eines Kreises mit dem Radius $\sqrt[n]{s}$, der in n gleich große Sektoren mit Winkel $\frac{2\pi}{n}$ geteilt wird, wobei die erste Wurzel den Winkel $\frac{\psi}{n}$ zur Realteilachse hat.

Biquadratische Gleichungen sind von der Gestalt

$$z^4 + pz^2 + q = 0$$

und werden durch den Ansatz $y = z^2$ auf quadratische zurückgeführt.

4 Eigenschaften von Funktionen

Aufgabe 4.1

Geben Sie den maximalen Definitionsbereich $D \subset \mathbb{R}$ für eine Funktion $f : D \to \mathbb{R}$ mit der Zuordnungsvorschrift

$$x \mapsto \sqrt{\frac{3x - 2}{3 - 2x} - 2}$$

an.

Lösung

Der *maximale Definitionsbereich* $D \subset \mathbb{R}$ umfasst alle reellen Zahlen, für die der Ausdruck $\sqrt{\frac{3x-2}{3-2x} - 2}$ definiert ist und eine reelle Zahl ergibt, denn die Funktion soll nach $\mathbb{R}$ abbilden.

Das ist genau dann der Fall, wenn der Radikand (das ist die Zahl, aus der die Wurzel gezogen werden soll) eine nichtnegative reelle Zahl ist, wenn also

$$\frac{3x - 2}{3 - 2x} - 2 \geq 0. \tag{4.1}$$

Ungleichungen dieser Art löst man, indem beide Seiten mit dem Nenner des auftretenden Bruchs, also mit $3 - 2x$, multipliziert werden. Dabei ist auf das Vorzeichen von $3 - 2x$ zu achten, denn die Multiplikation einer Ungleichung mit einer negativen Zahl kehrt die Ungleichung um.

Wir werden somit die Fälle $3 - 2x > 0$ und $3 - 2x < 0$ zu unterscheiden haben, also $x < \frac{3}{2}$ und $x > \frac{3}{2}$. Für $x = \frac{3}{2}$ ist der Bruch auf der linken Seite von (4.1) nicht definiert und daher kann $x = \frac{3}{2}$ ohnehin nicht zum Definitionsbereich D gehören.

1. Fall $x < \frac{3}{2}$: Es ist $3 - 2x > 0$ und wir können die Ungleichung mit $3 - 2x$ multiplizieren, ohne dass sich das Größerzeichen in (4.1) umkehrt. Wir erhalten

$$3x - 2 - 6 + 4x \geq 0, \quad \text{also} \quad 7x \geq 8.$$

Folglich ist (4.1) für alle $x \geq \frac{8}{7}$, die zu diesem Fall gehören, erfüllt. Also gehören alle x mit $x \geq \frac{8}{7}$ aus dem Fall, den wir gerade betrachten, zum Definitionsbereich D,

$$\left[\frac{8}{7}, \frac{3}{2}\right) \subset D.$$

2. Fall $x > \frac{3}{2}$: Es ist $3 - 2x < 0$ und wieder multiplizieren wir die Ungleichung mit $3 - 2x$. Das Größerzeichen in (4.1) kehrt sich nun jedoch um und wir gelangen zu

$$3x - 2 - 6 + 4x \leq 0, \quad \text{also} \quad 7x \leq 8.$$

Somit genügen alle x aus diesem Fall mit $x \leq \frac{8}{7}$ der Ungleichung (4.1). Da wir aber gerade den Fall $x > \frac{3}{2}$ betrachten und $\frac{3}{2} > \frac{8}{7}$ gilt, kann kein x aus diesem Fall zum Definitionsbereich D gehören.

Insgesamt ergibt sich, dass der maximale Definitionsbereich D gegeben ist durch

$$D = \left[\frac{8}{7}, \frac{3}{2}\right).$$

Aufgabe 4.2
Geben Sie den maximalen Definitionsbereich $D \subset \mathbb{R}$ und minimalen Wertebereich $W \subset \mathbb{R}$ für eine Funktion f mit der Zuordnungsvorschrift

$$x \mapsto \sqrt{9 - x^2}$$

an. Ist die so erklärte Funktion $f : D \to W$ injektiv oder surjektiv? Geben Sie einen Definitionsbereich $\widetilde{D} \subset D$ an, sodass die Funktion $f : \widetilde{D} \to W$ mit $f(x) = \sqrt{9 - x^2}$ bijektiv ist.

Lösung
Der maximale Definitionsbereich $D \subset \mathbb{R}$ umfasst alle reellen Zahlen, für die der Ausdruck $\sqrt{9 - x^2}$ definiert ist und reelle Zahlen liefert. Das ist genau dann der Fall, wenn

$$x^2 \leq 9, \quad \text{also} \quad x \in [-3, 3].$$

Durchläuft x nun den maximalen Definitionsbereich $D = [-3, 3]$, so durchläuft $f(x) = \sqrt{9 - x^2}$ das Intervall $[0, 3]$. Das folgt aus dem Zwischenwertsatz (vgl. auch Aufgabe 4.8), denn f ist stetig und stets gilt $0 \leq 9 - x^2 \leq 9$, also $0 \leq \sqrt{9 - x^2} \leq 3$, wobei der Wert 0 bei $x = 3$ und der Wert 3 bei $x = 0$ angenommen wird. Der minimale Wertebereich W (zum maximalen Definitionsbereich D) lautet daher $W = [0, 3]$.

Eine Funktion $f : D \to W$ heißt *surjektiv*, wenn zu jedem $w \in W$ mindestens ein $d \in D$ existiert mit $f(d) = w$. Das ist bei unserer Funktion der Fall, da ja W so klein gewählt worden ist, dass nur jene reellen Zahlen in W liegen, auf die die Funktion $f : D \to W$ mit $f(x) = \sqrt{9 - x^2}$ abbildet. Also ist unsere Funktion surjektiv.

Eine Funktion $f : D \to W$ heißt *injektiv*, wenn aus $c, d, \in D$, $c \neq d$, folgt $f(c) \neq f(d)$. Anders ausgedrückt: Derselbe Funktionswert kann nicht zu verschiedenen Argumenten auftreten. Da aber für unsere Funktion zum Beispiel

$$f(-1) = \sqrt{9 - (-1)^2} = \sqrt{9 - 1^2} = f(1)$$

gilt, ist sie nicht injektiv. Daher ist die Funktion auch nicht bijektiv, da eine Funktion genau dann *bijektiv* genannt wird, wenn sie sowohl surjektiv als auch injektiv ist.

Gleichwohl können wir den maximalen Definitionsbereich so auf eine Menge $\widetilde{D}$ einschränken, dass die Funktion $f : \widetilde{D} \to W$ durchaus bijektiv ist. Wählen wir etwa $\widetilde{D} = [0, 3]$, so durchläuft $f : \widetilde{D} \to W$ mit $f(x) = \sqrt{9 - x^2}$ wiederum das Intervall $W = [0, 3]$ und ist also surjektiv. Die Funktion ist auch injektiv. Denn angenommen es gibt Zahlen $c, d \in [0, 3]$ mit $c \neq d$, aber $f(c) = f(d)$, dann gilt $\sqrt{9 - c^2} = \sqrt{9 - d^2}$ und daher $c^2 = d^2$. Da c und d nichtnegative Zahlen sind, können wir einfach die Wurzel ziehen und erhalten $c = d$, was im Widerspruch zu unserer Annahme steht. Aus $c, d \in \widetilde{D} = [0, 3]$ mit $c \neq d$ folgt also stets $f(c) \neq f(d)$. Die Funktion $f : \widetilde{D} \to W$ ist surjektiv und injektiv und somit auch bijektiv. Übrigens hätte uns die Wahl $\widetilde{D} = [-3, 0]$ ebenfalls zu einer bijektiven Funktion mit dem Wertebereich W geführt.

Aufgabe 4.3

Welche der Funktionen $f_i : \mathbb{R} \to \mathbb{R}$ $(i = 1, 2, 3, 4)$ mit

$$f_1(x) = x, \ f_2(x) = x^2, \ f_3(x) = x^3, \ f_4(x) = |x|$$

sind gerade oder ungerade?

Lösung

Eine Funktion $f : \mathbb{R} \to \mathbb{R}$ heißt *gerade*, wenn $f(-x) = f(x)$ für alle $x \in \mathbb{R}$ gilt, der Graph der Funktion also an der y-Achse gespiegelt ist. Dagegen heißt eine Funktion *ungerade*, wenn $f(-x) = -f(x)$ für alle $x \in \mathbb{R}$ gilt; der Graph der Funktion ist dann bezüglich des Koordinatenursprungs punktsymmetrisch. Die meisten Funktionen allerdings sind weder gerade noch ungerade.

Wir untersuchen nun die Funktionen aus der Aufgabenstellung. Dabei beginnen wir immer mit der Betrachtung von $f(-x)$ und wollen dies mit $f(x)$ ausdrücken. Wir ersetzen also in der Zuordnungsvorschrift der Funktion x durch $-x$ und formen dann mit dem Ziel um, zu $f(x)$ bzw. $-f(x)$ zu gelangen.

Für die erste Funktion gilt

$$f_1(-x) = -x = -f_1(x) \,,$$

sodass f_1 eine ungerade Funktion ist. Für die weiteren Funktionen gilt:

$$f_2(-x) = (-x)^2 = x^2 = f_2(x) \,,$$

sodass f_2 eine gerade Funktion ist;

$$f_3(-x) = (-x)^3 = -x^3 = -f_3(x) \,,$$

sodass f_3 eine ungerade Funktion ist;

$$f_4(-x) = |-x| = |x| = f_4(x) \,,$$

sodass f_4 eine gerade Funktion ist, vgl. auch Bild 4.1. Offenbar sind die Funktionen $f(x) = x^n$ ($n \in \mathbb{N}$) gerade bzw. ungerade genau dann, wenn n gerade bzw. ungerade ist.

Aufgabe 4.4

Welche der Funktionen $f_i : \mathbb{R} \to \mathbb{R}$ ($i = 1, 2, 3, 4, 5$) mit

$$f_1(x) = |x - 1| + |x + 1| \,, \quad f_2(x) = \frac{e^{2x} - 1}{e^{2x} + 1} \,,$$

$$f_3(x) = x \sin x \,, \quad f_4(x) = \ln\left(x + \sqrt{x^2 + 1}\right) \,, \quad f_5(x) = x + 2$$

sind gerade oder ungerade?

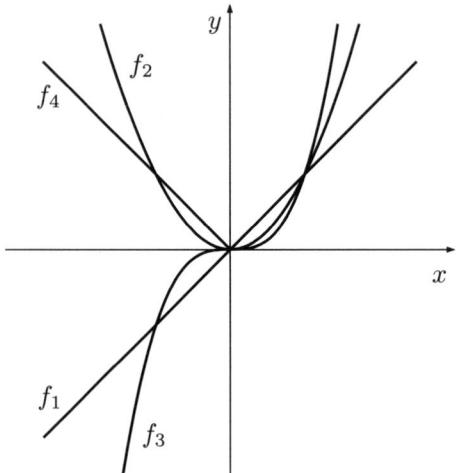

Bild 4.1: Funktionen aus Aufgabe 4.3

Lösung

Wir verfahren wie in der Aufgabe zuvor und versuchen, $f(-x)$ durch $f(x)$ auszudrücken. Für die erste Funktion gilt

$$f_1(-x) = |(-x) - 1| + |(-x) + 1| = |-x - 1| + |-x + 1|$$
$$= |-(x + 1)| + |-(x - 1)| = |x + 1| + |x - 1| = f_1(x),$$

sodass diese gerade ist.

Für die zweite Funktion beobachten wir, dass

$$f_2(-x) = \frac{e^{2(-x)} - 1}{e^{2(-x)} + 1} = \frac{e^{-2x} - 1}{e^{-2x} + 1} = \frac{e^{-2x}}{e^{-2x}} \cdot \frac{1 - e^{2x}}{1 + e^{2x}} = -f_2(x)$$

gilt; die Funktion ist somit ungerade.

Die nächste Funktion ist wieder gerade, denn es gilt

$$f_3(-x) = (-x) \cdot \sin(-x) = (-x) \cdot (-\sin x) = x \sin x = f_3(x).$$

Dabei haben wir benutzt, dass der Sinus eine ungerade Funktion ist, dass also $\sin(-x) = -\sin x$ gilt.[1]

---

[1] Es ist stets so, dass das Produkt zweier ungerader Funktionen als auch zweier gerader Funktionen eine gerade Funktion ist. Dagegen ist das Produkt aus einer geraden und einer ungeraden Funktion stets eine ungerade Funktion.

Für die vierte Funktion gilt

$$f_4(-x) = \ln\left(-x + \sqrt{(-x)^2 + 1}\right) = \ln\left(-x + \sqrt{x^2 + 1}\right).$$

Hier zu entscheiden, ob die Funktion gerade oder ungerade ist, ist nicht so einfach. Würde der Ausdruck $-x + \sqrt{x^2 + 1}$ in einem Bruch auftreten, so wäre man versucht, diesen durch Anwenden der binomischen Formel rational zu machen. Das werden wir hier auch probieren. Mit binomischer Formel gilt

$$\left(x + \sqrt{x^2 + 1}\right)\left(-x + \sqrt{x^2 + 1}\right)$$
$$= \left(\sqrt{x^2 + 1} + x\right)\left(\sqrt{x^2 + 1} - x\right) = x^2 + 1 - x^2 = 1\,,$$

sodass

$$\left(-x + \sqrt{x^2 + 1}\right) = \left(x + \sqrt{x^2 + 1}\right)^{-1}.$$

Dann aber folgt wegen $\ln a^{-1} = -\ln a$,

$$f_4(-x) = \ln\left(x + \sqrt{x^2 + 1}\right)^{-1} = -\ln\left(x + \sqrt{x^2 + 1}\right) = -f_4(x)\,.$$

Die Funktion f_4 ist daher ungerade.

Die Funktion f_5 schließlich ist weder gerade noch ungerade, denn es ist

$$f_5(-1) = -1 + 2 = 1\,, \quad \text{jedoch} \quad f_5(1) = 1 + 2 = 3\,.$$

Dass die Funktion f_5 weder gerade noch ungerade ist, ist auch aus ihrem Bild ersichtlich: Der Graph der Funktion ist weder symmetrisch zur y-Achse noch punktsymmetrisch.

In Bild 4.2 sind alle Funktionen aus dieser Aufgabe dargestellt.

Aufgabe 4.5
Skizzieren Sie die Funktion $f : \mathbb{R} \setminus \{1\} \to \mathbb{R}$ mit $f(x) = \frac{2x-3}{1-x}$ und bestimmen Sie die (eigentlichen als auch uneigentlichen) Grenzwerte

$$\lim_{x \to 0-} f(x)\,, \quad \lim_{x \to 1-} f(x)\,, \quad \lim_{x \to 1+} f(x)\,, \quad \lim_{x \to -\infty} f(x)\,, \quad \lim_{x \to \infty} f(x)\,.$$

Existiert der Grenzwert

$$\lim_{x \to 0} f(x)\,?$$

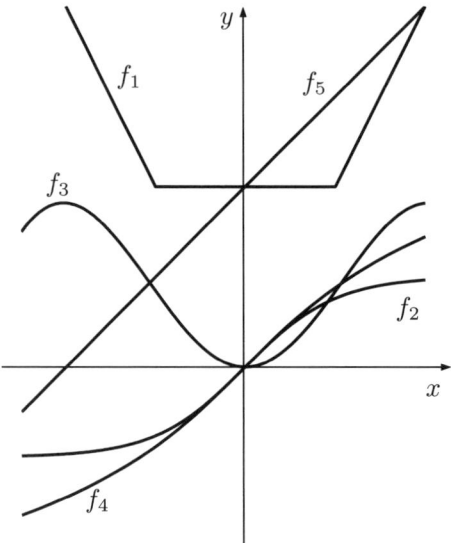

Bild 4.2: Funktionen aus Aufgabe 4.4

Lösung

Wir erinnern zunächst an die Definition des *linksseitigen Grenzwertes* einer Funktion f: Wir sagen, eine Funktion $f : D \to \mathbb{R}$ mit $D \subset \mathbb{R}$ habe einen linksseitigen Grenzwert an der Stelle $x_0 \in \mathbb{R}$, falls eine Zahl $y_0 \in \mathbb{R}$ existiert, sodass für alle Folgen

$$(x_n) \subset D \text{ mit } x_n < x_0 \text{ und } \lim_{n \to \infty} x_n = x_0 \quad \text{gilt } \lim_{n \to \infty} f(x_n) = y_0.$$

In diesem Fall schreiben wir

$$\lim_{x \to x_0 -} f(x) = y_0.$$

Dabei wollen wir voraussetzen, dass es in $D \setminus \{x_0\}$ wenigstens eine solche Folge (x_n) gibt. Analog erklären wir den *rechtsseitigen Grenzwert*: Eine Funktion $f : D \to \mathbb{R}$ mit $D \subset \mathbb{R}$ besitzt einen rechtsseitigen Grenzwert an der Stelle $x_0 \in \mathbb{R}$, falls eine Zahl $y_0 \in \mathbb{R}$ existiert, sodass für alle Folgen

$$(x_n) \subset D \text{ mit } x_n > x_0 \text{ und } \lim_{n \to \infty} x_n = x_0 \quad \text{gilt } \lim_{n \to \infty} f(x_n) = y_0.$$

Wir schreiben dann

$$\lim_{x \to x_0 +} f(x) = y_0$$

und wollen wieder voraussetzen, dass $D \setminus \{x_0\}$ mindestens eine solche Folge enthält. Den Grenzwert einer Funktion $f : D \to \mathbb{R}$ mit $D \subset \mathbb{R}$ an der Stelle $x_0 \in \mathbb{R}$ hatten wir bereits in Aufgabe 1.7 behandelt. Er existiert, falls es eine Zahl $y_0 \in \mathbb{R}$ gibt, sodass für alle Folgen

$$(x_n) \subset D \text{ mit } \lim_{n \to \infty} x_n = x_0 \quad \text{gilt} \quad \lim_{n \to \infty} f(x_n) = y_0.$$

Wir schreiben kurz

$$\lim_{x \to x_0} f(x) = y_0$$

und setzen voraus, dass $D \setminus \{x_0\}$ mindestens eine solche Folge enthält.

Besitzt f in x_0 sowohl einen rechts- als auch einen linksseitigen Grenzwert und stimmen diese überein, so existiert auch der Grenzwert in x_0 und ist gleich dem rechts- und linksseitigen Grenzwert. Besitzt f in x_0 den Grenzwert y_0, so existieren auch der links- und rechtsseitige Grenzwert in x_0 und beide sind gleich y_0.

Nun können wir die Aufgabe lösen und verweisen zunächst auf Bild 4.3, in dem die Funktion aus der Aufgabenstellung dargestellt ist.

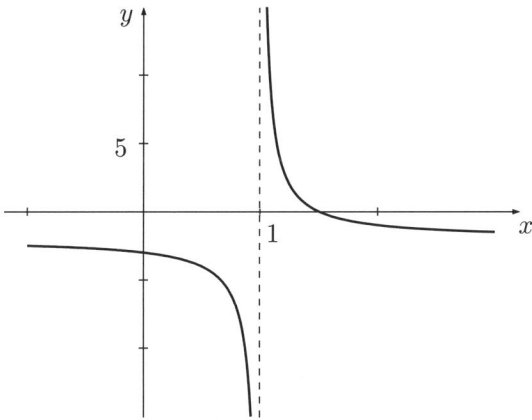

Bild 4.3: Funktion aus Aufgabe 4.5

Wir beginnen mit dem letzten Teil der Aufgabe und untersuchen, ob der Grenzwert von f an der Stelle $x_0 = 0$ existiert. Dazu wählen wir eine beliebige Folge $(x_n) \subset \mathbb{R} \setminus \{1\}$ mit $\lim_{n \to \infty} x_n = 0$. Dann ist

$$\lim_{n \to \infty} f(x_n) = \lim_{n \to \infty} \frac{2x_n - 3}{1 - x_n} = \frac{-3}{1} = -3.$$

Der Grenzwert in $x_0 = 0$ und damit erst recht der linksseitige Grenzwert existiert, und es gilt

$$\lim_{x \to 0} f(x) = \lim_{x \to 0-} f(x) = -3.$$

Nun bestimmen wir den linksseitigen Grenzwert von f an der Stelle $x_0 = 1$. Dazu wählen wir eine beliebige Folge $(x_n) \subset \mathbb{R} \setminus \{1\}$ mit $x_n < 1$ und $\lim_{n \to \infty} x_n = 1$. Dann ist

$$\lim_{n \to \infty} f(x_n) = \lim_{n \to \infty} \frac{2x_n - 3}{1 - x_n} = -\infty,$$

denn es gilt

$$\lim_{n \to \infty} (2x_n - 3) = 2 - 3 = -1 \neq 0, \ \lim_{n \to \infty} (1 - x_n) = 0 \text{ und } 1 - x_n > 0.$$

Somit existiert der linksseitige Grenzwert in $x_0 = 1$ *nicht*. Wir können aber den uneigentlichen Grenzwert angeben,

$$\lim_{x \to 1-} f(x) = -\infty.$$

Zur Bestimmung des rechtsseitigen Grenzwertes von f an der Stelle $x_0 = 1$ wählen wir eine beliebige Folge $(x_n) \subset \mathbb{R} \setminus \{1\}$ mit $x_n > 1$ und $\lim_{n \to \infty} x_n = 1$. Dann ist, da jetzt $1 - x_n < 0$,

$$\lim_{n \to \infty} f(x_n) = \lim_{n \to \infty} \frac{2x_n - 3}{1 - x_n} = \infty.$$

Wir erhalten den uneigentlichen Grenzwert

$$\lim_{x \to 1+} f(x) = \infty.$$

Zur Berechnung von $\lim_{x \to \infty} f(x)$ wählen wir eine beliebige Folge (x_n) reeller Zahlen, die beliebig groß wird (also bestimmt divergent gegen ∞ ist, vgl. auch Aufgabe 1.4). Dann gilt

$$\lim_{n \to \infty} f(x_n) = \lim_{n \to \infty} \frac{2x_n - 3}{1 - x_n} = \lim_{n \to \infty} \frac{2 - \frac{3}{x_n}}{\frac{1}{x_n} - 1} = \frac{2}{-1} = -2$$

und wir erhalten

$$\lim_{x \to \infty} f(x) = -2.$$

Den Grenzwert für $x \to -\infty$ bestimmen wir, indem wir eine beliebige Folge (x_n) reeller Zahlen wählen, die unter jede noch so betragsmäßig große, aber negative Zahl fällt (also bestimmt divergent gegen $-\infty$ ist). Dann ist

$$\lim_{n\to\infty} f(x_n) = \lim_{n\to\infty} \frac{2x_n - 3}{1 - x_n} = \lim_{n\to\infty} \frac{2 - \frac{3}{x_n}}{\frac{1}{x_n} - 1} = \frac{2}{-1} = -2$$

und wir erhalten

$$\lim_{x\to-\infty} f(x) = -2.$$

Aufgabe 4.6

Untersuchen Sie die Funktion $f : \mathbb{R} \to \mathbb{R}$ mit

$$f(x) = \begin{cases} \frac{1}{x}, & \text{falls } x < -2\,, \\ \frac{1}{2}\sin\left(x + \frac{4-\pi}{2}\right), & \text{falls } -2 \leq x \leq 0\,, \\ e^{\cos x}, & \text{falls } x > 0 \end{cases} \qquad (4.2)$$

auf Stetigkeit.

Lösung

Eine Funktion $f : D \to \mathbb{R}$ mit $D \subset \mathbb{R}$ heißt *stetig an der Stelle* $x_0 \in D$, falls an der Stelle x_0 der Grenzwert der Funktion existiert (vgl. Aufgabe 4.5) und dieser Grenzwert gleich dem Funktionswert an der Stelle x_0 ist, falls also

$$\lim_{x\to x_0} f(x) = f(x_0).$$

Ferner heißt f auf einer Menge $D \subset \mathbb{R}$ stetig, falls f an jeder Stelle aus D stetig ist.

So sind beispielsweise Kosinus, Sinus, Arkustangens, die Exponentialfunktion und alle Polynome auf ganz $\mathbb{R}$ stetige Funktionen. Außerdem ist die Addition, Multiplikation, Division (sofern die Funktion im Nenner keine Nullstellen hat) und Verkettung (also Nacheinanderausführung) zweier stetiger Funktionen wieder stetig.

Die Funktion $x \mapsto \frac{1}{x}$ ist auf dem Intervall $(-\infty, -2)$ die Division der beiden stetigen Funktionen $x \mapsto 1$ und $x \mapsto x$. Da $x \mapsto x$ auf dem Intervall $(-\infty, -2)$ keine Nullstelle hat, ist $x \mapsto \frac{1}{x}$ und somit auch f auf dem Intervall $(-\infty, -2)$ eine stetige Funktion. Ebenso sind die Funktionen $x \mapsto \sin\left(x + \frac{4-\pi}{2}\right)$ auf dem Intervall $(-2, 0)$ und $x \mapsto e^{\cos x}$ auf dem Intervall $(0, \infty)$ Verkettungen stetiger Funktionen und somit stetig.

Aus den bisherigen Überlegungen ergibt sich, dass f (vgl. auch Bild 4.4) auf $(-\infty, -2) \cup (-2, 0) \cup (0, \infty) = \mathbb{R} \setminus \{-2, 0\}$ stetig ist. Es bleibt also nur

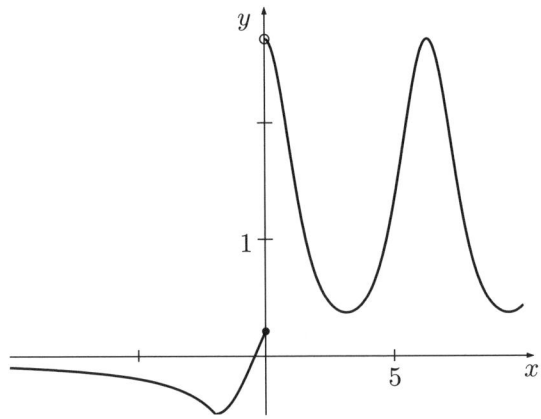

Bild 4.4: Funktion aus Aufgabe 4.6

noch, die Stetigkeit in $x = -2$ und $x = 0$ zu überprüfen. Dies sind übrigens genau jene Stellen, in denen sich die Zuordnungsvorschrift der stückweise erklärten Funktion f ändert. Typischerweise sind solche Stellen Kandidaten für Unstetigkeitsstellen von f.

Wir betrachten zunächst den rechts- und linksseitigen Grenzwert in -2. Dabei benutzen wir, dass $x \mapsto \frac{1}{2} \sin\left(x + \frac{4-\pi}{2}\right)$ eine auf ganz $\mathbb{R}$ und somit auch in -2 stetige Funktion ist. Es gilt

$$\lim_{x \to -2+} f(x) = \lim_{x \to -2+} \frac{1}{2} \sin\left(x + \frac{4-\pi}{2}\right)$$

$$= \frac{1}{2} \sin\left(-2 + \frac{4-\pi}{2}\right) = \frac{1}{2} \sin\left(-\frac{\pi}{2}\right) = -\frac{1}{2} = f(-2),$$

$$\lim_{x \to -2-} f(x) = \lim_{x \to -2-} \frac{1}{x} = -\frac{1}{2}.$$

Offenbar stimmen der rechts- und linksseitige Grenzwert von f in -2 überein und sind gleich dem Funktionswert $f(-2)$. Die Funktion f ist daher in -2 stetig.

Nun betrachten wir den rechts- und linksseitigen Grenzwert von f in 0,

$$\lim_{x \to 0+} f(x) = \lim_{x \to 0+} e^{\cos x} = e^{\cos 0} = e \,,$$

$$\lim_{x \to 0-} f(x) = \lim_{x \to 0-} \frac{1}{2} \sin\left(x + \frac{4 - \pi}{2}\right) = \sin\left(2 - \frac{\pi}{2}\right).$$

Da $e > 1$, stimmen diese beiden Grenzwerte jedenfalls nicht überein. Die Funktion f hat also keinen Grenzwert in 0 und ist daher nicht stetig in 0. Insgesamt ergibt sich, dass die Funktion f auf $\mathbb{R} \setminus \{0\}$ stetig, in 0 aber unstetig ist.

Aufgabe 4.7

Gegeben sei die von einem Parameter $c \in \mathbb{R}$ abhängige Funktion f : $(-\infty, 1) \to \mathbb{R}$ mit

$$f(x) = \begin{cases} c, & \text{falls } x \leq 0 \,, \\ \frac{1 + \sqrt{x}}{\sqrt{1 - x}}, & \text{falls } 0 < x < 1 \,. \end{cases}$$

Für welche Werte c ist f stetig?

Lösung

Die Funktion f ist auf den Intervallen $(-\infty, 0)$ und $(0, 1)$ stetig, da sie dort die Verkettung stetiger Funktionen ist und $\sqrt{1 - x} \neq 0$ gilt. Es bleibt, die Stetigkeit in $x_0 = 0$ zu überprüfen. Wir betrachten daher den rechts- und linksseitigen Grenzwert an der Stelle $x_0 = 0$,

$$\lim_{x \to 0+} f(x) = \lim_{x \to 0+} \frac{1 + \sqrt{x}}{\sqrt{1 - x}} = \frac{1 + \sqrt{0}}{\sqrt{1}} = \frac{1}{1} = 1 \,,$$

$$\lim_{x \to 0-} f(x) = \lim_{x \to 0-} c = c.$$

Gemäß der Zuordnungsvorschrift ist $f(0) = c$. Daher ist die Funktion f genau dann in $x_0 = 0$ stetig, wenn $c = 1$ gilt.

Aufgabe 4.8

Zeigen Sie, dass es eine Zahl $x_0 \in (0, 1)$ gibt, die der Gleichung

$$x_0 = \frac{1}{2} \arctan \frac{1}{x_0 + 3} \tag{4.3}$$

genügt.

Lösung

Ziel wird es sein, den *Zwischenwertsatz* anzuwenden. Dieser besagt, dass eine auf $[a, b]$ stetige Funktion f alle Werte zwischen $f(a)$ und $f(b)$ annimmt. Der Satz dient insbesondere zum Nachweis der Existenz einer Nullstelle $x_0 \in [a, b]$ von f, wenn $f(a) < 0$ und $f(b) > 0$. Wir wollen die Gleichung aus der Aufgabenstellung daher so umformen, dass auf der rechten Seite 0 steht.

Wir multiplizieren (4.3) mit 2 und erhalten nach einfachem Umstellen die äquivalente Gleichung

$$2x_0 - \arctan \frac{1}{x_0 + 3} = 0.$$

Die linke Seite ist nichts anderes als der Wert der auf einem geeigneten Intervall $[a, b]$ definierten Funktion f mit $f(x) = 2x - \arctan \frac{1}{x+3}$. Da

$$f(0) = 0 - \arctan \frac{1}{3} < 0, \quad f(1) = 2 - \arctan \frac{1}{4} > 0,$$

bietet es sich an, $[a, b] = [0, 1]$ zu wählen. Hier haben wir benutzt, dass $\arctan x < \frac{\pi}{2} < 2$. Aus dem Zwischenwertsatz folgt dann unmittelbar die Existenz der Nullstelle $x_0 \in [0, 1]$ von f, die zugleich (4.3) genügt. Da $f(0) \neq 0$ als auch $f(1) \neq 0$, folgt $x_0 \in (0, 1)$.

Zusammenfassung

Eine Funktion $f : D \to W$ heißt surjektiv, wenn zu jedem $w \in W$ mindestens ein $d \in D$ existiert mit $f(d) = w$. Sie heißt injektiv, wenn aus $c, d \in D$, $c \neq d$, folgt $f(c) \neq f(d)$. Sie heißt bijektiv, wenn sie surjektiv und injektiv ist.

Eine Funktion $f : \mathbb{R} \to \mathbb{R}$ heißt gerade, wenn $f(-x) = f(x)$, und ungerade, wenn $f(-x) = -f(x)$ für alle $x \in \mathbb{R}$ gilt.

Eine Funktion $f : D \to \mathbb{R}$ mit $D \subset \mathbb{R}$ hat einen linksseitigen Grenzwert in $x_0 \in \mathbb{R}$, falls eine Zahl $y_0 \in \mathbb{R}$ existiert, sodass für alle Folgen

$$(x_n) \subset D \text{ mit } x_n < x_0 \text{ und } \lim_{n \to \infty} x_n = x_0 \quad \text{gilt} \quad \lim_{n \to \infty} f(x_n) = y_0.$$

Entsprechend ist der rechtsseitige Grenzwert erklärt. Existieren und stimmen der rechts- und linksseitige Grenzwert in x_0 überein, so existiert auch der Grenzwert von f an der Stelle x_0, und umgekehrt.

Die Addition, Multiplikation, Division (sofern die Funktion im Nenner keine Nullstellen hat) und Verkettung zweier stetiger Funktionen ist wieder stetig. Für stückweise erklärte Funktionen, etwa

$$f(x) = \begin{cases} f_{\text{links}}(x), & \text{falls } x < x_0 \,, \\ f_0, & \text{falls } x = x_0 \,, \\ f_{\text{rechts}}(x), & \text{falls } x > x_0 \,, \end{cases}$$

wird die Stetigkeit gezeigt, indem man überprüft, ob die Funktionen $x \mapsto f_{\text{links}}(x)$ auf $(-\infty, x_0)$ und $x \mapsto f_{\text{rechts}}(x)$ auf (x_0, ∞) stetig sind. Es bleibt, die Stetigkeit in x_0 zu überprüfen. Existieren die Grenzwerte

$$\lim_{x \to x_0-} f_{\text{links}}(x) \quad \text{und} \quad \lim_{x \to x_0+} f_{\text{rechts}}(x),$$

und stimmen beide mit dem Funktionswert $f(x_0) = f_0$ überein, so ist f in x_0 stetig.

Eine auf $[a, b]$ stetige Funktion f nimmt alle Werte zwischen $f(a)$ und $f(b)$ an.

5 Differentiation und Extremwerte

Aufgabe 5.1

Für welche Argumente x ist die Funktion $f : \mathbb{R} \setminus \{0\} \to \mathbb{R}$ mit

$$f(x) = \frac{1}{x} + 2x^2$$

differenzierbar?

Lösung

Wir erinnern zunächst an folgende Definition. Eine Funktion $f : D \to \mathbb{R}$ mit $D \subset \mathbb{R}$ heißt *an der Stelle* $x_0 \in D$ *differenzierbar*, falls der Grenzwert

$$\lim_{x \to x_0} \frac{f(x) - f(x_0)}{x - x_0} \tag{5.1}$$

existiert. Wir wollen dabei voraussetzen, dass D ein nicht nur aus einer Zahl bestehendes Intervall oder die Vereinigung solcher Intervalle ist. Der Grenzwert (5.1) ist dann die *Ableitung* $f'(x_0)$ *von* f *an der Stelle* x_0. Ferner heißt f *auf* D *differenzierbar*, falls f an jeder Stelle aus D differenzierbar ist.

So sind die Kosinus-, Sinus-, Arkustangens- und Exponentialfunktion als auch die Polynome auf ganz $\mathbb{R}$ differenzierbare Funktionen. Außerdem führen die Addition, Multiplikation, Division (sofern die Funktion im Nenner keine Nullstellen hat) und Nacheinanderausführung zweier differenzierbarer Funktionen wieder auf eine differenzierbare Funktion.

Die Funktion $x \mapsto \frac{1}{x}$ ist auf $\mathbb{R} \setminus \{0\}$ das Ergebnis der Division der beiden auf $\mathbb{R}$ differenzierbaren Funktionen $x \mapsto 1$ und $x \mapsto x$. Da $x \mapsto x$ auf $\mathbb{R} \setminus \{0\}$ keine Nullstelle besitzt, ist $x \mapsto \frac{1}{x}$ eine auf dem gesamten Definitionsbereich $\mathbb{R} \setminus \{0\}$ differenzierbare Funktion. Wird nun noch das auf ganz $\mathbb{R}$ differenzierbare Polynom $x \mapsto 2x^2$ hinzuaddiert, so ändert dies nichts an der Differenzierbarkeit. Die Funktion f aus der Aufgabenstellung ist also auf $\mathbb{R} \setminus \{0\}$ differenzierbar.

Aufgabe 5.2

Für welche Argumente x ist die Funktion $f : \mathbb{R} \to \mathbb{R}$ mit

$$f(x) = \begin{cases} x^3 \cos \frac{1}{x}, & \text{falls } x \neq 0, \\ 0, & \text{falls } x = 0, \end{cases}$$

differenzierbar?

Lösung

Die Funktion $x \mapsto \cos \frac{1}{x}$ ist auf $\mathbb{R} \setminus \{0\}$ die Nacheinanderausführung der auf ganz $\mathbb{R}$ differenzierbaren Funktion $x \mapsto \cos x$ und der auf $\mathbb{R} \setminus \{0\}$ differenzierbaren Funktion $x \mapsto \frac{1}{x}$. Folglich ist $x \mapsto \cos \frac{1}{x}$ auf $\mathbb{R} \setminus \{0\}$ differenzierbar. Die Funktion $x \mapsto x^3 \cos \frac{1}{x}$ $(x \in \mathbb{R} \setminus \{0\})$ ist das Produkt aus dem auf ganz $\mathbb{R}$ differenzierbaren Polynom $x \mapsto x^3$ und der auf $\mathbb{R} \setminus \{0\}$ differenzierbaren Funktion $x \mapsto \cos \frac{1}{x}$ und somit selbst auf $\mathbb{R} \setminus \{0\}$ differenzierbar.

Es bleibt daher nur noch, die Differenzierbarkeit von f an der Stelle 0 zu überprüfen. Stellen, an denen sich die Zuordnungsvorschrift einer stückweise erklärten Funktion f ändert, sind stets Kandidaten für Unstetigkeitsstellen. Da aus der Differenzierbarkeit die Stetigkeit folgt, ist im Umkehrschluss eine an einer Stelle unstetige Funktion dort auch nicht differenzierbar.

Im vorliegenden Fall ist f in 0 stetig, sodass wir weiter ausholen müssen. Die Differenzierbarkeit von f an der Stelle 0 prüfen wir deshalb in Anwendung der Definition der Differenzierbarkeit nach, indem wir untersuchen, ob der Grenzwert

$$\lim_{x \to 0} \frac{f(x) - f(0)}{x - 0}.$$

existiert. Es gilt

$$\lim_{x \to 0} \frac{f(x) - f(0)}{x - 0} = \lim_{x \to 0} \frac{x^3 \cos \frac{1}{x}}{x} = \lim_{x \to 0} x^2 \cos \frac{1}{x} = 0,$$

wobei wir im letzten Schritt $\left| \cos \frac{1}{x} \right| \leq 1$ für alle $x \in \mathbb{R} \setminus \{0\}$ benutzt haben. Offenbar existiert der fragliche Grenzwert und somit ist f auch an der Stelle 0 differenzierbar mit

$$f'(0) = \lim_{x \to 0} \frac{f(x) - f(0)}{x - 0} = 0.$$

Aufgabe 5.3
Sind die Funktionen $f, g : \mathbb{R} \to \mathbb{R}$ mit

$$f(x) = \begin{cases} x^2, & \text{falls } x \leq 0, \\ -x^2, & \text{falls } x > 0, \end{cases} \qquad g(x) = \begin{cases} x^2 + 1, & \text{falls } x \leq 0, \\ -x^2, & \text{falls } x > 0, \end{cases}$$

an der Stelle 0 differenzierbar?

Lösung
Die Schwierigkeit bei diesen Funktionen ist, dass die Zuordnungsvorschrift jeweils zwei Zweige hat, die in $x = 0$ zusammengeführt werden. Die Differenzierbarkeit der stetigen Funktion f an der Stelle 0 prüfen wir wieder nach, indem wir untersuchen, ob der Grenzwert

$$\lim_{x \to 0} \frac{f(x) - f(0)}{x - 0} \tag{5.2}$$

existiert. Das ist genau dann der Fall, wenn

- der linksseitige Grenzwert $\lim_{x \to 0-} \frac{f(x)-f(0)}{x-0}$ existiert und
- der rechtsseitige Grenzwert $\lim_{x \to 0+} \frac{f(x)-f(0)}{x-0}$ existiert und
- beide Grenzwerte übereinstimmen.

Der übereinstimmende links- und rechtsseitige Grenzwert ist dann gleich dem Grenzwert aus (5.2) und somit gleich der Ableitung $f'(0)$.

Wir bestimmen nun den linksseitigen Grenzwert. Es gilt

$$\lim_{x \to 0-} \frac{f(x) - f(0)}{x - 0} = \lim_{x \to 0-} \frac{x^2 - 0}{x - 0} = \lim_{x \to 0-} x = 0.$$

Der rechtsseitige Grenzwert ergibt sich zu

$$\lim_{x \to 0+} \frac{f(x) - f(0)}{x - 0} = \lim_{x \to 0+} \frac{-x^2 - 0}{x - 0} = \lim_{x \to 0+} (-x) = 0.$$

Sowohl der links- als auch rechtsseitige Grenzwert in 0 existiert und beide stimmen überein. Daher ist f an der Stelle 0 differenzierbar und es gilt $f'(0) = 0$.

Für die Funktion g beobachten wir, dass sie in 0 nicht einmal stetig ist, denn $g(0) = 1$, aber $\lim_{x \to 0+} g(x) = 0$. Daher ist sie in 0 auch nicht differenzierbar. Dies wollen wir noch einmal bestätigen, indem wir den rechtsseitigen

Grenzwert untersuchen. Wegen $g(0) = 1$ ist

$$\lim_{x \to 0+} \frac{g(x) - g(0)}{x - 0} = \lim_{x \to 0+} \frac{-x^2 - 1}{x - 0} = -\infty,$$

sodass der rechtsseitige Grenzwert nicht existiert.

Aufgabe 5.4
Bestimmen Sie alle lokalen und globalen Extrema der Funktion f :
$\mathbb{R} \setminus \{1\} \to \mathbb{R}$ mit $f(x) = 2x + \frac{8}{x-1}$.

Lösung
Besitzt eine differenzierbare Funktion im Innern des Definitionsbereichs ein
lokales Extremum (lokales Maximum oder Minimum), so verschwindet dort
die erste Ableitung. Lokale Extrema können auch am Rand des Definitionsbereichs auftreten, wenn dieser zum Definitionsbereich gehört. Die *globalen*
Extrema (globale Maxima und Minima) sind die größten lokalen Maxima
bzw. Minima. Eine nach oben (unten) unbeschränkte Funktion besitzt jedoch kein globales Maximum (Minimum).

Wir bestimmen daher die erste Ableitung der Funktion f, die im Übrigen
in Bild 5.1 dargestellt ist,

$$f'(x) = 2 - \frac{8}{(x-1)^2} \quad \text{für } x \in \mathbb{R} \setminus \{1\}.$$

Die Nullstellen von f' genügen der Gleichung

$$2 = \frac{8}{(x-1)^2}$$

und sind also die Nullstellen der quadratischen Gleichung

$$(x - 1)^2 - 4 = x^2 - 2x - 3 = 0,$$

das heißt,

$$x_1 = 1 + \sqrt{1 + 3} = 3, \quad x_2 = 1 - \sqrt{1 + 3} = -1.$$

Um festzustellen, ob und welche Art von Extremwert an den Stellen $x_1 = 3$
und $x_2 = -1$ vorliegt, bestimmen wir die zweite Ableitung,

$$f''(x) = \frac{16}{(x-1)^3} \quad \text{für } x \in \mathbb{R} \setminus \{1\},$$

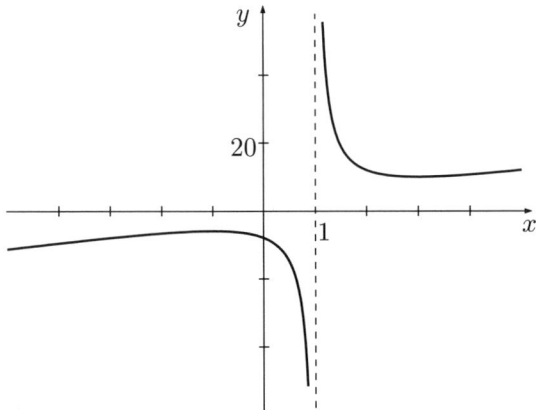

Bild 5.1: Funktion aus Aufgabe 5.4

und setzen $x_1 = 3$ und $x_2 = -1$ in diese ein,

$$f''(3) = \frac{16}{(3-1)^3} = \frac{16}{8} = 2\,, \quad f''(-1) = \frac{16}{(-1-1)^3} = -\frac{16}{8} = -2\,.$$

Da $f'(3) = 0$ und $f''(3) = 2 > 0$, besitzt f in $x_1 = 3$ ein lokales Minimum. Dieses lautet $f(3) = 2 \cdot 3 + \frac{8}{3-1} = 10$. Da $f'(-1) = 0$ und $f''(-1) = -2 < 0$, besitzt f in $x_2 = -1$ ein lokales Maximum. Dieses lautet $f(-1) = 2 \cdot (-1) + \frac{8}{-1-1} = -6$. Weitere lokale Extrema gibt es nicht.

Es stellt sich nun die Frage, ob die Funktion auch ein globales Maximum hat. Doch das ist nicht der Fall, denn es lässt sich eine Stelle finden, an der der Funktionswert größer als das lokale Maximum ist, so gilt zum Beispiel $f\left(\frac{5}{4}\right) = \frac{5}{2} + 32 > -6$. Das liegt daran, dass die Funktion für $x \to 1+$ unbeschränkt wächst,

$$\lim_{x \to 1+} f(x) = \lim_{x \to 1+} \left(2x + \frac{8}{x-1}\right) = \infty\,,$$

denn beim Grenzwert für $x \to 1+$ geht $2x$ gegen 2 und ist $x - 1 > 0$, sodass $\frac{8}{x-1}$ gegen ∞ geht. Entsprechend gilt

$$\lim_{x \to 1-} f(x) = \lim_{x \to 1+} \left(2x + \frac{8}{x-1}\right) = -\infty\,,$$

sodass die Funktion auch unbeschränkt fällt und somit kein globales Minimum besitzt.

Aufgabe 5.5

Gegeben sei die Funktion $f : \mathbb{R} \to \mathbb{R}$ mit $f(x) = \arctan x - \ln(1 + x^2)$.
Zeigen Sie, dass für alle $x \in \left[\frac{1}{2}, 1\right]$ die Beziehung $f(x) \geq \frac{\pi}{4} - \ln 2$ gilt.

Lösung

Wenn es gelingt zu zeigen, dass die Funktion f im Intervall $\left[\frac{1}{2}, 1\right]$ ein globales Minimum größer oder gleich $\frac{\pi}{4} - \ln 2$ besitzt, so ist die Aufgabe gelöst. Wir berechnen daher zunächst die erste Ableitung,

$$f'(x) = \frac{1}{1 + x^2} - \frac{2x}{1 + x^2} = \frac{1 - 2x}{1 + x^2}\,.$$

Für alle $x \geq \frac{1}{2}$ gilt $f'(x) \leq 0$, denn $1 - 2x \leq 0$ und $1 + x^2 > 0$. Somit ist die stetige Funktion f auf dem gesamten Intervall $\left[\frac{1}{2}, 1\right]$ monoton fallend und nimmt am rechten Rand in $x = 1$ ihr globales Minimum an.

Es gilt daher (wegen $\arctan 1 = \frac{\pi}{4}$, vgl. die Tabelle auf Seite 35) für alle $x \in \left[\frac{1}{2}, 1\right]$

$$f(x) \geq f(1) = \arctan 1 - \ln(1 + 1) = \frac{\pi}{4} - \ln 2\,,$$

womit die Aufgabe gelöst ist.

Aufgabe 5.6

Geben Sie ein Polynom zweiten Grades an, welches an der Stelle $x_0 = 2$ ein lokales Extremum und an der Stelle $x_1 = 1$ die Tangente $t : \mathbb{R} \to \mathbb{R}$ mit $t(x) = -6x + 6$ besitzt.

Lösung

Ein Polynom $p : \mathbb{R} \to \mathbb{R}$ zweiten Grades ist von der Gestalt

$$p(x) = ax^2 + bx + c,$$

wobei a, b, c reelle Zahlen sind, die aus den in der Aufgabenstellung verlangten Eigenschaften zu bestimmen sind. Die erste Ableitung von p lautet

$$p'(x) = 2ax + b.$$

Da p bei 2 ein lokales Extremum besitzt, muss die für ein im Innern des Definitionsbereichs gelegenes lokales Extremum notwendige Bedingung

$$p'(2) = 4a + b \overset{!}{=} 0 \tag{5.3}$$

gelten. Die Tangente $t : \mathbb{R} \to \mathbb{R}$ mit $t(x) = -6x+6$ hat den Anstieg -6, der mit der Ableitung von p an der Stelle $x_1 = 1$ übereinstimmen soll, sodass

$$p'(1) = 2a + b \overset{!}{=} -6 \,. \tag{5.4}$$

Mit (5.3) und (5.4) haben wir ein lineares Gleichungssystem aus zwei Gleichungen zur Bestimmung der beiden Unbekannten a und b. Subtrahiert man (5.4) von (5.3), so folgt $2a = 6$, also $a = 3$. Einsetzen von $a = 3$ in (5.3) führt zu $b = -12$.

Da darüber hinaus die Tangente t den Graphen von p an der Stelle $x_1 = 1$ berührt, gilt

$$p(1) = a + b + c = 3 - 12 + c = -9 + c \overset{!}{=} t(1) = -6 + 6 = 0 \,,$$

sodass $c = 9$. Das gesuchte Polynom lautet nunmehr

$$p(x) = 3x^2 - 12x + 9 \,.$$

Es ist sogar eindeutig bestimmt, denn ein davon verschiedenes kann es nicht geben, da dieses den gleichen Bedingungen genügen müsste, die in eindeutiger Weise aber zu den berechneten Werten für a, b, c führen.

Aufgabe 5.7
Gegeben sei die Funktion $f : (1, \infty) \to \mathbb{R}$ mit $f(x) = x \ln x$. Berechnen Sie die erste Ableitung der Umkehrfunktion f^{-1} an der Stelle $z_0 = 2\mathrm{e}^2$.

Lösung
Wir wollen die für alle z aus dem Wertebereich von f mit $f'(f^{-1}(z)) \neq 0$ gültige Formel

$$\left(f^{-1}\right)'(z) = \frac{1}{f'(f^{-1}(z))} \tag{5.5}$$

anwenden und an der Stelle $z_0 = 2\mathrm{e}^2$ auswerten.

Der Funktionswert $f^{-1}(2\mathrm{e}^2)$ der Umkehrfunktion an der Stelle $z_0 = 2\mathrm{e}^2$ ist nichts anderes als jenes Argument x_0 der Funktion f mit

$$f(x_0) = x_0 \ln x_0 \overset{!}{=} 2\mathrm{e}^2 \,.$$

Da $\ln \mathrm{e}^2 = 2$ und somit $f(\mathrm{e}^2) = 2\mathrm{e}^2$ gilt, ist $f^{-1}(2\mathrm{e}^2) = x_0 = \mathrm{e}^2$.

Die Ableitung von f lautet

$$f'(x) = \ln x + x \cdot \frac{1}{x} = \ln x + 1$$

und führt auf $f'(e^2) = \ln\left(e^2\right) + 1 = 2 + 1 = 3$.
Einsetzen in (5.5) liefert nun

$$\left(f^{-1}\right)'\left(2e^2\right) = \frac{1}{f'\left(f^{-1}\left(2e^2\right)\right)} = \frac{1}{f'\left(e^2\right)} = \frac{1}{3},$$

womit die Aufgabe gelöst ist.

Aufgabe 5.8
Zeigen Sie, dass die Funktion $f : \mathbb{R} \to \mathbb{R}$ mit $f(x) = x + \frac{1}{2}\cos x$ auf ganz $\mathbb{R}$ umkehrbar ist und berechnen Sie die erste Ableitung der Umkehrfunktion f^{-1} an der Stelle $z_0 = \frac{1}{2}$.

Lösung
Für alle $x \in \mathbb{R}$ gilt

$$f'(x) = 1 - \frac{1}{2}\sin x \geq \frac{1}{2} > 0, \tag{5.6}$$

denn $-\sin x \geq -1$. Daher ist die stetige Funktion f auf ganz $\mathbb{R}$ streng monoton wachsend und damit injektiv. Da außerdem

$$\lim_{x \to \infty} f(x) = \infty \quad \text{und} \quad \lim_{x \to -\infty} f(x) = -\infty \tag{5.7}$$

gilt, ist f auch surjektiv. Denn wegen (5.7) gibt es zu jedem $b > 0$ ein $a > 0$, sodass $f(a) > b$ als auch $f(-a) < -b$ gilt. Nach dem Zwischenwertsatz (vgl. auch Aufgabe 4.8) wird jede reelle Zahl zwischen $f(-a)$ und $f(a)$ durch f angenommen. Auf diese Weise schöpft f ganz $\mathbb{R}$ aus.

Die Funktion ist daher bijektiv und auf ganz $\mathbb{R}$ umkehrbar.

Wir wollen nun wieder die Formel (5.5) anwenden. Dazu bestimmen wir zunächst den Funktionswert der Umkehrfunktion f^{-1} an der Stelle $z_0 = \frac{1}{2}$, also jenes Argument x_0 von f mit

$$f(x_0) = x_0 + \frac{1}{2}\cos x_0 \overset{!}{=} \frac{1}{2}.$$

Berechnen wir den Funktionswert von f an der Stelle $x_0 = 0$, so ergibt sich bereits der gewünschte Wert $\frac{1}{2}$. Wir haben also $x_0 = f^{-1}\left(\frac{1}{2}\right) = 0$.

Die Ableitung von f ist mit (5.6) gegeben und es gilt $f'(0) = 1$.

Einsetzen in (5.5) führt zu

$$\left(f^{-1}\right)'\left(\frac{1}{2}\right) = \frac{1}{f'\left(f^{-1}\left(\frac{1}{2}\right)\right)} = \frac{1}{f'(0)} = \frac{1}{1} = 1\,,$$

und die Aufgabe ist gelöst.

Zusammenfassung

Sei $D \subset \mathbb{R}$ ein nicht nur aus einer Zahl bestehendes Intervall oder die Vereinigung solcher Intervalle.

Die Funktion $f : D \to \mathbb{R}$ heißt an der Stelle $x_0 \in D$ differenzierbar, falls der Grenzwert

$$f'(x) = \lim_{x \to x_0} \frac{f(x) - f(x_0)}{x - x_0}$$

existiert. Sie heißt auf ganz D differenzierbar, wenn sie an allen Stellen $x_0 \in D$ differenzierbar ist.

Sind die lokalen Extrema einer zweimal differenzierbaren Funktion $f : D \to \mathbb{R}$ gesucht, so sind die Nullstellen der ersten Ableitung im Innern von D zu bestimmen. Diese werden in die zweite Ableitung eingesetzt, um zu entscheiden, ob ein lokales Maximum ($f''(x_0) < 0$) oder ein lokales Minimum ($f''(x_0) > 0$) vorliegt. Die zugehörigen Werte der Funktion f an diesen Stellen sind dann lokale Extrema im Innern von D. Außerdem ist die Funktion auf dem Rand von D zu untersuchen, wo auch lokale Extrema liegen können, wenn der Rand zu D gehört.

Wächst bzw. fällt die Funktion unbeschränkt, so besitzt sie kein globales Maximum bzw. Minimum. Sonst ist das globale Maximum das größte lokale Maximum und das globale Minimum das kleinste lokale Minimum.

Ist $f : D \to \mathbb{R}$ mit $D \subset \mathbb{R}$ differenzierbar und bijektiv, so gilt für alle z aus dem Wertebereich von f mit $f'(f^{-1}(z)) \neq 0$

$$\left(f^{-1}\right)'(z) = \frac{1}{f'(f^{-1}(z))}.$$

6 Taylorpolynom und Restgliedabschätzung

Aufgabe 6.1
Bestimmen Sie das Taylorpolynom zweiten Grades für die Funktion

$$f : \mathbb{R} \to \mathbb{R}, \quad f(x) = 1 + \sin(x^2),$$

mit dem Entwicklungspunkt $x_0 = 0$.

Lösung
Das *Taylorpolynom n-ten Grades* einer Funktion ist, wie der Name schon sagt, ein Polynom, und zwar vom Grade kleiner oder gleich n. Wir wollen dieses Polynom im Folgenden mit T_n bezeichnen. Das Taylorpolynom n-ten Grades einer n-mal differenzierbaren Funktion f mit dem *Entwicklungspunkt x_0* ist an der Stelle x gegeben durch

$$
\begin{aligned}
T_n(x) &= \sum_{k=0}^{n} \frac{f^{(k)}(x_0)}{k!}(x - x_0)^k \\
&= \frac{f^{(0)}(x_0)}{0!}(x - x_0)^0 + \frac{f^{(1)}(x_0)}{1!}(x - x_0)^1 \\
&\quad + \frac{f^{(2)}(x_0)}{2!}(x - x_0)^2 + \ldots + \frac{f^{(n)}(x_0)}{n!}(x - x_0)^n.
\end{aligned}
$$

Hier ist $f^{(0)}$ die Funktion f selbst, $f^{(1)}$ die erste, $f^{(2)}$ die zweite Ableitung usf. Nun beachten wir noch, dass $0! = 1$, $1! = 1$ und $(x - x_0)^0 = 1$ für alle x, x_0 gilt, und erhalten

$$
\begin{aligned}
T_n(x) &= f(x_0) + f'(x_0)(x - x_0) \\
&\quad + \frac{f''(x_0)}{2!}(x - x_0)^2 + \ldots + \frac{f^{(n)}(x_0)}{n!}(x - x_0)^n.
\end{aligned}
\tag{6.1}
$$

Jetzt können wir die Aufgabe bearbeiten. Gesucht ist das Taylorpolynom zweiten Grades mit dem Entwicklungspunkt $x_0 = 0$. Wir setzen daher

$n = 2$ und $x_0 = 0$ in die Beziehung (6.1) ein und erhalten

$$T_2(x) = f(0) + f'(0)(x - 0) + \frac{f''(0)}{2}(x - 0)^2$$
$$= f(0) + f'(0)x + \frac{f''(0)}{2}x^2.$$

Es bleibt, die Werte $f(0)$, $f'(0)$ und $f''(0)$ zu bestimmen. Die Ableitungen der Funktion $f(x) = 1 + \sin(x^2)$ lauten

$$f'(x) = 2x\cos(x^2) \quad \text{und} \quad f''(x) = 2\cos(x^2) - 4x^2\sin(x^2). \tag{6.2}$$

Daher haben wir $f(0) = 1$, $f'(0) = 0$ sowie $f''(0) = 2$, und das gesuchte Taylorpolynom zweiten Grades von f mit dem Entwicklungspunkt $x_0 = 0$ lautet

$$T_2(x) = 1 + 0x + x^2 = 1 + x^2. \tag{6.3}$$

Aufgabe 6.2
Bestimmen Sie das Taylorpolynom zweiten Grades für die Funktion

$$f : \mathbb{R} \to \mathbb{R}, \quad f(x) = 1 + \sin(x^2), \tag{6.4}$$

mit dem Entwicklungspunkt $x_0 = 0$ und das Restglied. Berechnen Sie näherungsweise den Funktionswert $f(\frac{1}{2})$. Ermitteln Sie eine obere Schranke für den Betrag des Restgliedes bei $x = \frac{1}{2}$ und geben Sie damit ein möglichst kleines Intervall an, von dem sicher ist, dass es $f(\frac{1}{2})$ enthält.

Lösung
Mit (6.3) haben wir bereits in der vorherigen Aufgabe das Taylorpolynom T_2 im Entwicklungspunkt $x_0 = 0$ für die Funktion f aus (6.4) bestimmt,

$$T_2(x) = 1 + x^2.$$

Das *Restglied* zum Taylorpolynom n-ten Grades einer Funktion f mit dem Entwicklungspunkt x_0 bezeichnen wir mit R_n. Es ist gegeben durch

$$R_n(x) = f(x) - T_n(x). \tag{6.5}$$

Das Restglied R_n ist also die Differenz zwischen der Funktion und dem Taylorpolynom n-ten Grades. Betrachtet man das Taylorpolynom als eine Approximation an die Funktion f, so beschreibt $R_n(x)$ den *Fehler* dieser Approximation an der Stelle x. Das Besondere ist nun, dass man eine Formel für diesen Fehler hat. Ist f $(n+1)$-mal differenzierbar, so gilt nämlich

$$R_n(x) = \frac{f^{(n+1)}(\xi)}{(n+1)!}(x - x_0)^{n+1}. \tag{6.6}$$

Dabei ist ξ eine im Allgemeinen nicht bekannte Zahl, die zwischen dem Entwicklungspunkt x_0 und der Stelle x liegt und insbesondere von x abhängt. Nun können wir die Formel (6.6) dazu benutzen, den Betrag des Restgliedes R_n nach oben abzuschätzen, um so eine Schranke für den Fehler zu erhalten, was in der vorliegenden Aufgabe auch verlangt wird.

Zur Lösung unserer Aufgabe setzen wir also $x = \frac{1}{2}$ und $n = 2$ in (6.5) ein und erhalten nach Umstellen

$$f\left(\frac{1}{2}\right) = T_2\left(\frac{1}{2}\right) + R_2\left(\frac{1}{2}\right). \tag{6.7}$$

Wir können nun zunächst $f\left(\frac{1}{2}\right)$ näherungsweise als $T_2\left(\frac{1}{2}\right)$ bestimmen, wobei wir den Fehler $R_2\left(\frac{1}{2}\right)$ machen. Da $T_2(x) = 1 + x^2$ ist, gilt

$$f\left(\frac{1}{2}\right) \approx T_2\left(\frac{1}{2}\right) = 1 + \left(\frac{1}{2}\right)^2 = 1 + \frac{1}{4} = \frac{5}{4}. \tag{6.8}$$

Jetzt bestimmen wir gemäß (6.6) das Restglied zum Taylorpolynom zweiten Grades und damit den Fehler unserer Näherung. Es ist $n = 2$, $x_0 = 0$ und $x = \frac{1}{2}$. Es bleibt, die dritte Ableitung der Funktion f aus (6.4) zu bestimmen, wobei die erste und zweite Ableitung schon in (6.2) zu finden sind. Es gilt

$$f'''(x) = -4x\sin(x^2) - 8x\sin(x^2) - 8x^3\cos(x^2)$$
$$= -12x\sin(x^2) - 8x^3\cos(x^2).$$

Für das gesuchte Restglied R_2, ausgewertet an der Stelle $x = \frac{1}{2}$, ergibt sich

$$R_2\left(\frac{1}{2}\right) = \frac{f'''(\xi)}{(2+1)!}\left(\frac{1}{2} - x_0\right)^{2+1}$$
$$= \frac{-12\xi\sin(\xi^2) - 8\xi^3\cos(\xi^2)}{3!}\left(\frac{1}{2} - 0\right)^3$$
$$= \left(-12\xi\sin(\xi^2) - 8\xi^3\cos(\xi^2)\right) \cdot \frac{1}{6} \cdot \frac{1}{8},$$

wobei ξ eine für uns unbekannte Zahl zwischen dem Entwicklungspunkt $x_0 = 0$ und $x = \frac{1}{2}$ ist, also $\xi \in (0, \frac{1}{2})$. Es bleibt, $\left| R_2\left(\frac{1}{2}\right) \right|$ abzuschätzen. Dies erfolgt in mehreren Schritten. Zuächst gilt

$$\left| R_2\left(\frac{1}{2}\right) \right| = \frac{1}{48} \left| 12\xi \sin(\xi^2) + 8\xi^3 \cos(\xi^2) \right|.$$

Die rechte Seite wird bestimmt größer, wenn wir die Dreiecksungleichung[1] anwenden,

$$\left| R_2\left(\frac{1}{2}\right) \right| \leq \frac{1}{48} \left(12\,|\xi|\,\left|\sin(\xi^2)\right| + 8\,\left|\xi^3\right|\,\left|\cos(\xi^2)\right| \right).$$

Dabei haben wir auch von den Gleichungen $\left|\xi \sin(\xi^2)\right| = |\xi|\,\left|\sin(\xi^2)\right|$ und $\left|\xi^3 \cos(\xi^2)\right| = \left|\xi^3\right|\,\left|\cos(\xi^2)\right|$ Gebrauch gemacht. Nun nutzen wir aus, dass $|\sin(\xi^2)|$ als auch $|\cos(\xi^2)|$ immer kleiner oder gleich Eins sind, egal welchen Wert ξ annimmt. Wir können also die rechte Seite nach oben abschätzen, indem wir $|\sin(\xi^2)|$ als auch $|\cos(\xi^2)|$ durch Eins ersetzen,

$$\left| R_2\left(\frac{1}{2}\right) \right| \leq \frac{1}{48} \left(12\,|\xi| + 8\,\left|\xi^3\right| \right).$$

Jetzt erinnern wir uns wieder daran, dass $\xi \in (0, \frac{1}{2})$. Der Ausdruck $12\,|\xi| + 8\,\left|\xi^3\right| = 12\xi + 8\xi^3$ wird mit wachsendem ξ größer. Daher wird dieser Ausdruck für $\xi = \frac{1}{2}$ maximal. Wir können also diesen Ausdruck nach oben abschätzen, indem wir einfach $\xi = \frac{1}{2}$ einsetzen.[2] Wir erhalten

$$\left| R_2\left(\frac{1}{2}\right) \right| \leq \frac{1}{48} \left(12 \cdot \frac{1}{2} + 8 \cdot \frac{1}{8} \right) = \frac{1}{48}(6 + 1) = \frac{7}{48}.$$

Unser Näherungswert $f\left(\frac{1}{2}\right) \approx \frac{5}{4}$ aus (6.8) ist somit bis auf einen Fehler von $\frac{7}{48}$ genau, es gilt also

$$\left| R_2\left(\frac{1}{2}\right) \right| = \left| f\left(\frac{1}{2}\right) - T\left(\frac{1}{2}\right) \right| \leq \frac{7}{48},$$

und somit

$$\frac{5}{4} - \frac{7}{48} \leq f\left(\frac{1}{2}\right) \leq \frac{5}{4} + \frac{7}{48} \quad \text{bzw.} \quad \frac{53}{48} \leq f\left(\frac{1}{2}\right) \leq \frac{67}{48}.$$

---

[1]Für beliebige Zahlen $a, b \in \mathbb{R}$ gilt $|a + b| \leq |a| + |b|$. Diese Ungleichung heißt *Dreiecksungleichung.*

[2]Bei komplizierteren rechten Seiten ist gegebenenfalls eine Extremwertaufgabe wie in Abschnitt 5 zu lösen. Dabei ist dann ξ die freie Veränderliche, und es ist nach ξ abzuleiten usf.

Aufgabe 6.3

Bestimmen Sie das Taylorpolynom dritten Grades für die Funktion

$$f : \mathbb{R} \to \mathbb{R}, \quad f(x) = \sin(2x),$$

mit dem Entwicklungspunkt $x_0 = \pi$. Zeigen Sie, dass der Approximationsfehler auf dem Intervall $[\pi - \frac{1}{10}, \pi + \frac{1}{10}]$ vom Betrage her kleiner als 10^{-4} ist.

Lösung

Zunächst sei daran erinnert, dass der Approximationsfehler nichts anderes als das Restglied ist, siehe auch (6.5). Wegen

$$f'(x) = 2\cos(2x), \quad f''(x) = -4\sin(2x),$$

$$f'''(x) = -8\cos(2x) \quad \text{und} \quad f^{(4)}(x) = 16\sin(2x)$$

sowie

$$f(\pi) = 0, \quad f'(\pi) = 2, \quad f''(\pi) = 0 \quad \text{und} \quad f'''(\pi) = -8,$$

ergibt sich das gesuchte Taylorpolynom dritten Grades gemäß (6.1) zu

$$\begin{aligned} T_3(x) &= f(\pi) + f'(\pi)(x - \pi) + \frac{f''(\pi)}{2}(x - \pi)^2 + \frac{f'''(\pi)}{3!}(x - \pi)^3 \\ &= 0 + 2(x - \pi) + 0(x - \pi)^2 + \frac{-8}{6}(x - \pi)^3 \\ &= 2(x - \pi) - \frac{4}{3}(x - \pi)^3. \end{aligned}$$

Das Restglied lässt sich gemäß (6.6) wie folgt bestimmen:

$$R_3(x) = \frac{f^{(4)}(\xi)}{4!}(x - \pi)^4.$$

Dabei ist ξ eine nicht näher bekannte Stelle zwischen dem Entwicklungspunkt $x_0 = \pi$ und der Stelle x. Es ist also $\xi \in (\pi - \frac{1}{10}, \pi + \frac{1}{10})$. Wir schätzen den Betrag des Restgliedes nach oben ab. Wegen $f^{(4)}(\xi) = 16\sin(2\xi)$ gilt

$$|R_3(x)| = \left| \frac{16\sin(2\xi)}{24} \cdot (x - \pi)^4 \right| = \frac{2}{3}|\sin(2\xi)|(x - \pi)^4.$$

Nun benutzen wir, dass für alle $\xi \in \mathbb{R}$ $|\sin(2\xi)| \leq 1$ und außerdem $|x - \pi| \leq \frac{1}{10}$ gilt, da $x \in [\pi - \frac{1}{10}, \pi + \frac{1}{10}]$. Es ergibt sich somit

$$|R_3(x)| \leq \frac{2}{3} \cdot \left(\frac{1}{10}\right)^4 < 10^{-4},$$

und die Aufgabe ist gelöst.

Aufgabe 6.4
Es sei $f : \mathbb{R} \to \mathbb{R}$ gegeben durch

$f(x) = \cos(2x).$

Geben Sie eine von x unabhängige Abschätzung für den Betrag der $(n+1)$-ten Ableitung $f^{(n+1)}$ für beliebiges $n \in \mathbb{N}$ an. Zeigen Sie anschließend, dass für das Taylorpolynom mit dem Entwicklungspunkt $x_0 = 0$ die Restgliedabschätzung

$$\left| R_n\left(\frac{1}{2}\right) \right| \leq \frac{1}{(n+1)!}$$

gilt.

Lösung
Wir notieren exemplarisch die ersten vier Ableitungen von f,

$$f'(x) = -2\sin(2x), \quad f''(x) = -4\cos(2x),$$
$$f'''(x) = 8\sin(2x) \quad \text{und} \quad f^{(4)}(x) = 16\cos(2x).$$

Dies kann so fortgeführt werden und es gilt für alle $n \in \mathbb{N}$

$$f^{(n)}(x) = 2^n \begin{cases} -\sin(2x), & \text{falls } n+3 \text{ durch 4 teilbar ist,} \\ -\cos(2x), & \text{falls } n+2 \text{ durch 4 teilbar ist,} \\ \sin(2x), & \text{falls } n+1 \text{ durch 4 teilbar ist,} \\ \cos(2x), & \text{falls } n \text{ durch 4 teilbar ist.} \end{cases}$$

Da für $x \in \mathbb{R}$ stets $|\cos(2x)| \leq 1$ und $|\sin(2x)| \leq 1$ gilt, folgt sofort $|f^{(n)}(x)| \leq 2^n$ und daher auch

$$|f^{(n+1)}(x)| \leq 2^{n+1}. \tag{6.9}$$

Für den Betrag des Restgliedes in $x = \frac{1}{2}$ mit dem Entwicklungspunkt $x_0 = 0$ folgt mit Hilfe der Beziehungen (6.6) und (6.9)

$$\left| R_n\left(\frac{1}{2}\right) \right| = \left| \frac{f^{(n+1)}(\xi)}{(n+1)!} \left(\frac{1}{2} - x_0\right)^{n+1} \right| = \frac{|f^{(n+1)}(\xi)|}{(n+1)!} \left(\frac{1}{2} - 0\right)^{n+1}$$

$$\leq \frac{2^{n+1}}{(n+1)!} \left(\frac{1}{2} - 0\right)^{n+1} = \frac{2^{n+1}}{(n+1)!} \frac{1}{2^{n+1}} = \frac{1}{(n+1)!}.$$

Aufgabe 6.5

Es sei $f : \mathbb{R} \to \mathbb{R}$ eine beliebig oft differenzierbare Funktion, für die

$$f'(x) = x\tan(f(x)) \quad \text{und} \quad f(1) = \frac{\pi}{4}$$

gilt. Bestimmen Sie das Taylorpolynom zweiten Grades für die Funktion f mit dem Entwicklungspunkt $x_0 = 1$.

Lösung

Wir erinnern an die Formel (6.1) und erhalten für $n = 2$ und $x_0 = 1$

$$T_2(x) = f(1) + f'(1)(x-1) + \frac{f''(1)}{2}(x-1)^2. \tag{6.10}$$

Aus der Aufgabenstellung folgt sofort

$$f(1) = \frac{\pi}{4} \quad \text{und} \quad f'(1) = 1 \cdot \tan(f(1)) = \tan\frac{\pi}{4} = 1, \tag{6.11}$$

wie ein Blick auf die Tabelle auf Seite 35 lehrt. Wir bestimmen nun die zweite Ableitung von f mittels Produkt- und Kettenregel,

$$f''(x) = \tan(f(x)) + x\left(1 + \tan^2(f(x))\right) f'(x),$$

wobei wir die Ableitung der Tangensfunktion gemäß der Tabelle auf Seite 34 gebildet haben. Wir erhalten so unter Benutzung von (6.11)

$$f''(1) = \tan(f(1)) + 1 \cdot \left(1 + \tan^2(f(1))\right) f'(1)$$

$$= \tan\left(\frac{\pi}{4}\right) + \left(1 + \tan^2\left(\frac{\pi}{4}\right)\right) \cdot 1 = 1 + (1 + 1^2) = 3.$$

Wir haben also $f(1) = \frac{\pi}{4}$, $f'(1) = 1$ und $f''(1) = 3$. Setzen wir dies in (6.10) ein, so erhalten wir das gesuchte Taylorpolynom

$$T_2(x) = \frac{\pi}{4} + (x-1) + \frac{3}{2}(x-1)^2.$$

Zusammenfassung

Das Taylorpolynom T_n n-ten Grades einer n-mal differenzierbaren Funktion f mit dem Entwicklungspunkt x_0 ist gegeben durch

$$T_n(x) = \sum_{k=0}^{n} \frac{f^{(k)}(x_0)}{k!}(x - x_0)^k$$

$$= f(x_0) + f'(x_0)(x - x_0)$$

$$+ \frac{f''(x_0)}{2!}(x - x_0)^2 + \ldots + \frac{f^{(n)}(x_0)}{n!}(x - x_0)^n.$$

Das Restglied

$$R_n(x) = f(x) - T_n(x) \tag{6.12}$$

zum Taylorpolynom T_n einer $(n + 1)$-mal differenzierbaren Funktion f ist gegeben durch

$$R_n(x) = \frac{f^{(n+1)}(\xi)}{(n + 1)!}(x - x_0)^{n+1}, \tag{6.13}$$

wobei ξ eine nicht näher bekannte Zahl zwischen x und x_0 ist.

Die Definition (6.12) besagt, dass der Wert der Funktion f an der Stelle x näherungsweise mit Hilfe des Taylorpolynoms T_n, ausgewertet an der Stelle x, bestimmt werden kann. Dabei tritt der Fehler $R_n(x)$ auf. Oft ist es interessant, den Betrag $|R_n(x)|$ des Restgliedes abzuschätzen und so eine Schranke für den Fehler der Näherung zu erhalten.

7 Integration, partielle Integration und Substitutionsregel

Aufgabe 7.1

Bestimmen Sie das Integral

$$\int \sin x \cos x \mathrm{d}x.$$

Lösung

In der Aufgabe handelt es sich um ein *unbestimmtes Integral*. Gesucht sind also die Stammfunktionen zu $f(x) = \sin x \cos x$. Für das Auffinden einer Stammfunktion gibt es viele Wege. Da $(\cos x)' = -\sin x$, bietet sich hier die *Substitutionsregel* an. Wir setzen $t = \cos x$ und erhalten $\mathrm{d}t = -\sin x \mathrm{d}x$. Es folgt

$$\int \sin x \cos x \mathrm{d}x = -\int t \mathrm{d}t = -\frac{1}{2}t^2 + c,$$

wobei c eine beliebige reelle Konstante ist. Rücksubstitution ergibt

$$\int \sin x \cos x \mathrm{d}x = -\frac{1}{2}\cos^2 x + c,$$

und die Aufgabe ist gelöst.

Aufgabe 7.2

Bestimmen Sie das Integral

$$\int \frac{(1+x)^2}{1+x^2} \mathrm{d}x.$$

Lösung

Der Integrand ist hier eine rationale Funktion. Es bietet sich an, diesen zunächst so umzuformen, dass einfacher zu integrierende rationale Funktionen entstehen. Ist der Grad des Zählerpolynoms größer oder gleich dem Grad des Nennerpolynoms, so ist in aller Regel eine Polynomdivision auszuführen (vgl. auch den nachfolgenden Abschnitt). Hier gestaltet sich die Situation aber etwas einfacher. Es gilt

$$\frac{(1+x)^2}{1+x^2} = \frac{1+2x+x^2}{1+x^2} = \frac{1+x^2}{1+x^2} + \frac{2x}{1+x^2} = 1 + \frac{2x}{1+x^2}.$$

Somit folgt

$$\int \frac{(1+x)^2}{1+x^2}\,\mathrm{d}x = \int \left(1 + \frac{2x}{1+x^2}\right)\mathrm{d}x = \int 1\mathrm{d}x + \int \frac{2x}{1+x^2}\,\mathrm{d}x.$$

Für das erste Integral der rechten Seite gilt $\int 1\mathrm{d}x = x + c_1$ mit $c_1 \in \mathbb{R}$ beliebig. Für das zweite Integral wenden wir wieder die Substitutionsregel an, denn $(1+x^2)' = 2x$. Wir setzen $t = 1 + x^2$ und erhalten $\mathrm{d}t = 2x\mathrm{d}x$,

$$\int \frac{2x}{1+x^2}\,\mathrm{d}x = \int \frac{1}{t}\,\mathrm{d}t = \ln|t| + c_2,$$

wobei c_2 wieder eine reelle Konstante ist. Rücksubstitution ergibt wegen $|1+x^2| = 1 + x^2$

$$\int \frac{2x}{1+x^2}\,\mathrm{d}x = \ln|1+x^2| + c_2 = \ln(1+x^2) + c_2.$$

Zusammen ergibt sich als Lösung der Aufgabe

$$\int \frac{(1+x)^2}{1+x^2}\,\mathrm{d}x = \int \left(1 + \frac{2x}{1+x^2}\right)\mathrm{d}x = x + \ln(1+x^2) + c,$$

wobei $c = c_1 + c_2$ eine beliebige reelle Konstante ist.

Aufgabe 7.3
Berechnen Sie das Integral

$$\int_0^{\frac{\pi}{2}} x^2 \sin x\mathrm{d}x\,.$$

Lösung

Dieses *bestimmte Integral* berechnen wir mit der Regel der partiellen Integration, denn so können wir bei passender Setzung von u und v' in (7.1) durch Ableiten den störenden Ausdruck x^2 beseitigen. Für zwei stetig differenzierbare Funktion u, v gilt

$$\int_a^b u(x)v'(x)\mathrm{d}x = u(x)v(v)\Big|_a^b - \int_a^b u'(x)v(x)\mathrm{d}x\,, \tag{7.1}$$

wobei v irgendeine Stammfunktion von v' bezeichnet. Wir setzen $u(x) = x^2$, $v'(x) = \sin x$ und erhalten $u'(x) = 2x$, $v(x) = -\cos x$. Die Anwendung der Regel der partiellen Integration ergibt

$$\int_0^{\frac{\pi}{2}} x^2 \sin x\,\mathrm{d}x = -x^2 \cos x\Big|_0^{\frac{\pi}{2}} - \int_0^{\frac{\pi}{2}} (-2x\cos x)\,\mathrm{d}x$$

$$= -\left(\frac{\pi}{2}\right)^2 \cos\frac{\pi}{2} - 0 + 2\int_0^{\frac{\pi}{2}} x\cos x\,\mathrm{d}x$$

$$= 0 + 2\int_0^{\frac{\pi}{2}} x\cos x\,\mathrm{d}x\,.$$

Auf das letzte Integral wenden wir jetzt noch einmal die Regel der partiellen Integration an. Dazu setzen wir $u(x) = x$, $v'(x) = \cos x$ und erhalten $u'(x) = 1$, $v(x) = \sin x$. Nun gilt

$$\int_0^{\frac{\pi}{2}} x\cos x\,\mathrm{d}x = x\sin x\Big|_0^{\frac{\pi}{2}} - \int_0^{\frac{\pi}{2}} \sin x\,\mathrm{d}x = \frac{\pi}{2}\sin\frac{\pi}{2} - 0 + \cos x\Big|_0^{\frac{\pi}{2}}$$

$$= \frac{\pi}{2}\cdot 1 + \cos\frac{\pi}{2} - \cos 0 = \frac{\pi}{2} + 0 - 1 = \frac{\pi}{2} - 1.$$

Schließlich folgt

$$\int_0^{\frac{\pi}{2}} x^2 \sin x\,\mathrm{d}x = 2\left(\frac{\pi}{2} - 1\right) = \pi - 2.$$

Aufgabe 7.4
Berechnen Sie das Integral

$$\int_1^4 e^{\sqrt{x}}\mathrm{d}x\,.$$

Lösung

Im Unterschied zur vorherigen Aufgabe ist der Integrand kein Produkt. Was hier stört, ist der Ausdruck $\sqrt{x}$ im Exponenten. Wir wollen daher die Substitutionsregel anwenden und setzen $t = \sqrt{x}$, sodass $dt = \frac{1}{2\sqrt{x}}dx$, also $dx = 2t dt$. Auch das Intervall, über das integriert wird, ist mit der Substitution umzurechnen. Es durchläuft x das Intervall $[1,4]$. Daher durchläuft t das Intervall $[1,2]$, denn $\sqrt{1} = 1$ und $\sqrt{4} = 2$. Wir erhalten

$$\int_{x=1}^{4} e^{\sqrt{x}} dx = \int_{t=1}^{2} e^t \cdot 2t\, dt = 2\int_{t=1}^{2} t e^t dt\,.$$

Der Integrand ist jetzt, ähnlich wie in Aufgabe 7.3, ein Produkt aus einem Polynom (hier $u(t) = t$) und einer einfach zu integrierenden Funktion (hier $v'(t) = e^t$). Wir wenden daher die Regel der partiellen Integration an. Wir setzen also $u(t) = t$, $v'(t) = e^t$, sodass $u'(t) = 1$, $v(t) = e^t$. Es folgt

$$\int_{1}^{2} t e^t dt = t e^t \Big|_{1}^{2} - \int_{1}^{2} e^t dt = 2e^2 - e - e^t \Big|_{1}^{2} = 2e^2 - e - e^2 + e = e^2.$$

Die Lösung der Aufgabe lautet somit

$$\int_{1}^{4} e^{\sqrt{x}} dx = 2\int_{1}^{2} t e^t dt = 2e^2.$$

Aufgabe 7.5
Berechnen Sie das Integral

$$\int_{0}^{1} \frac{x}{\sqrt{1+x^2}} \ln\left(x + \sqrt{1+x^2}\right) dx\,.$$

Lösung

Da der Integrand recht komplex ist, kann nicht ohne Weiteres entschieden werden, welche Integrationsmethode zum Ziel führen wird. Wir versuchen es mit der Regel der partiellen Integration, da damit der Logarithmus zum Verschwinden gebracht werden kann. Dazu setzen wir $u(x) = \ln\left(x + \sqrt{1+x^2}\right)$ und $v'(x) = \frac{x}{\sqrt{1+x^2}}$. Dann gilt

$$v(x) = \sqrt{1+x^2}, \quad \text{denn } v'(x) = \frac{2x}{2\sqrt{1+x^2}} = \frac{x}{\sqrt{1+x^2}},$$

und

$$u'(x) = \frac{1 + \frac{2x}{2\sqrt{1+x^2}}}{x + \sqrt{1+x^2}} = \frac{\frac{\sqrt{1+x^2}+x}{\sqrt{1+x^2}}}{x + \sqrt{1+x^2}} = \frac{\sqrt{1+x^2}+x}{\sqrt{1+x^2}(x + \sqrt{1+x^2})}$$

$$= \frac{1}{\sqrt{1+x^2}}.$$

Wir erhalten

$$\int_0^1 \frac{x}{\sqrt{1+x^2}} \ln\left(x + \sqrt{1+x^2}\right) dx$$

$$= \sqrt{1+x^2} \ln\left(x + \sqrt{1+x^2}\right)\Big|_0^1 - \int_0^1 \sqrt{1+x^2} \cdot \frac{1}{\sqrt{1+x^2}} dx$$

$$= \sqrt{2}\ln(1 + \sqrt{2}) - 1 \cdot \ln 1 - \int_0^1 1 dx = \sqrt{2}\ln(1 + \sqrt{2}) - 1.$$

Aufgabe 7.6
Berechnen Sie das Integral

$$\int_{\frac{1}{3}}^3 \frac{1}{\sqrt{x}(1+x)} dx.$$

Lösung
Eine Anwendung der Regel der partiellen Integration würde sicher zu einem schwieriger zu berechnenden Integral führen. Wir wollen es deshalb mit der Substitutionsregel versuchen. Die Substitution $t = \sqrt{x}$ ergibt $dt = \frac{1}{2\sqrt{x}}dx$ und somit

$$\int_{\frac{1}{3}}^3 \frac{1}{\sqrt{x}(1+x)} dx = \int_{\frac{1}{\sqrt{3}}}^{\sqrt{3}} \frac{2}{1+t^2} dt = 2\arctan t \Big|_{\frac{1}{\sqrt{3}}}^{\sqrt{3}}$$

$$= 2\arctan\sqrt{3} - 2\arctan\frac{1}{\sqrt{3}} = \frac{2\pi}{3} - \frac{2\pi}{6} = \frac{\pi}{3}.$$

Dabei haben wir benutzt, dass $(\arctan t)' = \frac{1}{1+t^2}$ gilt und dass aus $\tan\frac{\pi}{3} = \sqrt{3}$ folgt $\arctan\sqrt{3} = \frac{\pi}{3}$. Desgleichen folgt aus $\tan\frac{\pi}{6} = \frac{\sqrt{3}}{3} = \frac{1}{\sqrt{3}}$, dass $\arctan\frac{1}{\sqrt{3}} = \frac{\pi}{6}$, vgl. auch die Tabelle auf Seite 35.

Aufgabe 7.7
Bestimmen Sie die Integrale

$$\int \sin(x)e^{-x}\mathrm{d}x \quad \text{und} \quad \int \frac{1}{x\ln^3 x}\,\mathrm{d}x\,.$$

Lösung
Um das erste Integral zu bestimmen, bietet sich die Regel der partiellen Integration an. Dazu setzen wir $u(x) = \sin x$, $v'(x) = e^{-x}$, erhalten $u'(x) = \cos x$, $v(x) = -e^{-x}$ und damit

$$\int \sin(x)e^{-x}\mathrm{d}x = -\sin(x)e^{-x} + \int \cos(x)e^{-x}\mathrm{d}x\,.$$

Nochmaliges Anwenden der Regel der partiellen Integration, diesmal mit $u(x) = \cos x$, $v'(x) = e^{-x}$, also $u'(x) = -\sin x$, $v(x) = -e^{-x}$, ergibt

$$\int \sin(x)e^{-x}\mathrm{d}x = -\sin(x)e^{-x} - \cos(x)e^{-x} - \int \sin(x)e^{-x}\mathrm{d}x\,.$$

Umstellen der Gleichung nach $\int \sin(x)e^{-x}\mathrm{d}x$ liefert

$$2\int \sin(x)e^{-x}\mathrm{d}x = -\sin(x)e^{-x} - \cos(x)e^{-x} + c_1,$$

wobei wir jetzt eine beliebige reelle Konstante c_1 hinzuzufügen haben, denn auf der linken Seite steht noch ein unbestimmtes Integral, auf der rechten Seite aber nicht mehr. Mit $c = \frac{c_1}{2}$ folgt

$$\int \sin(x)e^{-x}\mathrm{d}x = -\frac{1}{2}\left(\sin x + \cos x\right)e^{-x} + c\,.$$

Wir bestimmen nun das zweite Integral der Aufgabe. Es sei an $\ln^3 x = (\ln x)^3$ erinnert. Da $(\ln x)' = \frac{1}{x}$, bietet sich die Substitution $t = \ln x$ an. Es folgt $\mathrm{d}t = \frac{1}{x}\mathrm{d}x$ sowie

$$\int \frac{1}{x\ln^3 x}\,\mathrm{d}x = \int \frac{1}{t^3}\,\mathrm{d}t = -\frac{1}{2t^2} + c$$

mit einer beliebigen reellen Konstanten c. Die Rücksubsitution ergibt dann

$$\int \frac{\mathrm{d}x}{x\ln^3 x} = -\frac{1}{2t^2} + c = -\frac{1}{2\ln^2 x} + c\,.$$

Zusammenfassung

Ist F irgendeine Stammfunktion von f ($F'(x) = f(x)$), so folgt für das unbestimmte Integral

$$\int f(x)\mathrm{d}x = F(x) + c,$$

wobei c eine beliebige reelle Zahl ist. Für das bestimmte Integral folgt

$$\int_a^b f(x)\mathrm{d}x = F(b) - F(a).$$

Die Regel der partiellen Integration lautet

$$\int_a^b u(x)v'(x)\mathrm{d}x = u(x)v(v)\Big|_a^b - \int_a^b u'(x)v(x)\mathrm{d}x\,.$$

Gelegentlich ist die partielle Integration mehrfach durchzuführen. Bei einigen Integralen erhält man nach zweimaliger partieller Integration einen Ausdruck ähnlicher Gestalt und die so gewonnene Gleichung kann nach dem gesuchten Integral aufgelöst werden.

Eine andere Methode ist die Substitutionsregel: Wir setzen $t = g(x)$, wobei $g : [a, b] \to \mathbb{R}$ bijektiv sei. Dann ist

$$\mathrm{d}t = g'(x)\mathrm{d}x \text{ und somit } \mathrm{d}x = (g^{-1})'(t)\mathrm{d}t\,.$$

Auch das Integrationsgebiet ist zu transformieren,
aus $x = a \ldots b$ wird $t = g^{-1}(a) \ldots g^{-1}(b)$.
Dann gilt

$$\int_{x=a}^b f(x)\mathrm{d}x = \int_{t=g^{-1}(a)}^{t=g^{-1}(b)} f(g^{-1}(t))(g^{-1})'(t)\mathrm{d}t\,.$$

Mit $t = x^2$ gilt auf $[0, \sqrt{3}]$ zum Beispiel $x = \sqrt{t}$ sowie $\mathrm{d}t = 2x\mathrm{d}x$, also $\mathrm{d}x = \frac{1}{2\sqrt{t}}\mathrm{d}t$, und daher

$$\int_{x=0}^{\sqrt{3}} \frac{x}{\sqrt{x^2+1}}\,\mathrm{d}x = \int_{t=0}^3 \frac{\sqrt{t}}{\sqrt{t+1}}\frac{1}{2\sqrt{t}}\,\mathrm{d}t = \int_{t=0}^3 \frac{1}{2\sqrt{t+1}}\,\mathrm{d}t$$

$$= \sqrt{t+1}\,\Big|_{t=0}^3 = \sqrt{4} - \sqrt{1} = 1\,.$$

8 Partialbruchzerlegung und Integration rationaler Funktionen

Aufgabe 8.1

Bestimmen Sie die Partialbruchzerlegung von

$$\frac{1}{(x-1)(x+2)} \, .$$

Lösung

Wir erinnern an das Addieren zweier Brüche $\frac{1}{a}$ und $\frac{1}{b}$,

$$\frac{1}{a} + \frac{1}{b} = \frac{b+a}{ab} \, .$$

Die *Partialbruchzerlegung* ist gewissermaßen die Umkehrung. Wir wollen dabei einen Bruch, hier $\frac{1}{(x-1)(x+2)}$, als die Summe zweier einfacher Brüche schreiben. Im vorliegenden Fall suchen wir dafür reelle Zahlen A, B mit

$$\frac{1}{(x-1)(x+2)} = \frac{A}{x-1} + \frac{B}{x+2} \, . \tag{8.1}$$

Aus diesem Ansatz bestimmen wir nun A und B,

$$\frac{A}{x-1} + \frac{B}{x+2} = \frac{A(x+2) + B(x-1)}{(x-1)(x+2)} \overset{!}{=} \frac{1}{(x-1)(x+2)} \, .$$

Multiplikation mit $(x-1)(x+2)$ liefert die Bedingung

$$A(x+2) + B(x-1) = (A+B)x + 2A - B = 1.$$

Damit diese Gleichung für alle $x \in \mathbb{R}$ gilt, muss $A + B = 0$ und $2A - B = 1$ gelten (Koeffizientenvergleich). Wir erhalten $A = -B$ und somit $2A - B = -3B = 1$, also $B = -\frac{1}{3}$ und $A = \frac{1}{3}$. Als Partialbruchzerlegung ergibt sich

$$\frac{1}{(x-1)(x+2)} = \frac{1}{3(x-1)} - \frac{1}{3(x+2)} \, .$$

Es stellt sich die Frage, wie wir zu dem Ansatz (8.1) gekommen sind. Die Idee dabei ist, dass 1 und -2 die Nullstellen des Nennerpolynoms $x \mapsto (x - 1)(x - 2)$ sind. In den Ansatz für die Partialbruchzerlegung nehmen wir stets den Summanden $\frac{A}{x-a}$ auf, wenn a eine einfache reelle Nullstelle ist. Mehrfache und komplexe Nullstellen werden in den folgenden Aufgaben behandelt.

Aufgabe 8.2
Bestimmen Sie die Partialbruchzerlegung von

$$\frac{x}{x^2 - 1}.$$

Lösung
Der Grad des Zählerpolynoms ist 1, der des Nennerpolynoms ist 2. Ist der Grad des Zählerpolynoms echt kleiner als der des Nennerpolynoms, so bestimmen wir sofort die Nullstellen des Nenners. Andernfalls ist noch eine Polynomdivision durchzuführen, auf die wir später eingehen. Die Nullstellen sind hier 1 und -1, denn $x^2 - 1 = (x + 1)(x - 1)$, sodass der Ansatz

$$\frac{x}{x^2 - 1} = \frac{A}{x + 1} + \frac{B}{x - 1}$$

lautet. Multiplikation beider Seiten mit $x^2 - 1$ ergibt

$$x = A(x - 1) + B(x + 1) = (A + B)x - A + B.$$

Damit diese Gleichung für alle $x \in \mathbb{R}$ gilt, muss $A + B = 1$ und $-A + B = 0$ gelten. Wir erhalten $A = B$, $B = \frac{1}{2}$, und die Partialbruchzerlegung lautet

$$\frac{x}{x^2 - 1} = \frac{1}{2(x + 1)} + \frac{1}{2(x - 1)}.$$

Aufgabe 8.3
Bestimmen Sie die Partialbruchzerlegungen von

$$\frac{x}{(x + 1)^2} \quad \text{und} \quad \frac{x}{(x + 1)^3}.$$

Lösung

Wir beginnen mit dem ersten Bruch. Wieder ist der Grad des Zählers echt kleiner als der Grad des Nenners, sodass eine vorherige Division von Zähler durch Nenner entfällt. Das Polynom $q(x) = (x+1)^2$ besitzt die doppelte Nullstelle -1. In einem solchen Fall führt der Ansatz

$$\frac{x}{(x+1)^2} = \frac{A}{x+1} + \frac{B}{(x+1)^2}$$

zum Erfolg. Multiplikation mit $(x+1)^2$ liefert

$$x = A(x+1) + B = Ax + A + B.$$

Der Koeffizientenvergleich ergibt $A = 1$ und $A + B = 0$, also $B = -1$. Als Partialbruchzerlegung erhalten wir

$$\frac{x}{(x+1)^2} = \frac{1}{x+1} - \frac{1}{(x+1)^2}.$$

Kommen wir nun zum zweiten Bruch aus der Aufgabenstellung. Das Polynom $q(x) = (x+1)^3$ hat in -1 eine dreifache Nullstelle. Wir wählen als Ansatz für eine Partialbruchzerlegung daher

$$\frac{x}{(x+1)^3} = \frac{A}{x+1} + \frac{B}{(x+1)^2} + \frac{C}{(x+1)^3}.$$

Multiplikation mit $(x+1)^3$ liefert

$$x = A(x+1)^2 + B(x+1) + C = Ax^2 + 2Ax + A + Bx + B + C$$
$$= Ax^2 + (2A+B)x + B + C.$$

Der Koeffizientenvergleich ergibt

$$A = 0, \quad 2A + B = 1 \quad \text{und} \quad B + C = 0,$$

und es folgt $A = 0$, $B = 1$ und $C = -1$. Als Partialbruchzerlegung erhalten wir

$$\frac{x}{(x+1)^3} = \frac{1}{(x+1)^2} - \frac{1}{(x+1)^3}.$$

Als Faustregel gilt:

> Ist der Grad des Zählerpolynoms echt kleiner als der des Nennerpolynoms, dann ist die Anzahl der im Ansatz für die Partialbruchzerlegung zu bestimmenden Koeffizienten gleich dem Grad des Nennerpolynoms.

Aufgabe 8.4

Bestimmen Sie die Partialbruchzerlegung von

$$\frac{x}{(x+1)^2(x^2+1)}.$$

Lösung

Wieder ist der Grad des Zählerpolynoms echt kleiner als der Grad des Nennerpolynoms. Das Polynom $q(x) = (x+1)^2(x^2+1)$ hat eine doppelte Nullstelle bei -1 und zwei einfache Nullstellen bei i und $-$i, denn $(\pm i)^2 = -1$. Da wir bei der Partialbruchzerlegung nur mit reellen Größen rechnen, behalten wir den Faktor x^2+1, der auf die Nullstellen $\pm$i führte, bei, müssen dann aber den Ansatz für diesen Term modifizieren und statt nur eine unbekannte Konstante ein Polynom ersten Grades mit zwei unbekannten Konstanten nehmen. Der Ansatz lautet somit

$$\frac{x}{(x+1)^2(x^2+1)} = \frac{A}{x+1} + \frac{B}{(x+1)^2} + \frac{Cx+D}{x^2+1}$$

und führt nach Multiplikation mit dem Nenner auf

$$x = A(x+1)(x^2+1) + B(x^2+1) + (Cx+D)(x+1)^2$$
$$= A(x^3+x^2+x+1) + B(x^2+1) + (Cx+D)(x^2+2x+1)$$
$$= A(x^3+x^2+x+1) + B(x^2+1) + C(x^3+2x^2+x)$$
$$\qquad\qquad + D(x^2+2x+1)$$
$$= (A+C)x^3 + (A+B+2C+D)x^2 + (A+C+2D)x$$
$$\qquad\qquad + A+B+D.$$

Der Koeffizientenvergleich ergibt

$$A+C = 0, \ A+B+2C+D = 0, \ A+C+2D = 1, \ A+B+D = 0.$$

Aus der ersten Gleichung folgt $A = -C$ und somit

$$B+C+D = 0, \ 2D = 1, \ -C+B+D = 0. \tag{8.2}$$

Es folgt $D = \frac{1}{2}$. Addition der ersten und dritten Gleichung in (8.2) führt dann auf

$$2B+1 = 0, \quad \text{also } B = -\frac{1}{2}.$$

Einsetzen in die vorherigen Gleichungen ergibt $A = 0$, $B = -\frac{1}{2}$, $C = 0$ und $D = \frac{1}{2}$. Als Partialbruchzerlegung erhalten wir schließlich

$$\frac{x}{(x+1)^2(x^2+1)} = -\frac{1}{2(x+1)^2} + \frac{1}{2(x^2+1)}.$$

Aufgabe 8.5
Bestimmen Sie die Partialbruchzerlegung von

$$\frac{-x^2+1}{x^3+x^2+x}.$$

Lösung
Der Grad des Zählerpolynoms ist echt kleiner als der des Nennerpolynoms. Offenbar ist 0 eine Nullstelle des Nenners. Das Polynom $x \mapsto x^2 + x + 1$ hat die Nullstellen

$$x_{1,2} = -\frac{1}{2} \pm \sqrt{\frac{1}{4} - 1} = \frac{1}{2}\left(-1 \pm i\sqrt{3}\right).$$

Dies sind zwei einfache, nichtreelle Nullstellen. Wir setzen daher wie folgt an (vgl. auch Aufgabe 8.4):

$$\frac{-x^2+1}{x^3+x^2+x} = \frac{A}{x} + \frac{Bx+C}{x^2+x+1}.$$

Multiplikation mit dem Nenner liefert

$$-x^2 + 1 = A(x^2 + x + 1) + Bx^2 + Cx = x^2(A+B) + x(A+C) + A.$$

Der Koeffizientenvergleich ergibt

$$A + B = -1, \quad A + C = 0 \quad \text{und} \quad A = 1,$$

also $C = -1$ und $B = -2$. Die Partialbruchzerlegung lautet

$$\frac{-x^2+1}{x^3+x^2+x} = \frac{1}{x} - \frac{2x+1}{x^2+x+1}.$$

Aufgabe 8.6
Berechnen Sie das Integral

$$\int_2^3 \frac{-x^2 + 1}{x^3 + x^2 + x}\,\mathrm{d}x\,.$$

Lösung
Der Integrand ist ein Bruch aus Polynomen, also eine so genannte *gebrochenrationale Funktion*, die wir zunächst durch einfacher zu integrierende Funktionen ausdrücken. Die Partialbruchzerlegung aus Aufgabe 8.5 führt auf

$$\int_2^3 \frac{-x^2 + 1}{x^3 + x^2 + x}\,\mathrm{d}x = \int_2^3 \left(\frac{1}{x} - \frac{2x+1}{x^2 + x + 1} \right) \mathrm{d}x$$

$$= \int_2^3 \frac{1}{x}\,\mathrm{d}x - \int_2^3 \frac{2x+1}{x^2 + x + 1}\,\mathrm{d}x$$

$$= \ln x \Big|_{x=2}^{x=3} - \int_2^3 \frac{2x+1}{x^2 + x + 1}\,\mathrm{d}x\,.$$

Für das verbleibende Integral setzen wir $t = x^2 + x + 1$ und erhalten $\mathrm{d}t = (2x + 1)\mathrm{d}x$. Nun durchläuft x das Intervall $[2, 3]$, daher durchläuft t das Intervall $[7, 13]$. Wir erhalten

$$\int_2^3 \frac{-x^2 + 1}{x^3 + x^2 + x}\,\mathrm{d}x = \ln 3 - \ln 2 - \int_7^{13} \frac{1}{t}\,\mathrm{d}t = \ln 3 - \ln 2 - \ln t \Big|_{t=7}^{t=13}$$

$$= \ln 3 - \ln 2 - \ln 13 + \ln 7 = \ln \frac{3 \cdot 7}{2 \cdot 13} = \ln \frac{21}{26}\,.$$

Aufgabe 8.7
Schreiben Sie die Funktion $f : \mathbb{R} \setminus \{-4\} \to \mathbb{R}$ mit

$$f(x) = \frac{x^3 + 8x^2 + 7x - 40}{x + 4}$$

als Summe aus einem Polynom und einer echt gebrochenrationalen Funktion.

Lösung

Wir erinnern daran, dass eine *echt gebrochenrationale Funktion* eine gebrochenrationale Funktion ist, bei der der Grad des Zählerpolynoms echt
kleiner als der Grad des Nennerpolynoms ist. Ein Polynom dagegen wird
auch *ganzrationale Funktion* genannt. Die Aufgabe besteht also darin, die
als Bruch geschriebene Division von $(x^3 + 8x^2 + 7x - 40)$ durch $(x + 4)$ als
Polynomdivision auszuführen. Das Verfahren funktioniert genauso wie die
schriftliche Division natürlicher Zahlen und da der Grad des Zählerpolynoms echt größer als der Grad des Nennerpolynoms ist, wird die Division
einen ganzen Teil (Polynom) und in aller Regel einen Rest (echt gebrochenrationale Funktion) ergeben.

Zunächst schreiben wir

$$\frac{x^3 + 8x^2 + 7x - 40}{x + 4} = (x^3 + 8x^2 + 7x - 40) : (x + 4),$$

wobei es wichtig ist, dass die Terme nach den Potenzen geordnet sind.
Man beginnt mit der höchsten vorkommenden Potenz des Zählerpolynoms.
Diese Potenz wird dann durch die höchste vorkommende Potenz des Nennerpolynoms geteilt, hier $x^3 : x = x^2$. Dann wird das Nennerpolynom
damit multipliziert, $(x + 4) \cdot x^2 = x^3 + 4x^2$. Dieser Ausdruck wird dann
vom Zählerpolynom abgezogen. In Anlehnung an die schriftliche Division
notieren wir dies wie folgt:

$$(x^3 + 8x^2 + 7x - 40) : (x + 4) = x^2 + R_1 \,,$$
$$\underline{-(x^3 + 4x^2)}$$
$$4x^2 + 7x - 40$$

wobei R_1 für den Rest $\frac{4x^2 + 7x - 40}{x + 4}$ steht. Dieser Prozess wird nun wiederholt, wobei $4x^2 + 7x - 40$ die Rolle des Zählerpolynoms übernimmt. Dessen
höchste Potenz $4x^2$ wird durch die höchste vorkommende Potenz des Nennerpolynoms geteilt, $4x^2 : x = 4x$. Dann wird das Nennerpolynom damit
multipliziert, $(x + 4) \cdot 4x = 4x^2 + 16x$, und wir erhalten letztlich

$$(x^3 + 8x^2 + 7x - 40) : (x + 4) = x^2 + 4x + R_2 \,,$$
$$\underline{-(x^3 + 4x^2)}$$
$$4x^2 + 7x - 40$$
$$\underline{-(4x^2 + 16x)}$$
$$-9x - 40$$

wobei R_2 für den neuen Rest steht. Eine weitere Wiederholung dieses Verfahrens liefert

$$
\begin{aligned}
(x^3 + 8x^2 + 7x - 40) &: (x + 4) = x^2 + 4x - 9 + R_3 \\
\underline{-(x^3 + 4x^2)} & \\
4x^2 + 7x - 40 & \\
\underline{-(4x^2 + 4x)} & \\
-9x - 40 & \\
\underline{-(-9x - 36)} & \\
-4 &
\end{aligned}
$$

Diesmal bleibt ein Rest, dessen Polynomgrad echt kleiner als der von $(x+4)$ ist, und der Algorithmus hat sein Ende erreicht. Es gilt somit

$$
\frac{x^3 + 8x^2 + 7x - 40}{x + 4} = x^2 + 4x - 9 - \frac{4}{x + 4},
$$

was eine Probe bestätigt.

Es ist auch möglich, dass bei der Polynomdivision kein Rest bleibt, nämlich gerade dann, wenn der Nenner ein Faktor des Zählers ist.

Aufgabe 8.8
Berechnen Sie das Integral

$$
\int_0^1 \frac{x^3}{x^2 + 1} \, \mathrm{d}x.
$$

Lösung
Der Integrand ist wieder eine gebrochenrationale Funktion. Da das Zählerpolynom einen größeren Grad als das Nennerpolynom hat, beginnen wir mit einer Polynomdivision wie in Aufgabe 8.7:

$$
\frac{x^3}{x^2 + 1} = x^3 : (x^2 + 1).
$$

Die Potenz x^3 wird dann durch die höchste vorkommende Potenz des Nennerpolynoms geteilt, hier $x^3 : x^2 = x$. Dann wird das Nennerpolynom damit multipliziert, $(x^2 + 1) \cdot x = x^3 + x$. Dieser Ausdruck wird dann vom Zählerpolynom abgezogen. Wir erhalten

$$
\begin{array}{l}
x^3 \qquad\; : (x^2 + 1) = x + R \\[4pt]
\underline{-(x^3 + x)} \\[4pt]
\qquad\; -x
\end{array}
$$

mit einem Rest R. Da das Polynom $x \mapsto -x$ einen kleineren Grad als das Polynom $x \mapsto x^2 + 1$ hat, lässt es sich nicht mehr durch das Polynom $x^2 + 1$ teilen. Wir erhalten deshalb

$$
R = \frac{-x}{x^2 + 1}\,,
$$

und das Ergebnis unserer Polynomdivision lautet

$$
\frac{x^3}{x^2 + 1} = x - \frac{x}{x^2 + 1}\,.
$$

Wir haben den Integranden also in die Summe aus einem Polynom und einer echt gebrochenrationalen Funktion zerlegt. Nun können wir das Integral berechnen,

$$
\int_0^1 \frac{x^3}{x^2 + 1}\,\mathrm{d}x = \int_0^1 x\,\mathrm{d}x - \int_0^1 \frac{x}{x^2 + 1}\,\mathrm{d}x = \left.\frac{x^2}{2}\right|_0^1 - \int_0^1 \frac{x}{x^2 + 1}\,\mathrm{d}x\,.
$$

Für das verbleibende Integral setzen wir $t = x^2 + 1$ und erhalten $\mathrm{d}t = 2x\,\mathrm{d}x$. Da x das Intervall $[0, 1]$ durchläuft, durchläuft t das Intervall $[1, 2]$ und wir finden

$$
\int_0^1 \frac{x^3}{x^2 + 1}\,\mathrm{d}x = \frac{1}{2} - 0 - \frac{1}{2}\int_1^2 \frac{1}{t}\,\mathrm{d}t = \frac{1}{2} - \frac{1}{2}\ln t\,\Big|_1^2 = \frac{1}{2} - \frac{1}{2}\ln 2.
$$

Aufgabe 8.9
Wie lautet der Ansatz für die Partialbruchzerlegung von

$$
\frac{2x^2 + 3x + 7}{x^3(x - 1)(x^2 + 6)}\,?
$$

Lösung
Der Grad des Zählerpolynoms ist kleiner als der des Nennerpolynoms. Das Polynom im Nenner hat eine dreifache Nullstelle in 0, eine einfache Nullstelle in 1 und einfache Nullstellen in $i\sqrt{6}$ und $-i\sqrt{6}$. Der Ansatz für die Partialbruchzerlegung lautet daher

$$\frac{2x^2 + 3x + 7}{x^3(x-1)(x^2+6)} = \frac{A}{x} + \frac{B}{x^2} + \frac{C}{x^3} + \frac{D}{x-1} + \frac{Ex+F}{x^2+6}.$$

Aufgabe 8.10
Bestimmen Sie alle Stammfunktionen von $f : \mathbb{R} \setminus \{-1, 6\} \to \mathbb{R}$ mit

$$f(x) = \frac{9x+2}{x^2 - 5x - 6}.$$

Lösung
Wir müssen f integrieren. Dazu wird f durch einfacher zu integrierende Funktionen ausgedrückt. Da der Grad des Zählerpolynoms echt kleiner als der des Nenners ist, können wir sofort mit einer Partialbruchzerlegung beginnen. Wir bestimmen dazu die Nullstellen des Polynoms im Nenner,

$$x_{1,2} = \frac{5}{2} \pm \sqrt{\frac{25}{4} + 6} = \frac{5}{2} \pm \sqrt{\frac{49}{4}} = \frac{5}{2} \pm \frac{7}{2} = \begin{cases} 6, \\ -1. \end{cases}$$

Der Ansatz für eine Partialbruchzerlegung lautet

$$\frac{9x+2}{x^2 - 5x - 6} = \frac{A}{x-6} + \frac{B}{x+1}.$$

Die Unbekannten A, B sind dabei aus der Bedingung

$$9x + 2 = A(x+1) + B(x-6) = (A+B)x + A - 6B$$

zu bestimmen. Der Koeffizientenvergleich ergibt

$$A + B = 9 \quad \text{und} \quad A - 6B = 2.$$

Wir finden $A = 8$ und $B = 1$. Die Partialbruchzerlegung lautet somit

$$\frac{9x+2}{x^2 - 5x - 6} = \frac{8}{x-6} + \frac{1}{x+1}.$$

Die gesuchten Stammfunktionen ergeben sich nun als

$$\int \frac{9x + 2}{x^2 - 5x - 6}\, dx = \int \frac{8}{x - 6}\, dx + \int \frac{1}{x + 1}\, dx$$
$$= 8\ln|x - 6| + \ln|x + 1| + c\,,$$

wobei c eine beliebige reelle Zahl ist.

Zusammenfassung

Soll ein Bruch $\frac{p(x)}{q(x)}$ von Polynomen p und q mit reellen Koeffizienten vereinfacht werden und ist der Polynomgrad von p echt größer oder gleich dem Grad von q, so führt man zunächst eine Polynomdivision durch. Deren Ergebnis ist ein neues Polynom und gegebenenfalls ein Rest. Dabei ist der Rest ein neuer Bruch von Polynomen, bei dem der Grad des Zählers echt kleiner als der des Nenners ist.

Soll $\frac{p(x)}{q(x)}$ vereinfacht werden und ist der Polynomgrad von p echt kleiner als der Grad von q, so führt man eine Partialbruchzerlegung mit folgenden Schritten durch:

- Man bestimme alle Nullstellen von q.

- Ist a eine einfache reelle Nullstelle, so nehme man den Summanden $\frac{A}{x-a}$ in den Ansatz auf.

- Ist a eine doppelte reelle Nullstelle, so nehme man den Summanden $\frac{A_1}{x-a} + \frac{A_2}{(x-a)^2}$ in den Ansatz auf.

- Ist a eine n-fache reelle Nullstelle, so nehme man den Summanden

$$\frac{A_1}{x-a} + \frac{A_2}{(x-a)^2} + \cdots \frac{A_n}{(x-a)^n}$$

in den Ansatz auf.

- Ist $a = u + iv$ eine einfache komplexe Nullstelle, so ist auch $\overline{a} = u - iv$ eine Nullstelle; man nehme den Summanden

$$\frac{A + Bx}{(x-a)(x-\overline{a})} = \frac{A + Bx}{(x-u)^2 + v^2}$$

in den Ansatz auf.

- Man bestimme alle noch unbekannten Koeffizienten aus einem Koeffizientenvergleich.

Ist ein Bruch von Polynomen zu integrieren, so wird er zuvor mittels Polynomdivision bzw. Partialbruchzerlegung vereinfacht und dann erst integriert.

9 Uneigentliche Integrale

Lösung

Das Integral aus der Aufgabenstellung heißt *uneigentliches Integral*, da die obere Integrationsgrenze ∞ ist. Es wird berechnet, indem zunächst die Integration von Null bis zu einem beliebigen $A > 0$ ausgeführt und dann der Grenzwert

$$\lim_{A\to\infty} \int_0^A x^3 e^{-x^2}\,\mathrm{d}x$$

bestimmt wird. Wir berechnen daher zunächst

$$\int_0^A x^3 e^{-x^2}\,\mathrm{d}x.$$

Die Substitution $t = x^2$ mit $\mathrm{d}t = 2x\mathrm{d}x$ ergibt $t\mathrm{d}t = 2x^3\mathrm{d}x$ und daher

$$\int_0^A x^3 e^{-x^2}\,\mathrm{d}x = \frac{1}{2} \int_0^{A^2} t e^{-t}\,\mathrm{d}t.$$

Für das verbleibende Integral ist partielle Integration geeignet, denn so kann das Polynom $t \mapsto t$ im Integranden $t \mapsto te^{-t}$ abgebaut werden. Wir setzen $u(t) = t$, $v'(t) = e^{-t}$, erhalten $u'(t) = 1$, $v(t) = -e^{-t}$ und somit

$$\int_0^{A^2} t e^{-t}\,\mathrm{d}t = -te^{-t}\Big|_0^{A^2} - \int_0^{A^2} (-e^{-t})\mathrm{d}t$$

$$= -A^2 e^{-A^2} + 0 - e^{-t}\Big|_0^{A^2} = -A^2 e^{-A^2} - e^{-A^2} + 1.$$

Also gilt

$$\int_0^A x^3 e^{-x^2} dx = \frac{1}{2}\left(-A^2 e^{-A^2} - e^{-A^2} + 1\right).$$

Wir betrachten nun den Grenzwert für $A \to \infty$ und erhalten so den gesuchten Wert des uneigentlichen Integrals,

$$\int_0^\infty x^3 e^{-x^2} dx = \lim_{A\to\infty} \int_0^A x^3 e^{-x^2} dx = \lim_{A\to\infty} \frac{1}{2}\left(-A^2 e^{-A^2} - e^{-A^2} + 1\right)$$

$$= \frac{1}{2}(0 + 0 + 1) = \frac{1}{2}.$$

Hier haben wir benutzt, dass $\lim_{A\to\infty} A^2 e^{-A^2} = 0$ gilt, vgl. Aufgabe 1.12, wobei dort x durch A^2 zu ersetzen und $k = 1$ zu wählen ist.

Aufgabe 9.2
Zeigen Sie, dass die Reihe

$$\sum_{k=1}^\infty \frac{1}{k^\alpha} \tag{9.1}$$

für $\alpha > 1$ konvergent und für $\alpha \le 1$ nicht konvergent ist.

Lösung
Zur Lösung dieser Aufgabe wollen wir das *Reihen-Integral-Kriterium*[1] anwenden. Die Reihenglieder sind offenbar allesamt nichtnegativ und bilden eine monoton fallende Folge. Deshalb konvergiert die Reihe genau dann, wenn das uneigentliche Integral

$$\int_1^\infty \frac{1}{x^\alpha} dx \tag{9.2}$$

existiert. Wir bestimmen daher im Folgenden, für welche $\alpha \in \mathbb{R}$ das Integral in (9.2) existiert. Dazu müssen wir drei Fälle unterscheiden.

---

[1]Das Reihen-Integral-Kriterium besagt Folgendes: Für eine natürliche Zahl k_0 sei die Funktion f auf $[k_0, \infty)$ definiert, nehme nur nichtnegative Werte an und sei monoton fallend. Das uneigentliche Integral $\int_{k_0}^\infty f(x)dx$ existiert dann und nur dann, wenn die Reihe $\sum_{k=k_0}^\infty f(k)$ konvergiert.

1. Fall $\alpha < 1$:
Wie schon in Aufgabe 9.1 bestimmen wir zunächst für beliebiges $A > 1$

$$\int_1^A \frac{1}{x^\alpha}\,\mathrm{d}x = \int_1^A x^{-\alpha}\,\mathrm{d}x = \frac{1}{-\alpha+1}x^{-\alpha+1}\Big|_1^A = \frac{1}{-\alpha+1}\left(A^{-\alpha+1} - 1\right).$$

Da wir den Fall $\alpha < 1$ behandeln, gilt $0 < -\alpha + 1$. Daher haben wir $\lim_{A\to\infty} A^{-\alpha+1} = \infty$ und es folgt, dass

$$\int_1^\infty \frac{1}{x^\alpha}\,\mathrm{d}x = \lim_{A\to\infty}\int_1^A \frac{1}{x^\alpha}\,\mathrm{d}x = \lim_{A\to\infty}\frac{1}{-\alpha+1}\left(A^{-\alpha+1}-1\right)$$

nicht existiert, weil der Grenzwert auf der rechten Seite nicht existiert.

2. Fall $\alpha > 1$:
Wie schon zuvor gilt

$$\int_1^A \frac{1}{x^\alpha}\,\mathrm{d}x = \frac{1}{-\alpha+1}\left(A^{-\alpha+1}-1\right).$$

Jetzt ist $0 > -\alpha + 1$ und $\lim_{A\to\infty} A^{-\alpha+1} = 0$. Daher ist

$$\int_1^\infty \frac{1}{x^\alpha}\,\mathrm{d}x = \lim_{A\to\infty}\int_1^A \frac{1}{x^\alpha}\,\mathrm{d}x$$

$$= \lim_{A\to\infty}\frac{1}{-\alpha+1}\left(A^{-\alpha+1}-1\right) = -\frac{1}{-\alpha+1} = \frac{1}{\alpha-1}. \tag{9.3}$$

Also existiert das uneigentliche Integral in (9.2) für $\alpha > 1$ und hat den Wert $\frac{1}{\alpha-1}$.

3. Fall $\alpha = 1$:
Ist $\alpha = 1$, so haben wir es mit der harmonischen Reihe zu tun, die wir schon in Aufgabe 2.4 (siehe (2.6)) betrachtet hatten.

Der vorliegende Fall mit $-\alpha + 1 = 0$ ist insofern besonders, da wir eine andere Stammfunktion als in den beiden Fällen zuvor haben. Es ist

$$\int_1^A \frac{1}{x^\alpha}\,\mathrm{d}x = \int_1^A \frac{1}{x}\,\mathrm{d}x = \ln x\Big|_1^A = \ln A - \ln 1 = \ln A.$$

Man beachte, dass $\ln 1 = 0$. Somit folgt

$$\int_1^\infty \frac{1}{x}\,\mathrm{d}x = \lim_{A\to\infty}\ln A. \tag{9.4}$$

Das uneigentliche Integral (9.2) existiert für $\alpha = 1$ nicht, denn der Grenzwert von $\ln A$ existiert für $A \to \infty$ nicht.

Zusammenfassend lässt sich sagen, dass das Integral (9.2) für $\alpha > 1$ existiert und für $\alpha \leq 1$ nicht existiert. Da die Reihe (9.1) genau dann konvergiert, wenn das uneigentliche Integral (9.2) existiert, ist die Reihe (9.1) für $\alpha > 1$ konvergent und ansonsten nicht konvergent. Über den Wert der Reihe lässt sich an dieser Stelle allerdings nichts aussagen.

Aufgabe 9.3
Bestimmen Sie das Integral

$$\int_0^1 \ln x \, \mathrm{d}x.$$

Beachten Sie, dass $F(x) = x \ln x - x$ eine Stammfunktion des Logarithmus ist.

Lösung
Auch das hier zu betrachtende Integral heißt uneigentliches Integral. Zwar sind beide Integrationsgrenzen endlich. Jedoch ist der Integrand nicht beschränkt, denn der Logarithmus geht für $x \to 0$ gegen $-\infty$. Das uneigentliche Integral wird nun bestimmt, indem zunächst die Integration von einem beliebigen $a > 0$ bis zu 1 ausgeführt und dann der rechtsseitige Grenzwert

$$\lim_{a \to 0+} \int_a^1 \ln x \, \mathrm{d}x$$

bestimmt wird. Dabei ist $a > 0$ und der rechtsseitige Grenzwert zu nehmen, weil wir aus dem Innern des Integrationsintervalls $[0, 1]$ kommen müssen. Wir berechnen daher zunächst unter Benutzung der angegebenen Stammfunktion

$$\int_a^1 \ln x \, \mathrm{d}x = (x \ln x - x) \Big|_a^1 = (\ln 1 - 1) - (a \ln a - a) = -1 - a \ln a + a.$$

Wir betrachten nun den rechtsseitigen Grenzwert in 0 und erhalten so den gesuchten Wert des uneigentlichen Integrals,

$$\int_0^1 \ln x \, \mathrm{d}x = \lim_{a \to 0+} \int_a^1 \ln x \, \mathrm{d}x = \lim_{a \to 0+} (-1 - a \ln a + a) = -1.$$

Dabei wurde benutzt, dass $\lim_{a\to 0+} a\ln a = 0$, was mit der Regel von l'Hospital (vgl. Abschnitt 1) einzusehen ist:

$$\lim_{a\to 0+} a\ln a = \lim_{a\to 0+} \frac{\ln a}{\frac{1}{a}} = \lim_{a\to 0+} \frac{\frac{1}{a}}{-\frac{1}{a^2}} = \lim_{a\to 0+} (-a) = 0.$$

Aufgabe 9.4
Bestimmen Sie das Integral

$$\int_0^\infty \frac{1}{\sqrt{x}(1+x)}\,\mathrm{d}x.$$

Lösung
Bei dem hier vorgelegten Integral ist besondere Aufmerksamkeit geboten, denn es ist an beiden Intervallgrenzen uneigentlich. Wir zerlegen deshalb das Integral in zwei uneigentliche Integrale,

$$\int_0^\infty \frac{1}{\sqrt{x}(1+x)}\,\mathrm{d}x = \int_0^1 \frac{1}{\sqrt{x}(1+x)}\,\mathrm{d}x + \int_1^\infty \frac{1}{\sqrt{x}(1+x)}\,\mathrm{d}x. \qquad (9.5)$$

Wir bestimmen zunächst für $A > 1$ (vgl. auch Aufgabe 7.6)

$$\int_1^A \frac{1}{\sqrt{x}(1+x)}\,\mathrm{d}x.$$

Die Substitution $t = \sqrt{x}$ ergibt $t^2 = x$, $\mathrm{d}t = \frac{1}{2\sqrt{x}}\,\mathrm{d}x$ und also

$$\int_1^A \frac{1}{\sqrt{x}(1+x)}\,\mathrm{d}x = \int_1^{\sqrt{A}} \frac{2}{1+t^2}\,\mathrm{d}t = 2\arctan t \Big|_1^{\sqrt{A}}$$

$$= 2\left(\arctan\sqrt{A} - \arctan 1\right) = 2\left(\arctan\sqrt{A} - \frac{\pi}{4}\right).$$

Wir haben hier davon Gebrauch gemacht, dass $(\arctan t)' = \frac{1}{1+t^2}$ und $\arctan 1 = \frac{\pi}{4}$ gilt (vgl. auch die Tabelle auf Seite 35). Wir betrachten den Grenzwert für $A \to \infty$ und erhalten

$$\int_1^\infty \frac{1}{\sqrt{x}(1+x)}\,\mathrm{d}x = \lim_{A\to\infty} \int_1^A \frac{1}{\sqrt{x}(1+x)}\,\mathrm{d}x$$

$$= \lim_{A\to\infty} 2\left(\arctan\sqrt{A} - \frac{\pi}{4}\right) = 2\left(\frac{\pi}{2} - \frac{\pi}{4}\right) = \frac{\pi}{2}.$$

Dabei haben wir benutzt, dass $\lim_{A\to\infty} \arctan\sqrt{A} = \frac{\pi}{2}$ ist, siehe auch Bild 1.1 auf Seite 39. Nun bestimmen wir für $a > 0$

$$\int_a^1 \frac{1}{\sqrt{x}(1+x)}\, dx.$$

Die Substitution $t = \sqrt{x}$ mit $dt = \frac{1}{2\sqrt{x}}dx$ wie oben ergibt

$$\int_a^1 \frac{1}{\sqrt{x}(1+x)}\, dx = \int_{\sqrt{a}}^1 \frac{2}{1+t^2}\, dt$$

$$= 2\arctan t \Big|_{\sqrt{a}}^1 = 2\left(\arctan 1 - \arctan\sqrt{a}\right) = 2\left(\frac{\pi}{4} - \arctan\sqrt{a}\right).$$

Wir betrachten den rechtsseitigen Grenzwert in 0 und erhalten

$$\int_0^1 \frac{1}{\sqrt{x}(1+x)}\, dx = \lim_{a\to 0+} \int_a^1 \frac{1}{\sqrt{x}(1+x)}\, dx$$

$$= \lim_{a\to 0+} 2\left(\frac{\pi}{4} - \arctan\sqrt{a}\right) = 2\left(\frac{\pi}{4} - 0\right) = \frac{\pi}{2}.$$

Dabei haben wir $\arctan 0 = 0$ benutzt, siehe auch Bild 1.1 auf Seite 39.

Zusammenfassend folgt mit (9.5)

$$\int_0^\infty \frac{1}{\sqrt{x}(1+x)}\, dx = \frac{\pi}{2} + \frac{\pi}{2} = \pi.$$

Aufgabe 9.5
Existiert das uneigentliche Integral

$$\int_1^\infty \frac{\ln x}{x}\, dx\,?$$

Lösung
Bei dieser Aufgabe wird nur nach der Existenz des uneigentlichen Integrals gefragt. Darunter versteht man die Frage, ob der Grenzwert

$$\int_1^A \frac{\ln x}{x}\, dx \tag{9.6}$$

für $A \to \infty$ existiert. Der Grenzwert selbst interessiert dabei nicht. Betrachten wir die Substitution $t = \ln x$ mit $dt = \frac{1}{x}dx$. Dann gilt

$$\int_1^A \frac{\ln x}{x}\,dx = \int_0^{\ln A} t\,dt = \frac{1}{2}t^2 \Big|_0^{\ln A} = \frac{1}{2}(\ln A)^2.$$

Der Grenzwert von (9.6) für $A \to \infty$ existiert nicht, da für $A \to \infty$ der Ausdruck $\frac{1}{2}(\ln A)^2$ beliebig groß wird. Daher existiert das Integral aus der Aufgabenstellung nicht.

Aufgabe 9.6
Existiert das uneigentliche Integral

$$\int_1^\infty \frac{3 + 2\sin x}{2x}\,dx\,?$$

Lösung
Auch hier ist wieder nur gefragt, ob der Grenzwert von

$$\int_1^A \frac{3 + 2\sin x}{2x}\,dx$$

für $A \to \infty$ existiert.

Eine Methode, solche Aufgaben zu lösen, besteht in Folgendem: Vermuten wir, dass das uneigentliche Integral existiert, so versuchen wir, den Betrag des Integranden geschickt nach oben abzuschätzen und so ein „leichteres" uneigentliches Integral zu erhalten, von dem wir bereits wissen, dass es existiert. Dann existiert auch das zu untersuchende Integral (*Majorantenkriterium*). Vermuten wir dagegen, dass das uneigentliche Integral über eine nichtnegative Funktion nicht existiert, so schätzen wir den Integranden durch eine neue, nichtnegative Funktion nach unten ab. Existiert das uneigentliche Integral über diese neue Funktion nicht, so existiert auch das zu untersuchende Integral nicht (*Minorantenkriterium*).

Da im vorliegenden Fall der Integrand einen Bestandteil $\frac{3}{2x}$ hat und wir wegen (9.4) wissen, dass $\int_1^\infty \frac{1}{x}\,dx$ nicht existiert, vermuten wir, dass auch das Integral aus der Aufgabenstellung nicht existiert. Wir wollen deshalb das Minorantenkriterium anwenden. Der Integrand aus der Aufgabenstellung ist nichtnegativ und lässt sich für alle $x \geq 1$ mittels

$$\frac{3 + 2\sin x}{2x} \geq \frac{3 + 2 \cdot (-1)}{2x} = \frac{1}{2x} \geq 0$$

durch einen nichtnegativen Ausdruck nach unten abschätzen. Wegen (9.4) existiert $\int_1^\infty \frac{1}{2x}\, dx$ und somit auch das uneigentliche Integral aus der Aufgabenstellung nicht.

Aufgabe 9.7
Existiert das uneigentliche Integral

$$\int_1^\infty (\sqrt{x^2 + 1} - x)^2\, dx\, ?$$

Lösung
Das Vorgehen ist ähnlich zu dem in der vorherigen Aufgabe, doch vermuten wir dieses Mal die Existenz des uneigentlichen Integrals, denn erinnern wir uns an die Approximation $\sqrt{1 + \varepsilon} \approx 1 + \frac{\varepsilon}{2}$ (ε klein), so gilt für großes x

$$\sqrt{x^2 + 1} - x = x\left(\sqrt{1 + \frac{1}{x^2}} - 1\right) \approx x\,\frac{1}{2x^2} = \frac{1}{2x}.$$

Der Integrand verhält sich daher für großes x wie $\frac{1}{4x^2}$, und gemäß (9.3) mit $\alpha = 2$ existiert $\int_1^\infty \frac{1}{x^2}\, dx$.

Wir wollen also das Majorantenkriterium anwenden. Dazu erweitern wir den Integranden und verwenden die binomische Formel (siehe Aufgabe 1.8),

$$(\sqrt{x^2 + 1} - x)^2 = \left((\sqrt{x^2 + 1} - x) \cdot \frac{\sqrt{x^2 + 1} + x}{\sqrt{x^2 + 1} + x}\right)^2$$

$$= \left(\frac{x^2 + 1 - x^2}{\sqrt{x^2 + 1} + x}\right)^2 = \frac{1}{2x^2 + 1 + 2x\sqrt{x^2 + 1}}.$$

Da $2x^2 + 1 + 2x\sqrt{x^2 + 1} \geq x^2$ für $x \geq 1$ gilt, folgt

$$\left|(\sqrt{x^2 + 1} - x)^2\right| = (\sqrt{x^2 + 1} - x)^2 = \frac{1}{2x^2 + 1 + 2x\sqrt{x^2 + 1}} \leq \frac{1}{x^2}.$$

Wegen der Existenz des uneigentlichen Integrals $\int_1^\infty \frac{1}{x^2}\, dx$ existiert auch das uneigentliche Integral aus der Aufgabenstellung.

Zusammenfassung

Es sei $a \in \mathbb{R}$. Das uneigentliche Integral

$$\int_a^\infty f(x)\mathrm{d}x \tag{9.7}$$

wird bestimmt, indem zunächst das Integral $\int_a^A f(x)\mathrm{d}x$ berechnet und dann der Grenzwert

$$\lim_{A\to\infty} \int_a^A f(x)\mathrm{d}x. \tag{9.8}$$

bestimmt wird.

Ist hingegen der Integrand f für $x \to a$ nicht beschränkt, so bestimmt man das uneigentliche Integral

$$\int_a^1 f(x)\mathrm{d}x\,,$$

indem zunächst für $\alpha > a$ das Integral $\int_\alpha^1 f(x)\mathrm{d}x$ berechnet und dann der rechtsseitige Grenzwert

$$\lim_{\alpha\to a+} \int_\alpha^1 f(x)\mathrm{d}x.$$

bestimmt wird.

Ist lediglich nach der Existenz des uneigentlichen Integrals und nicht nach dessen Wert gefragt, so kann oft durch geeignetes Abschätzen die Existenz oder Nichtexistenz des Grenzwertes (9.8), also die Existenz oder Nichtexistenz des uneigentlichen Integrals, gezeigt werden. Gilt zum Beispiel für alle $x \in (a,\infty)$

$$0 \le |f(x)| \le g(x) \quad \text{und existiert} \quad \int_a^\infty g(x)\mathrm{d}x,$$

dann existiert auch der Grenzwert (9.8) und folglich das Integral (9.7). Ist hingegen

$$0 \le g(x) \le f(x) \quad \text{und existiert} \quad \int_a^\infty g(x)\mathrm{d}x \quad \text{nicht},$$

so existiert auch das Integral (9.7) nicht.

10 Fourierreihen

Aufgabe 10.1
Sei $T > 0$. Die Funktion $f : \mathbb{R} \to \mathbb{R}$ sei auf dem Intervall $(0, T]$ durch

$$f(x) = x$$

erklärt und für $x \notin (0, T]$ T-periodisch fortgesetzt. Bestimmen Sie die reellen Fourierkoeffizienten von f und geben Sie die zugehörige Fourierreihe an.

Lösung
Bevor wir zur Lösung der Aufgabe kommen, sei daran erinnert, dass eine Funktion $f : \mathbb{R} \to \mathbb{R}$ T-*periodisch* heißt, wenn für alle $x \in \mathbb{R}$

$$f(x + T) = f(x) \tag{10.1}$$

gilt. Die Funktion f aus der Aufgabenstellung ist zunächst auf dem Intervall $(0, T]$ beschrieben und wird dann zu einer T-periodischen Funktion auf ganz $\mathbb{R}$ durch Anwenden von (10.1) fortgesetzt. Sie sieht also auf den Intervallen $(-T, 0]$, $(T, 2T]$, $(2T, 3T]$ usf. genauso aus wie auf dem Intervall $(0, T]$, vgl. auch Bild 10.1.

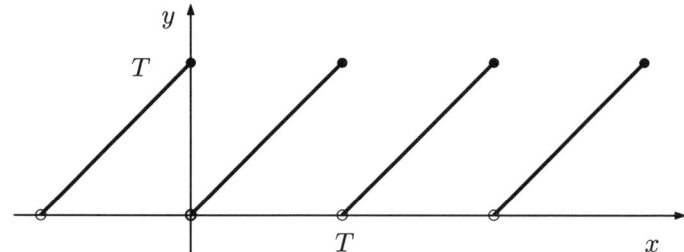

Bild 10.1: Funktion f aus Aufgabe 10.1

Für eine stückweise monotone, T-periodische Funktion $f : \mathbb{R} \to \mathbb{R}$ bestimmt sich die *reelle Fourierreihe*

$$\frac{a_0}{2} + \sum_{k=1}^{\infty} (a_k \cos(k\omega x) + b_k \sin(k\omega x)) \tag{10.2}$$

aus

$$\omega = \frac{2\pi}{T} \tag{10.3}$$

und den *reellen Fourierkoeffizienten*

$$a_k = \frac{2}{T} \int_0^T f(x) \cos(k\omega x) \mathrm{d}x, \quad k = 0, 1, 2, \ldots, \tag{10.4}$$

$$b_k = \frac{2}{T} \int_0^T f(x) \sin(k\omega x) \mathrm{d}x, \quad k = 1, 2, \ldots \tag{10.5}$$

Da Sinus- und Kosinusfunktion die Periode 2π haben, haben die in der Reihe (10.2) auftretenden Funktionen wegen (10.3) wie f die Periode T.

Jetzt können wir die Aufgabe lösen. Unter Benutzung von (10.3) und mit $f(x) = x$ für $x \in (0, T]$ berechnen wir die Fourierkoeffizienten a_k und b_k, wobei a_0 extra zu berechnen ist. Es ist

$$a_0 = \frac{2}{T} \int_0^T x \mathrm{d}x = \frac{2}{T} \cdot \frac{x^2}{2} \bigg|_0^T = T \tag{10.6}$$

und für $k = 1, 2, \ldots$ ergibt sich mit partieller Integration

$$\begin{aligned}
a_k &= \frac{2}{T} \int_0^T x \cos(k\omega x) \mathrm{d}x = \frac{2}{T} \left(\frac{x \sin(k\omega x)}{k\omega} \bigg|_0^T - \int_0^T \frac{\sin(k\omega x)}{k\omega} \mathrm{d}x \right) \\
&= \frac{2}{T} \left(\frac{T \sin(k\omega T)}{k\omega} - 0 - \frac{-\cos(k\omega x)}{k^2\omega^2} \bigg|_0^T \right) \\
&= \frac{2}{T} \left(\frac{T \sin(k\omega T)}{k\omega} + \frac{\cos(k\omega T)}{k^2\omega^2} - \frac{\cos 0}{k^2\omega^2} \right) \\
&= \frac{2}{T} \left(0 + \frac{1}{k^2\omega^2} - \frac{1}{k^2\omega^2} \right) = 0,
\end{aligned} \tag{10.7}$$

$$b_k = \frac{2}{T} \int_0^T x \sin(k\omega x) \mathrm{d}x = \frac{2}{T} \left(\left. \frac{-x\cos(k\omega x)}{k\omega} \right|_0^T + \int_0^T \frac{\cos(k\omega x)}{k\omega} \mathrm{d}x \right)$$

$$= \frac{2}{T} \left(\frac{-T\cos(k\omega T)}{k\omega} + 0 + \left. \frac{\sin(k\omega x)}{k^2\omega^2} \right|_0^T \right)$$

$$= \frac{2}{T} \left(-\frac{T}{k\omega} + \frac{\sin(k\omega T)}{k^2\omega^2} - 0 \right) = -\frac{2}{k\omega} = -\frac{T}{k\pi} \,. \tag{10.8}$$

Die reelle Fourierreihe von f lautet daher

$$\frac{T}{2} - \sum_{k=1}^{\infty} \frac{T}{k\pi} \sin\left(\frac{2k\pi x}{T} \right) . \tag{10.9}$$

In Bild 10.2 ist neben f auch die abgebrochene Fourierreihe bis zum fünften Summanden dargestellt, das heißt

$$\frac{T}{2} - \sum_{k=1}^{5} \frac{T}{k\pi} \sin\left(\frac{2k\pi x}{T} \right) .$$

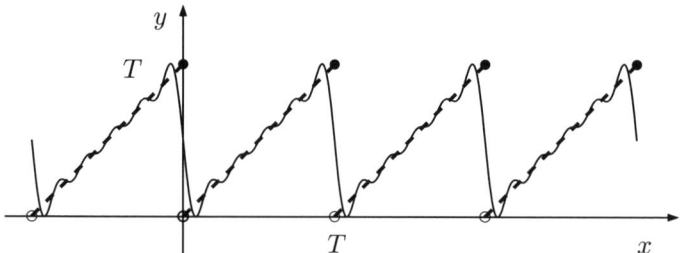

Bild 10.2: Funktion f (gestrichelt) und Fourierreihe bis zum fünften Summanden aus Aufgabe 10.1

Aufgabe 10.2
Es sei $f : \mathbb{R} \to \mathbb{R}$ die durch $f(x) = |\sin x|$ gegebene, 2π-periodische Funktion. Bestimmen Sie die reellen Fourierkoeffizienten a_0, a_1, b_1, b_2 und b_7 von f.

Lösung

Es ist $T = 2\pi$ und mit (10.3) $\omega = 1$. Die Funktion f ist gerade (siehe auch Abschnitt 4), denn

$$f(-x) = |\sin(-x)| = |-\sin x| = |\sin x| = f(x).$$

Wir benutzen folgende Regel[1]:

Für eine gerade, periodische Funktion gilt $b_k = 0$, $\quad k = 1, 2, \ldots$

Daher gilt hier insbesondere

$$b_1 = b_2 = b_7 = 0.$$

Wir berechnen nun die Fourierkoeffizienten a_0 und a_1. Wegen

$$f(x) = |\sin x| = \begin{cases} \sin x & \text{für } x \in (0, \pi], \\ -\sin x & \text{für } x \in (\pi, 2\pi], \end{cases}$$

ergibt sich

$$a_0 = \frac{1}{\pi} \int_0^{2\pi} |\sin x| \mathrm{d}x = \frac{1}{\pi} \left(\int_0^\pi \sin x \, \mathrm{d}x - \int_\pi^{2\pi} \sin x \, \mathrm{d}x \right)$$

$$= \frac{1}{\pi} \left((-\cos x) \Big|_0^\pi + \cos x \Big|_\pi^{2\pi} \right) = \frac{1}{\pi} (1 + 1 + 1 + 1) = \frac{4}{\pi}$$

und mit[2] $(\sin^2 x)' = 2 \sin x \cos x$

$$a_1 = \frac{1}{\pi} \int_0^{2\pi} |\sin x| \cos x \, \mathrm{d}x$$

$$= \frac{1}{\pi} \left(\int_0^\pi \sin x \cos x \, \mathrm{d}x - \int_\pi^{2\pi} \sin x \cos x \, \mathrm{d}x \right)$$

$$= \frac{1}{2\pi} \left(\sin^2 x \Big|_0^\pi - \sin^2 x \Big|_\pi^{2\pi} \right) = 0.$$

---

[1]Multipliziert man eine gerade Funktion mit einer ungeraden Funktion, so erhält man eine ungerade Funktion. Integriert man eine ungerade, periodische Funktion aber über die gesamte Periode, so ergibt sich Null. Wenn wir also unsere gerade Funktion f mit der ungeraden Funktion $x \mapsto \sin(kx)$, $k = 1, 2, \ldots$, multiplizieren und von $x = 0$ bis 2π integrieren, so erhalten wir

$$b_k = \frac{1}{\pi} \int_0^{2\pi} f(x) \sin(kx) \mathrm{d}x = 0, \quad k = 1, 2, \ldots$$

Eine ähnliche Argumentation führt für ungerade Funktionen auf $a_k = 0$, $k = 0, 1, 2, \ldots$
[2]Wir halten uns an die übliche Notation $\sin^2 x = (\sin x)^2$.

Aufgabe 10.3

Es seien $T > 0$, $\omega = \frac{2\pi}{T}$ und $n \in \mathbb{N}$. Ferner sei $f : \mathbb{R} \to \mathbb{R}$ mit

$$f(x) = \sum_{k=1}^{n} \left(a_k \cos(k\omega x) + b_k \sin(k\omega x) \right) \tag{10.10}$$

gegeben. Welchen Wert hat das Integral $\int_0^T f(x)\mathrm{d}x$?

Lösung

Wir betrachten für $k \in \mathbb{N}$ die Funktionen $x \mapsto \cos(k\omega x)$ und $x \mapsto \sin(k\omega x)$. Sie alle haben die Periode

$$T = \frac{2\pi}{\omega}, \tag{10.11}$$

siehe auch (10.3). Eine Skizze legt nahe, dass die auftretenden Integrale der Sinus- und Kosinusfunktionen über eine ganze Periode verschwinden. Wir wollen dies rechnerisch überprüfen. Es gilt

$$\int_0^T f(x) \, \mathrm{d}x = \int_0^T \sum_{k=1}^{n} \left(a_k \cos(k\omega x) + b_k \sin(k\omega x) \right) \, \mathrm{d}x$$

$$= \sum_{k=1}^{n} \int_0^T \left(a_k \cos(k\omega x) + b_k \sin(k\omega x) \right) \, \mathrm{d}x$$

$$= \sum_{k=1}^{n} \left(a_k \int_0^T \cos(k\omega x) \, \mathrm{d}x + b_k \int_0^T \sin(k\omega x) \, \mathrm{d}x \right).$$

Für $k \neq 0$ ergibt sich

$$\int_0^T \cos(k\omega x) \, \mathrm{d}x = \left. \frac{\sin(k\omega x)}{k\omega} \right|_0^T = \frac{1}{k\omega} \sin(k\omega T).$$

Ein Blick auf (10.11) zeigt, dass

$$\int_0^T \cos(k\omega x)\mathrm{d}x = \frac{\sin(2k\pi)}{k\omega} = 0.$$

Entsprechend gilt

$$\int_0^T \sin(k\omega x)\mathrm{d}x = \left. \frac{-\cos(k\omega x)}{k\omega} \right|_0^T = -\frac{1}{k\omega}(\cos(k\omega T) - 1) = 0.$$

Insgesamt erhalten wir so

$$\int_0^T f(x)\mathrm{d}x = 0.$$

Auch die folgende kürzere Argumentation führt zum Ziel: Ein Vergleich von (10.10) mit (10.2) ergibt, dass $a_0 = 0$ gilt. Andererseits ist $a_0 = \frac{2}{T}\int_0^T f(x)\mathrm{d}x$, also folgt $\int_0^T f(x)\mathrm{d}x = 0$.

Aufgabe 10.4
Es sei $f : \mathbb{R} \to \mathbb{R}$ auf dem Intervall $[0, 2\pi)$ durch

$$f(x) = (x - \pi)^2$$

gegeben und 2π-periodisch fortgesetzt. Skizzieren Sie f. Bestimmen Sie die reelle Fourierreihe von f. Gegen welche Werte konvergiert diese an den Stellen $x = 0$ und $x = \pi$? Zeigen Sie

$$\sum_{k=1}^{\infty} \frac{1}{k^2} = \frac{\pi^2}{6}. \tag{10.12}$$

Lösung
Es ist $T = 2\pi$ und mit (10.3) ergibt sich $\omega = 1$. Die Funktion f ist gerade, wie auch ein Blick auf Bild 10.3 zeigt. In Aufgabe 10.2 hatten wir gesehen, dass dann $b_k = 0$ für alle $k = 1, 2, \ldots$ gilt. Gemäß (10.4) gilt

$$a_0 = \frac{2}{2\pi} \int_0^{2\pi} (x - \pi)^2 \mathrm{d}x = \frac{1}{\pi} \frac{(x - \pi)^3}{3} \bigg|_0^{2\pi}$$

$$= \frac{(2\pi - \pi)^3}{3\pi} - \frac{(0 - \pi)^3}{3\pi} = \frac{\pi^3}{3\pi} + \frac{\pi^3}{3\pi} = \frac{2\pi^2}{3}$$

und für $k = 1, 2, \ldots$, mit zweimaliger Anwendung der Formel der partiellen Intregration,

$$a_k = \frac{2}{2\pi} \int_0^{2\pi} (x - \pi)^2 \cos(kx)\mathrm{d}x$$

$$= \frac{1}{\pi} \left((x - \pi)^2 \frac{\sin(kx)}{k} \bigg|_0^{2\pi} - 2 \int_0^{2\pi} (x - \pi) \frac{\sin(kx)}{k}\mathrm{d}x \right)$$

$$= \frac{1}{\pi} \left(0 - 0 - 2(x - \pi) \frac{-\cos(kx)}{k^2} \bigg|_0^{2\pi} + 2 \int_0^{2\pi} \frac{-\cos(kx)}{k^2} \mathrm{d}x \right)$$

$$= \frac{1}{\pi} \left(-\frac{2\pi}{k^2} - \frac{2\pi}{k^2} + 2 \frac{-\sin(kx)}{k^3} \bigg|_0^{2\pi} \right) = \frac{1}{\pi} \left(\frac{4\pi}{k^2} + 0 - 0 \right) = \frac{4}{k^2} \, .$$

Die Fourierreihe lautet somit

$$\frac{\pi^2}{3} + \sum_{k=1}^{\infty} \frac{4}{k^2} \cos(kx) \, .$$

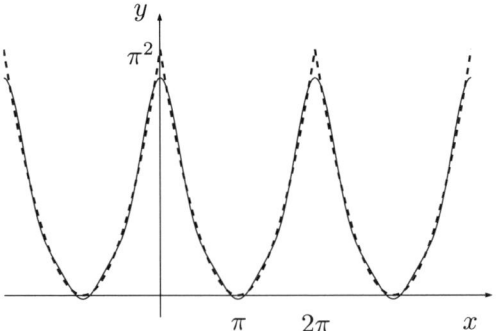

Bild 10.3: Funktion f (gestrichelt) und Fourierreihe bis zum dritten Summanden aus Aufgabe 10.3

Aus der Theorie der Fourierreihen ist bekannt, dass die Fourierreihe einer stückweise monotonen und stückweise stetigen Funktion in den Stetigkeitspunkten gegen den Funktionswert konvergiert und in den Punkten, in denen die Funktion einen Sprung hat, gegen den Mittelwert aus links- und rechtsseitigem Grenzwert. Da die Funktion f aus der Aufgabenstellung stückweise monoton und auf ganz $\mathbb{R}$ stetig ist, konvergiert die Fourierreihe in allen Punkten gegen f, wir haben also für alle $x \in \mathbb{R}$

$$f(x) = \frac{\pi^2}{3} + \sum_{k=1}^{\infty} \frac{4}{k^2} \cos(kx) \, . \tag{10.13}$$

Insbesondere gilt für $x = \pi$, dass die Fourierreihe gegen $f(\pi) = (\pi - \pi)^2 = 0$ konvergiert. Setzen wir hingegen in (10.13) $x = 0$ ein, so erhalten wir

$f(0) = (0 - \pi)^2 = \pi^2$. Daher gilt

$$\pi^2 = f(0) = \frac{\pi^2}{3} + \sum_{k=1}^{\infty} \frac{4}{k^2} \cos 0 = \frac{\pi^2}{3} + 4 \sum_{k=1}^{\infty} \frac{1}{k^2}.$$

Es folgt

$$\sum_{k=1}^{\infty} \frac{1}{k^2} = \frac{1}{4} \left(\pi^2 - \frac{\pi^2}{3} \right) = \frac{1}{4} \cdot \frac{2\pi^2}{3} = \frac{\pi^2}{6},$$

womit (10.12) gezeigt ist.

Bild 10.3 zeigt die Funktion f aus der Aufgabenstellung als auch die abgebrochene Fourierreihe bis zum dritten Summanden.

Aufgabe 10.5
Bestimmen Sie für die 2π-periodische Funktion $f : \mathbb{R} \to \mathbb{R}$ mit

$$f(x) = 1 + 7 \cos(2x) - 3 \cos(5x) \tag{10.14}$$

die reellen Fourierkoeffizienten.

Lösung
Es ist wiederum $T = 2\pi$ und daher $\omega = 1$. Wir beobachten außerdem, dass die Funktion f ein *trigonometrisches Polynom* ist, das heißt eine Fourierreihe, bei der alle Koeffizienten a_k und b_k ab einem gewissen Index gleich Null sind. Da die Fourierkoeffizienten eindeutig bestimmt sind, liefert ein Vergleich von (10.14) mit (10.2) unter Beachtung von $\omega = 1$

$$f(x) = 1 + 7 \cos(2x) - 3 \cos(5x) \overset{!}{=} \frac{a_0}{2} + \sum_{k=1}^{\infty} (a_k \cos(kx) + b_k \sin(kx)).$$

Wir können unmittelbar ablesen, dass

$a_0 = 2$, $a_1 = 0$, $a_2 = 7$, $a_3 = a_4 = 0$, $a_5 = -3$,
$a_k = 0$ für $k = 6, 7, \ldots$, $b_k = 0$ für $k = 1, 2, \ldots$

Aufgabe 10.6
Es sei $f : \mathbb{R} \to \mathbb{R}$ auf dem Intervall $[-\pi, \pi)$ durch

$$f(x) = \begin{cases} 0, & \text{falls } x \in [-\pi, 0), \\ x, & \text{falls } x \in [0, \pi), \end{cases}$$

gegeben und 2π-periodisch fortgesetzt. Bestimmen Sie die komplexen Fourierkoeffizienten und skizzieren Sie f auf dem Intervall $[-\pi, 3\pi)$. Gegen welchen Wert konvergiert die Fourierreihe in $x = \pi$?

Lösung
Die Funktion sieht wie in Bild 10.4 dargestellt aus.

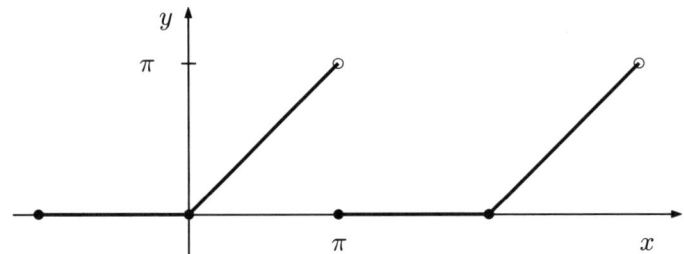

Bild 10.4: Funktion f aus Aufgabe 10.6

Unter Benutzung der Eulerschen Formel (3.5) lässt sich die reelle Fourierreihe (10.2) umschreiben in die *komplexe Fourierreihe*

$$\frac{a_0}{2} + \sum_{k=1}^{\infty} \left(a_k \cos(k\omega x) + b_k \sin(k\omega x) \right) = \sum_{k=-\infty}^{\infty} c_k e^{ik\omega x},$$

wobei die *komplexen Fourierkoeffizienten* c_k $(k \in \mathbb{Z})$ durch die Beziehung

$$c_k = \frac{1}{T} \int_0^T f(x) e^{-ik\omega x} \mathrm{d}x \tag{10.15}$$

gegeben sind. Für ω gilt weiterhin (10.3).

Für die Funktion aus der Aufgabenstellung ist $T = 2\pi$ und daher $\omega = 1$. Wir bestimmen nun die komplexen Fourierkoeffizienten. Es ist

$$c_0 = \frac{1}{2\pi} \int_0^{2\pi} f(x) \mathrm{d}x = \frac{1}{2\pi} \int_0^{\pi} x \mathrm{d}x = \frac{\pi}{4}.$$

Für $k \neq 0$ finden wir mit partieller Integration und wegen $i^2 = -1$, $\frac{1}{-i} = i$

$$c_k = \frac{1}{2\pi} \int_0^{2\pi} f(x) e^{-ikx} dx = \frac{1}{2\pi} \int_0^{\pi} x e^{-ikx} dx$$

$$= \frac{1}{2\pi} \left(x \frac{e^{-ikx}}{-ik} \Big|_0^{\pi} - \int_0^{\pi} \frac{e^{-ikx}}{-ik} dx \right) = \frac{1}{2\pi} \left(\pi \frac{e^{-ik\pi}}{-ik} - 0 - \frac{e^{-ikx}}{i^2 k^2} \Big|_0^{\pi} \right)$$

$$= \frac{1}{2\pi} \left(i\pi \frac{e^{-ik\pi}}{k} - \left(\frac{e^{-ik\pi}}{-k^2} - \frac{1}{-k^2} \right) \right)$$

$$= \frac{1}{2\pi} \left(i\pi \frac{e^{-ik\pi}}{k} + \frac{e^{-ik\pi}}{k^2} - \frac{1}{k^2} \right).$$

Nun gilt aufgrund der Eulerschen Formel (3.5)

$$e^{-ik\pi} = \cos(-k\pi) + i\sin(-k\pi) = \cos(k\pi) = \begin{cases} 1, & \text{falls } k \text{ gerade,} \\ -1, & \text{falls } k \text{ ungerade,} \end{cases}$$

und somit $e^{-ik\pi} = (-1)^k$. Es folgt

$$c_k = \frac{1}{2\pi} \left(\frac{(-1)^k i\pi}{k} + \frac{(-1)^k}{k^2} - \frac{1}{k^2} \right), \quad k \in \mathbb{Z} \setminus \{0\}.$$

Die gesuchte komplexe Fourierreihe lautet daher

$$\frac{\pi}{4} + \sum_{\substack{k=-\infty \\ k \neq 0}}^{\infty} \frac{1}{2\pi} \left(\frac{(-1)^k i\pi}{k} + \frac{(-1)^k}{k^2} - \frac{1}{k^2} \right) e^{ikx}.$$

Es bleibt die Bestimmung des Grenzwertes der Fourierreihe an der Stelle $x = \pi$. Ein Blick auf Bild 10.4 zeigt, dass die Funktion in $x = \pi$ einen Sprung hat. Der linksseitige Grenzwert in $x = \pi$ ist π, der rechtsseitige ist 0. Für eine stückweise monotone und stückweise stetige Funktion – das ist hier der Fall – konvergiert die Fourierreihe an einer Sprungstelle gegen das arithmetische Mittel aus links- und rechtsseitigem Grenzwert. In $x = \pi$ konvergiert die hier betrachtete Fourierreihe somit gegen $\frac{\pi+0}{2} = \frac{\pi}{2}$.

Zusammenfassung

Die reelle Fourierreihe einer T-periodischen Funktion $f : \mathbb{R} \to \mathbb{R}$ ist gegeben durch

$$\frac{a_0}{2} + \sum_{k=1}^{\infty} (a_k \cos(k\omega x) + b_k \sin(k\omega x)) \,, \quad \omega = \frac{2\pi}{T} \,, \tag{10.16}$$

mit den reellen Fourierkoeffizienten

$$a_k = \frac{2}{T} \int_0^T f(x) \cos(k\omega x) \mathrm{d}x \,, \quad k = 0, 1, 2, \dots$$

$$b_k = \frac{2}{T} \int_0^T f(x) \sin(k\omega x) \mathrm{d}x \,, \quad k = 1, 2, \dots$$

Mit den komplexen Fourierkoeffizienten

$$c_k = \frac{1}{T} \int_0^T f(x) \mathrm{e}^{-ik\omega x} \mathrm{d}x \,, \quad k \in \mathbb{Z} \,,$$

lässt sich (10.16) als komplexe Fourierreihe schreiben,

$$\sum_{k=-\infty}^{\infty} c_k \mathrm{e}^{ik\omega x} .$$

Für eine ungerade, T-periodische Funktion gilt

$$a_k = 0 \,, \quad k = 0, 1, 2, \dots ;$$

für eine gerade, T-periodische Funktion gilt

$$b_k = 0 \,, \quad k = 1, 2, \dots$$

Die Fourierreihe einer stückweise monotonen und stückweise stetigen Funktion konvergiert in den Stetigkeitspunkten gegen den Funktionswert und an jenen Stellen, in denen die Funktion einen Sprung hat, gegen das arithmetische Mittel aus links- und rechtsseitigem Grenzwert. Insbesondere konvergiert die Fourierreihe einer stückweise monotonen und stetigen Funktion in allen Punkten gegen den Funktionswert.

11 Vollständige Induktion

Aufgabe 11.1

Beweisen Sie mit vollständiger Induktion die folgende Aussage: Für alle $n \in \mathbb{N}$ gilt

$$\sum_{k=0}^{n} k^2 = \frac{n(n+1)(2n+1)}{6}. \tag{11.1}$$

Lösung

Das Problem beim Beweis der Aussage besteht darin, dass die Beziehung (11.1) *für alle* natürlichen Zahlen n gelten soll, wir schlechterdings aber nicht jede einzelne natürliche Zahl einsetzen können, um (11.1) zu überprüfen. Hier hilft die *vollständige Induktion*, bei der die Aussage zunächst nur für $n = 0$ gezeigt wird. Das ist der so genannte *Induktionsanfang*. Danach wird der *Induktionsschritt* vollzogen: Unter der Annahme, die Aussage würde gelten, wenn für n ein beliebiges, aber festes $m \in \mathbb{N}$ eingesetzt wird $(n = m)$, wird gezeigt, dass die Aussage dann auch für $n = m + 1$ gilt.

Kommen wir zum

Induktionsanfang: Wir setzen in (11.1) $n = 0$. Dann erhalten wir für die linke Seite

$$\sum_{k=0}^{0} k^2 = 0^2 = 0$$

und für die rechte Seite

$$\frac{0 \cdot (0+1) \cdot (2 \cdot 0 + 1)}{6} = 0,$$

also ist (11.1) für $n = 0$ wahr.

Es folgt der

Induktionsschritt: Wir nehmen an, dass (11.1) für $n = m$ wahr ist, also

$$\sum_{k=0}^{m} k^2 = \frac{m(m+1)(2m+1)}{6} \qquad (11.2)$$

gilt. Dabei ist $m \in \mathbb{N}$ beliebig, aber fest gewählt. Durch geeignete Manipulationen wollen wir daraus schlussfolgern, dass (11.1) dann auch für $n = m + 1$ gilt. Zu zeigen ist also

$$\sum_{k=0}^{m+1} k^2 = \frac{(m+1)((m+1)+1)(2(m+1)+1)}{6}$$

$$= \frac{(m+1)(m+2)(2m+3)}{6} . \qquad (11.3)$$

Beginnen wir mit der linken Seite, der Summe. Der Trick besteht darin, den letzten Summanden abzuspalten, denn für die Summe von $k = 0$ bis m haben wir (11.2) zur Hand. Es gilt

$$\sum_{k=0}^{m+1} k^2 = \sum_{k=0}^{m} k^2 + (m+1)^2 \overset{(11.2)}{=} \frac{m(m+1)(2m+1)}{6} + (m+1)^2 .$$

Was jetzt folgt, ist geschicktes Zusammenfassen, wobei wir ja schon wissen, wo es hingehen soll (nämlich zur rechten Seite von (11.3)):

$$\frac{m(m+1)(2m+1)}{6} + (m+1)^2$$

$$= (m+1)\frac{m(2m+1)+6(m+1)}{6} = (m+1)\frac{2m^2+m+6m+6}{6}$$

$$= (m+1)\frac{2m^2+7m+6}{6} = (m+1)\frac{(m+2)(2m+3)}{6} .$$

Das ist aber nichts anderes als die rechte Seite von (11.3), womit der Induktionsschritt erledigt ist.

Mit Induktionsanfang und Induktionsschritt ist die vollständige Induktion und damit der Beweis der Aussage geführt: Die Beziehung (11.1) gilt für alle $n \in \mathbb{N}$.

Aufgabe 11.2

Beweisen Sie mit vollständiger Induktion die folgende Aussage: Für alle $n \in \mathbb{N}$, $n \geq 2$, gilt

$$\sum_{k=2}^{n} k\left(2^k + (-1)^k\right) = \frac{3}{4} + 2^{n+1}(n-1) + (-1)^n \frac{2n+1}{4}. \qquad (11.4)$$

Lösung

Induktionsanfang: Wir beginnen mit $n = 2$, denn (11.4) wird nur für alle natürlichen Zahlen $n \geq 2$ behauptet. Es gilt

$$\sum_{k=2}^{2} k\left(2^k + (-1)^k\right) = 2\left(2^2 + (-1)^2\right) = 2(4+1) = 10$$

sowie

$$\frac{3}{4} + 2^{2+1} \cdot (2-1) + (-1)^2 \cdot \frac{2 \cdot 2 + 1}{4} = \frac{3}{4} + 8 + \frac{5}{4} = 10,$$

sodass (11.4) für $n = 2$ wahr ist.

Induktionsschritt: Wir nehmen jetzt an, (11.4) sei für $n = m$ mit einer beliebigen, aber festen natürlichen Zahl $m \geq 2$ wahr, sodass

$$\sum_{k=2}^{m} k\left(2^k + (-1)^k\right) = \frac{3}{4} + 2^{m+1}(m-1) + (-1)^m \frac{2m+1}{4} \qquad (11.5)$$

gilt. Wiederum wollen wir zeigen, dass (11.4) auch dann wahr ist, wenn wir n durch $m + 1$ ersetzen. Wir wollen also

$$\sum_{k=2}^{m+1} k\left(2^k + (-1)^k\right) = \frac{3}{4} + 2^{m+2}m + (-1)^{m+1} \frac{2m+3}{4}$$

zeigen. Es gilt

$$\sum_{k=2}^{m+1} k\left(2^k + (-1)^k\right) = \sum_{k=2}^{m} k\left(2^k + (-1)^k\right) + (m+1)\left(2^{m+1} + (-1)^{m+1}\right)$$

$$\overset{(11.5)}{=} \frac{3}{4} + 2^{m+1}(m-1) + (-1)^m \frac{2m+1}{4} + (m+1)\left(2^{m+1} + (-1)^{m+1}\right)$$

$$= \frac{3}{4} + 2^{m+1}(m - 1 + m + 1) + (-1)^{m+1}\left(-\frac{2m+1}{4} + m + 1\right)$$

$$= \frac{3}{4} + 2^{m+1} \cdot 2m + (-1)^{m+1}\frac{-2m - 1 + 4m + 4}{4}$$

$$= \frac{3}{4} + 2^{m+2} \cdot m + (-1)^{m+1}\frac{2(m+1) + 1}{4}.$$

Das aber ist gerade die Beziehung (11.4) für $n = m + 1$. Somit ist der Induktionsschritt vollzogen. Die Aussage ist numehr für alle natürlichen Zahlen $n \geq 2$ bewiesen.

Aufgabe 11.3
Beweisen Sie mit vollständiger Induktion die folgende Aussage: Für alle $n \in \mathbb{N}$, $n \geq 3$, gilt

$$\frac{3^{n-1}}{n} \geq \frac{n^2 - n}{2}. \tag{11.6}$$

Lösung
Induktionsanfang: Wir überprüfen, ob (11.6) für $n = 3$ gilt,

$$\frac{3^{3-1}}{3} = \frac{9}{3} = 3 \geq 3 = \frac{3^2 - 3}{2},$$

was der Fall ist.

Induktionsschritt: Wir nehmen an, dass (11.6) wahr ist, wenn für n die beliebige, aber feste natürliche Zahl $m \geq 3$ eingesetzt wird, sodass

$$\frac{3^{m-1}}{m} \geq \frac{m^2 - m}{2} \tag{11.7}$$

gilt. Wir wollen

$$\frac{3^m}{m+1} \geq \frac{(m+1)^2 - (m+1)}{2}$$

zeigen. Aus (11.7) folgt

$$\frac{3^{m+1-1}}{m+1} = \frac{3 \cdot 3^{m-1}}{m+1} = \frac{3m}{m+1} \cdot \frac{3^{m-1}}{m}$$

$$\geq \frac{3m}{m+1} \cdot \frac{m^2 - m}{2} = \frac{3m^2(m-1)}{2(m+1)}.$$

Es bleibt zu zeigen, dass

$$\frac{3m^2(m-1)}{2(m+1)} \geq \frac{(m+1)^2 - (m+1)}{2}$$

gilt. Wegen

$$\frac{(m+1)^2 - (m+1)}{2} = \frac{(m+1)(m+1-1)}{2} = \frac{(m+1)m}{2},$$

ist dies äquivalent zu der Ungleichung

$$\frac{3m^2(m-1)}{2(m+1)} \geq \frac{(m+1)m}{2}.$$

Multiplizieren wir mit $2(m+1)$ und dividieren durch m (beachte, dass $m \geq 2$), so erhalten wir die äquivalente Ungleichung

$$3m(m-1) \geq (m+1)^2.$$

Diese aber ist für alle $m \geq 3$ wahr, denn für $m \geq 3$ gilt

$$3m(m-1) - (m+1)^2 = 3m^2 - 3m - \left(m^2 + 2m + 1\right)$$
$$= 2m^2 - 5m - 1 \geq 0.$$

Dabei haben wir benutzt, dass das quadratische Polynom $p(x) = 2x^2 - 5x - 1$ für alle $x \geq x^*$ mit $p'(x^*) = 4x^* - 5 = 0$, also $x^* = \frac{5}{4}$ monoton wachsend ist und somit für alle $m \geq 3$

$$p(m) \geq p(3) = 2 \cdot 3^2 - 5 \cdot 3 - 1 = 2 \geq 0$$

gilt. Der Induktionsschritt ist damit erledigt. Also gilt (11.6) für alle natürlichen Zahlen $n \geq 3$.

Zusammenfassung

Soll eine Aussage, zum Beispiel eine Gleichung oder Ungleichung, für alle natürlichen Zahlen n gezeigt werden, so kann der Beweis mit vollständiger Induktion geführt werden.

Dazu wird die Aussage für $n = 0$ oder, falls von vornherein $n \geq n_0$ (etwa $n \geq 3$) gefordert wird, für $n = n_0$ (etwa $n = 3$) überprüft (Induktionsanfang).

Danach wird der Induktionsschritt vollzogen: Es wird angenommen, die Aussage sei wahr, wenn n durch die beliebige, aber feste natürliche Zahl $m \geq n_0$ ersetzt wird. Dann wird – unter Ausnutzung dieser Annahme – gezeigt, dass die Aussage auch wahr ist, wenn für n die Zahl $m + 1$ eingesetzt wird. Das geschieht oftmals durch

- Abspalten des letzten Summanden oder
- geschicktes Umformen.

Abspalten des letzten Summanden bedeutet

$$\sum_{k=n_0}^{m+1} a_k = \sum_{k=n_0}^{m} a_k + a_{m+1} \,,$$

zum Beispiel

$$\sum_{k=2}^{m+1} \frac{2^k}{k} = \sum_{k=2}^{m} \frac{2^k}{k} + \frac{2^{m+1}}{m+1} \,.$$

12 Lineare Gleichungssysteme, Rang und Determinante

Aufgabe 12.1

Seien

$$A = \begin{pmatrix} 1 & 0 \\ 0 & 2 \\ 2 & 1 \end{pmatrix}, \; B = \begin{pmatrix} 1 & 2 & 0 \\ 2 & 4 & -2 \end{pmatrix}, \; C = \begin{pmatrix} 0 & 0 \\ 1 & 0 \end{pmatrix}, \; a = \begin{pmatrix} -1 \\ 4 \\ 0 \end{pmatrix}.$$

Berechnen Sie, soweit möglich,

$$B^{\mathsf{T}} + A, \; A + B, \; A \cdot B, \; C + B \cdot A, \; C \cdot A, \; a^{\mathsf{T}} \cdot A, \; B \cdot (a + a), \; a \cdot a^{\mathsf{T}}, \; a^{\mathsf{T}} \cdot a.$$

Lösung

$B^{\mathsf{T}} + A$: Wir bestimmen die *Transponierte* B^{T} der Matrix B. Dabei wird die erste Zeile von B die erste Spalte von B^{T} und die zweite Zeile von B die zweite Spalte von B^{T},

$$B^{\mathsf{T}} = \begin{pmatrix} 1 & 2 \\ 2 & 4 \\ 0 & -2 \end{pmatrix}.$$

Da B^{T} und A dieselbe Anzahl von Spalten und Zeilen haben, ist die Addition erklärt und es ergibt sich

$$B^{\mathsf{T}} + A = \begin{pmatrix} 1 & 2 \\ 2 & 4 \\ 0 & -2 \end{pmatrix} + \begin{pmatrix} 1 & 0 \\ 0 & 2 \\ 2 & 1 \end{pmatrix} = \begin{pmatrix} 1+1 & 2+0 \\ 2+0 & 4+2 \\ 0+2 & -2+1 \end{pmatrix}$$

$$= \begin{pmatrix} 2 & 2 \\ 2 & 6 \\ 2 & -1 \end{pmatrix}.$$

$A + B$: Diese Operation ist nicht erklärt, denn A und B sind nicht vom gleichen Typ.

$A \cdot B$: Wir multiplizieren A und B, indem wir die erste Zeile von A mit der ersten Spalte von B multiplizieren und so den linken oberen Eintrag der Produktmatrix $A \cdot B$ erhalten. Dann multiplizieren wir die erste Zeile von A mit der zweiten Spalte von B und erhalten so den zweiten Eintrag in der ersten Zeile der Produktmatrix $A \cdot B$ usw. Offenbar ist A eine 3×2- und B eine 2×3-Matrix. Das Produkt $A \cdot B$ ist daher eine 3×3-Matrix. Wir berechnen

$$A \cdot B = \begin{pmatrix} 1 & 0 \\ 0 & 2 \\ 2 & 1 \end{pmatrix} \cdot \begin{pmatrix} 1 & 2 & 0 \\ 2 & 4 & -2 \end{pmatrix}$$

nach dem Schema

		1	2	0
		2	4	-2
1	0	$1 \cdot 1 + 0 \cdot 2$	$1 \cdot 2 + 0 \cdot 4$	$1 \cdot 0 + 0 \cdot (-2)$
0	2	$0 \cdot 1 + 2 \cdot 2$	$0 \cdot 2 + 2 \cdot 4$	$0 \cdot 0 + 2 \cdot (-2)$
2	1	$2 \cdot 1 + 1 \cdot 2$	$2 \cdot 2 + 1 \cdot 4$	$2 \cdot 0 + 1 \cdot (-2)$

und erhalten

$$A \cdot B = \begin{pmatrix} 1 \cdot 1 + 0 \cdot 2 & 1 \cdot 2 + 0 \cdot 4 & 1 \cdot 0 + 0 \cdot (-2) \\ 0 \cdot 1 + 2 \cdot 2 & 0 \cdot 2 + 2 \cdot 4 & 0 \cdot 0 + 2 \cdot (-2) \\ 2 \cdot 1 + 1 \cdot 2 & 2 \cdot 2 + 1 \cdot 4 & 2 \cdot 0 + 1 \cdot (-2) \end{pmatrix}$$

$$= \begin{pmatrix} 1 & 2 & 0 \\ 4 & 8 & -4 \\ 4 & 8 & -2 \end{pmatrix}.$$

$C + B \cdot A$: Das Ergebnis ist eine 2×2-Matrix. Wir berechnen zunächst

$$B \cdot A = \begin{pmatrix} 1 & 2 & 0 \\ 2 & 4 & -2 \end{pmatrix} \cdot \begin{pmatrix} 1 & 0 \\ 0 & 2 \\ 2 & 1 \end{pmatrix}$$

$$= \begin{pmatrix} 1 \cdot 1 + 2 \cdot 0 + 0 \cdot 2 & 1 \cdot 0 + 2 \cdot 2 + 0 \cdot 1 \\ 2 \cdot 1 + 4 \cdot 0 - 2 \cdot 2 & 2 \cdot 0 + 4 \cdot 2 - 2 \cdot 1 \end{pmatrix} = \begin{pmatrix} 1 & 4 \\ -2 & 6 \end{pmatrix}.$$

Nun addieren wir C hinzu,

$$C + B \cdot A = \begin{pmatrix} 0 & 0 \\ 1 & 0 \end{pmatrix} + \begin{pmatrix} 1 & 4 \\ -2 & 6 \end{pmatrix} = \begin{pmatrix} 1 & 4 \\ -1 & 6 \end{pmatrix}.$$

$C \cdot A$: Diese Operation ist nicht erklärt, da C nur über zwei Spalten verfügt, die Marix A aber drei Zeilen hat. Das Produkt zweier Matrizen ist nur dann erklärt, wenn die erste Matrix genausoviel Spalten besitzt, wie die zweite Matrix Zeilen hat.

$a^\mathsf{T} \cdot A$: Das Ergebnis ist eine 1×2-Matrix, also ein Zeilenvektor. Es ist

$$a^\mathsf{T} \cdot A = \begin{pmatrix} -1 & 4 & 0 \end{pmatrix} \cdot \begin{pmatrix} 1 & 0 \\ 0 & 2 \\ 2 & 1 \end{pmatrix}$$
$$= \begin{pmatrix} -1 \cdot 1 + 4 \cdot 0 + 0 \cdot 2 & -1 \cdot 0 + 4 \cdot 2 + 0 \cdot 1 \end{pmatrix} = \begin{pmatrix} -1 & 8 \end{pmatrix}.$$

$B \cdot (a + a)$: Das Ergebnis ist eine 2×1-Matrix, also ein Spaltenvektor. Es gilt $a + a = 2a$ und daher

$$B \cdot (a + a) = 2B \cdot a = 2 \begin{pmatrix} 1 & 2 & 0 \\ 2 & 4 & -2 \end{pmatrix} \cdot \begin{pmatrix} -1 \\ 4 \\ 0 \end{pmatrix}$$
$$= 2 \begin{pmatrix} -1 + 8 \\ -2 + 16 \end{pmatrix} = \begin{pmatrix} 14 \\ 28 \end{pmatrix}.$$

$a \cdot a^\mathsf{T}$: Das Ergebnis ist eine 3×3-Matrix. Es ist

$$\begin{pmatrix} -1 \\ 4 \\ 0 \end{pmatrix} \cdot \begin{pmatrix} -1 & 4 & 0 \end{pmatrix} = \begin{pmatrix} -1 \cdot (-1) & -1 \cdot 4 & -1 \cdot 0 \\ 4 \cdot (-1) & 4 \cdot 4 & 4 \cdot 0 \\ 0 \cdot (-1) & 0 \cdot 4 & 0 \cdot 0 \end{pmatrix}$$
$$= \begin{pmatrix} 1 & -4 & 0 \\ -4 & 16 & 0 \\ 0 & 0 & 0 \end{pmatrix}.$$

$a^{\mathsf{T}} \cdot a$: Es handelt sich hier um das Skalarprodukt von a mit sich selbst. Das Ergebnis ist das Quadrat der Länge von a,

$$\begin{pmatrix} -1 & 4 & 0 \end{pmatrix} \cdot \begin{pmatrix} -1 \\ 4 \\ 0 \end{pmatrix} = -1 \cdot (-1) + 4 \cdot 4 + 0 \cdot 0 = 17.$$

Aufgabe 12.2

Bestimmen Sie, sofern möglich, mit Hilfe des Gaußschen Algorithmus sämtliche Lösungen des linearen Gleichungssystems

$$2x_1 + x_2 + 5x_3 + 3x_4 = 16$$
$$4x_1 + 2x_2 + x_3 + 8x_4 = 12$$
$$2x_1 + 2x_2 + 6x_3 + 5x_4 = 15$$
$$x_1 + \tfrac{5}{2}x_2 + \tfrac{7}{2}x_3 - \tfrac{3}{2}x_4 = 11.$$

Lösung

Um die Sache übersichtlicher zu gestalten, schreiben wir das *lineare Gleichungssystem* in der kurzen Matrixschreibweise

$$\begin{pmatrix} 2 & 1 & 5 & 3 \\ 4 & 2 & 1 & 8 \\ 2 & 2 & 6 & 5 \\ 1 & \tfrac{5}{2} & \tfrac{7}{2} & -\tfrac{3}{2} \end{pmatrix} \cdot \begin{pmatrix} x_1 \\ x_2 \\ x_3 \\ x_4 \end{pmatrix} = \begin{pmatrix} 16 \\ 12 \\ 15 \\ 11 \end{pmatrix}. \qquad (12.1)$$

Zum weiteren Rechnen lässt man nun noch x_1, x_2, x_3, x_4 weg und schreibt die rechte Seite der Gleichung (12.1), getrennt mittels eines senkrechten Striches, im Anschluss an die Koeffizientenmatrix,

$$\begin{array}{cccc|c} \boxed{2} & 1 & 5 & 3 & 16 \\ 4 & 2 & 1 & 8 & 12 \\ 2 & 2 & 6 & 5 & 15 \\ 1 & \tfrac{5}{2} & \tfrac{7}{2} & -\tfrac{3}{2} & 11. \end{array}$$

Ziel ist es, ab der zweiten Gleichung x_1 zu eliminieren, also unterhalb des bereits in einen Kasten gesetzten, so genannten *Pivotelementes* Nullen zu erzeugen. Dazu nehmen wir folgende Operationen vor:

$$
\begin{array}{cccc|c}
\boxed{2} & 1 & 5 & 3 & 16 \\
4 & 2 & 1 & 8 & 12 \\
2 & 2 & 6 & 5 & 15 \\
1 & \frac{5}{2} & \frac{7}{2} & -\frac{3}{2} & 11
\end{array}
\quad
\begin{array}{l}
\\
-\frac{4}{2} \times \text{erste Zeile} \\
-\frac{2}{2} \times \text{erste Zeile} \\
-\frac{1}{2} \times \text{erste Zeile.}
\end{array}
$$

Es folgt

$$
\begin{array}{cccc|c}
2 & 1 & 5 & 3 & 16 \\
0 & \boxed{0} & -9 & 2 & -20 \\
0 & 1 & 1 & 2 & -1 \\
0 & 2 & 1 & -3 & 3.
\end{array}
$$

Nun wollen wir wie eben verfahren und unterhalb der zweiten Gleichung die Variable x_2 eliminieren. Doch in der zweiten Zeile und zweiten Spalte steht bereits eine Null. Deshalb müssen wir die zweite mit der dritten (oder auch der vierten) Gleichung tauschen:

$$
\begin{array}{cccc|c}
2 & 1 & 5 & 3 & 16 \\
0 & \boxed{1} & 1 & 2 & -1 \\
0 & 0 & -9 & 2 & -20 \\
0 & 2 & 1 & -3 & 3
\end{array}
\quad
\begin{array}{l}
\\
\\
\text{bleibt unverändert} \\
-\frac{2}{1} \times \text{zweite Zeile.}
\end{array}
$$

Es folgt

$$
\begin{array}{cccc|c}
2 & 1 & 5 & 3 & 16 \\
0 & 1 & 1 & 2 & -1 \\
0 & 0 & \boxed{-9} & 2 & -20 \\
0 & 0 & -1 & -7 & 5
\end{array}
\quad
\begin{array}{l}
\\
\\
\\
-\frac{-1}{-9} \times \text{dritte Zeile}
\end{array}
$$

und schließlich

$$
\begin{array}{cccc|c}
2 & 1 & 5 & 3 & 16 \\
0 & 1 & 1 & 2 & -1 \\
0 & 0 & -9 & 2 & -20 \\
0 & 0 & 0 & -\frac{65}{9} & \frac{65}{9}.
\end{array}
$$

Dieses Schema steht für das zum Gleichungssystem aus der Aufgabenstellung äquivalente Gleichungssystem

$$2x_1 + x_2 + 5x_3 + \ 3x_4 = \ \ 16$$
$$x_2 + \ x_3 + \ 2x_4 = - \ 1$$
$$- 9x_3 + \ 2x_4 = -20$$
$$- \tfrac{65}{9} x_4 = \ \ \tfrac{65}{9}\,.$$

Aus der letzten Zeile folgt sofort $x_4 = -1$. Setzen wir dies in die dritte Gleichung ein, so folgt $-9x_3 + 2 \cdot (-1) = -20$, also $x_3 = 2$. Aus der zweiten Gleichung folgt dann $x_2 = -1$ und aus der ersten $x_1 = 5$. Eine Probe bestätigt unsere eindeutig bestimmte Lösung $(5, -1, 2, -1)^\mathsf{T}$.[1]

Aufgabe 12.3
Für welche Parameter $\alpha \in \mathbb{R}$ besitzt das lineare Gleichungssystem

$$\begin{pmatrix} 1 & 0 & 1 \\ 0 & 0 & \alpha \\ 0 & 1 & -2 \end{pmatrix} \cdot \begin{pmatrix} x \\ y \\ z \end{pmatrix} = \begin{pmatrix} 0 \\ -1 \\ 1 \end{pmatrix}$$

keine Lösung, genau eine Lösung bzw. unendlich viele Lösungen? Geben Sie in den letzten beiden Fällen alle Lösungen an.

Lösung
Ziel ist es, wieder so umzuformen, dass unterhalb der Diagonalen nur Nullen stehen. Das ist diesmal einfach mittels eines Zeilentausches erreicht,

$$\left.\begin{array}{ccc|c} 1 & 0 & 1 & 0 \\ 0 & 0 & \alpha & -1 \\ 0 & 1 & -2 & 1 \end{array}\right\| \begin{array}{l} \\ \text{tausche mit der dritten Zeile} \\ \text{tausche mit der zweiten Zeile,} \end{array}$$

und wir erhalten

$$\begin{array}{ccc|c} 1 & 0 & 1 & 0 \\ 0 & 1 & -2 & 1 \\ 0 & 0 & \alpha & -1 \end{array}\,.$$

---

[1] Um die Einträge eines Vektors besser unterscheiden zu können, wird gern ein Komma zwischen diese gesetzt; statt $\left(\begin{array}{cccc} 5 & -1 & 2 & -1 \end{array} \right)^\mathsf{T}$ schreiben wir auch $(5, -1, 2, -1)^\mathsf{T}$.

Aus der letzten Zeile folgt sofort, dass in dem Fall $\alpha = 0$ das Gleichungssystem keine Lösung hat. In dem Fall $\alpha \neq 0$ erhalten wir $z = \frac{-1}{\alpha}$. Setzen wir dies in die zweite Gleichung ein, so folgt

$$y - 2z = y + \frac{2}{\alpha} = 1,$$

also $y = 1 - \frac{2}{\alpha}$. Aus der ersten Gleichung folgt

$$x + z = x - \frac{1}{\alpha} = 0,$$

also $x = \frac{1}{\alpha}$. Unsere Lösung für den Fall $\alpha \neq 0$ lautet

$$\left(\frac{1}{\alpha}, \, 1 - \frac{2}{\alpha}, \, -\frac{1}{\alpha} \right)^{\mathsf{T}}.$$

Die Lösung ist offenbar eindeutig bestimmt. Es gibt kein $\alpha \in \mathbb{R}$, sodass das lineare Gleichungssystem unendlich viele Lösungen hat.

Aufgabe 12.4

Für $\alpha, \beta \in \mathbb{R}$ sei das lineare Gleichungssystem

$$\begin{pmatrix} 1 & 1 & \alpha \\ 1 & 2 & 2 \\ 3 & 1 & 1 \end{pmatrix} \cdot \begin{pmatrix} x \\ y \\ z \end{pmatrix} = \begin{pmatrix} 5 + \beta \\ 4 + 2\beta \\ 7 + \beta \end{pmatrix}$$

gegeben.

a) Kann α so gewählt werden, dass das zugehörige homogene System eine nichttriviale Lösung $(x, y, z)^{\mathsf{T}} \in \mathbb{R}^3$ besitzt? Wenn ja, so geben Sie α an und bestimmen Sie alle nichttrivialen Lösungen.

b) Sei $\alpha = 2$. Zeigen Sie, dass das inhomogene System für beliebiges $\beta \in \mathbb{R}$ stets genau eine Lösung besitzt und bestimmen Sie diese für den Fall $\beta = 1$.

Lösung

a) Das zugehörige *homogene Gleichungssystem* lautet

$$\begin{pmatrix} 1 & 1 & \alpha \\ 1 & 2 & 2 \\ 3 & 1 & 1 \end{pmatrix} \cdot \begin{pmatrix} x \\ y \\ z \end{pmatrix} = \begin{pmatrix} 0 \\ 0 \\ 0 \end{pmatrix}.$$

Wir formen so um, dass unterhalb der Diagonalen nur Nullen stehen,

$$
\left.\begin{array}{ccc|c}
1 & 1 & \alpha & 0 \\
1 & 2 & 2 & 0 \\
3 & 1 & 1 & 0
\end{array}\right\|
\begin{array}{l}
\\
-\text{erste Zeile} \\
-3 \times \text{erste Zeile.}
\end{array}
$$

Es folgt

$$
\left.\begin{array}{ccc|c}
1 & 1 & \alpha & 0 \\
0 & 1 & 2-\alpha & 0 \\
0 & -2 & 1-3\alpha & 0
\end{array}\right\|
\begin{array}{l}
\\
\\
+2 \times \text{zweite Zeile}
\end{array}
$$

und

$$
\begin{array}{ccc|c}
1 & 1 & \alpha & 0 \\
0 & 1 & 2-\alpha & 0 \\
0 & 0 & 5-5\alpha & 0
\end{array}.
$$

Ist $5-5\alpha \neq 0$, so folgt aus der dritten Gleichung $z = 0$, aus der zweiten $y = 0$ und aus der ersten schließlich $x = 0$. Im Fall $5 - 5\alpha \neq 0$ ist demnach nur $(0,0,0)^{\mathsf{T}}$ eine Lösung des homogenen Gleichungssystems; das ist die *triviale Lösung*. Damit eine *nichttriviale Lösung* (das ist eine Lösung ungleich dem Nullvektor) existiert, muss $5 - 5\alpha = 0$, also $\alpha = 1$ sein. Aus der dritten Gleichung folgt dann, dass z beliebig ist, wir schreiben daher $z = t$ mit $t \in \mathbb{R}$. Die zweite Gleichung ergibt dann $y + (2 - \alpha)t = 0$ und wegen $\alpha = 1$ folgt daher $y = -t$. Die erste Gleichung führt zu $x - t + \alpha t = 0$, also $x = 0$. Als Lösungsmenge erhalten wir daher

$$
L = \left\{ \begin{pmatrix} 0 \\ -t \\ t \end{pmatrix} : t \in \mathbb{R} \right\}.
$$

b) Nun lösen wir das inhomogene Gleichungssystem

$$
\begin{pmatrix} 1 & 1 & \alpha \\ 1 & 2 & 2 \\ 3 & 1 & 1 \end{pmatrix} \cdot \begin{pmatrix} x \\ y \\ z \end{pmatrix} = \begin{pmatrix} 5+\beta \\ 4+2\beta \\ 7+\beta \end{pmatrix}.
$$

Wir formen wie in Teil a) um,

$$
\left.\begin{array}{ccc|c}
1 & 1 & \alpha & 5+\beta \\
1 & 2 & 2 & 4+2\beta \\
3 & 1 & 1 & 7+\beta
\end{array}\right\|
\begin{array}{l}
\\
-\text{erste Zeile} \\
-3 \times \text{erste Zeile,}
\end{array}
$$

$$\begin{array}{ccc|c}
1 & 1 & \alpha & 5 + \beta \\
0 & 1 & 2 - \alpha & -1 + \beta \\
0 & -2 & 1 - 3\alpha & -8 - 2\beta
\end{array} \quad\Big\| \quad +2 \times \text{zweite Zeile,}$$

$$\begin{array}{ccc|c}
1 & 1 & \alpha & 5 + \beta \\
0 & 1 & 2 - \alpha & -1 + \beta \\
0 & 0 & 5 - 5\alpha & -10
\end{array}.$$

Für $\alpha = 2$ erhalten wir

$$\begin{array}{ccc|c}
1 & 1 & 2 & 5 + \beta \\
0 & 1 & 0 & -1 + \beta \\
0 & 0 & -5 & -10
\end{array}$$

und aus der dritten Gleichung folgt $z = 2$, aus der zweiten folgt $y = -1 + \beta$ und aus der ersten $x - 1 + \beta + 4 = 5 + \beta$, also $x = 2$. Die eindeutig bestimmte Lösung für den Fall $\alpha = 2$ lautet somit $(2, -1 + \beta, 2)^\mathsf{T}$. Für den Fall $\beta = 1$ ergibt sich $(2, 0, 2)^\mathsf{T}$.

Aufgabe 12.5

Gegeben sei die Matrix

$$A = \begin{pmatrix} 3 & 3 & 3 \\ 3 & 3 & 3 \\ 2 & 2 & 2 \end{pmatrix}.$$

Bestimmen Sie Rang und Dimension des Kerns von $A^\mathsf{T} A$ und $A - I$.

Lösung

Wir berechnen zunächst $A^\mathsf{T} A$,

$$A^\mathsf{T} A = \begin{pmatrix} 3 & 3 & 2 \\ 3 & 3 & 2 \\ 3 & 3 & 2 \end{pmatrix} \cdot \begin{pmatrix} 3 & 3 & 3 \\ 3 & 3 & 3 \\ 2 & 2 & 2 \end{pmatrix} = \begin{pmatrix} 22 & 22 & 22 \\ 22 & 22 & 22 \\ 22 & 22 & 22 \end{pmatrix}.$$

Zur Bestimmung des *Rangs* von $A^{\mathsf{T}}A$ bringen wir $A^{\mathsf{T}}A$ in *Zeilenstufenform*,

$$
\begin{array}{ccc}
22 & 22 & 22 \\
22 & 22 & 22 \\
22 & 22 & 22
\end{array}
\begin{array}{l}
\\
-\text{erste Zeile} \\
-\text{erste Zeile,}
\end{array}
$$

$$
\begin{array}{ccc}
22 & 22 & 22 \\
0 & 0 & 0 \\
0 & 0 & 0.
\end{array}
$$

Da nur eine Zeile Einträge ungleich Null aufweist, hat $A^{\mathsf{T}}A$ den Rang 1. Der *Kern* von $A^{\mathsf{T}}A$ ist die Menge aller Lösungen des homogenen Gleichungssystems mit der Koeffizientenmatrix $A^{\mathsf{T}}A$. Nach der *Dimensionsformel* ist die Anzahl der Spalten einer Matrix gleich der Summe aus Rang und Dimension des Kerns. Da $A^{\mathsf{T}}A$ über drei Spalten verfügt und Rang 1 hat, ist die Dimension des Kerns von $A^{\mathsf{T}}A$ gleich 2.

Kommen wir zu $A - I$. Hier bezeichnet I die *Einheitsmatrix* in $\mathbb{R}^3$. Es ist

$$
A - I = \begin{pmatrix} 3 & 3 & 3 \\ 3 & 3 & 3 \\ 2 & 2 & 2 \end{pmatrix} - \begin{pmatrix} 1 & 0 & 0 \\ 0 & 1 & 0 \\ 0 & 0 & 1 \end{pmatrix} = \begin{pmatrix} 2 & 3 & 3 \\ 3 & 2 & 3 \\ 2 & 2 & 1 \end{pmatrix}.
$$

Um den Rang zu bestimmen, bringen wir $A - I$ wieder in Zeilenstufenform,

$$
\begin{array}{ccc}
2 & 3 & 3 \\
3 & 2 & 3 \\
2 & 2 & 1
\end{array}
\begin{array}{l}
\\
-\frac{3}{2} \times \text{erste Zeile} \\
-\text{erste Zeile,}
\end{array}
$$

$$
\begin{array}{ccc}
2 & 3 & 3 \\
0 & -\frac{5}{2} & -\frac{3}{2} \\
0 & -1 & -2
\end{array}
\begin{array}{l}
\\
\\
-\frac{2}{5} \times \text{zweite Zeile,}
\end{array}
$$

$$
\begin{array}{ccc}
2 & 3 & 3 \\
0 & -\frac{5}{2} & -\frac{3}{2} \\
0 & 0 & -\frac{7}{5}.
\end{array}
$$

Da in der letzten Zeile der Zeilenstufenform von $A - I$ nicht nur Nullen stehen, hat $A - I$ den Rang 3. Da $A - I$ außerdem über drei Spalten verfügt, ist nach der Dimensionsformel die Dimension des Kerns gleich 0; das homogene System $(A - I)x = 0$ besitzt also nur die triviale Lösung $x = 0$.

Aufgabe 12.6
Bestimmen Sie Zeilenstufenform, Rang und Kern der Matrix

$$A = \begin{pmatrix} 2 & 4 & 2 & 0 & 1 \\ 1 & 0 & 1 & 1 & 1 \\ -3 & 1 & 1 & 1 & -1 \end{pmatrix}.$$

Lösung
Um die Zeilenstufenform zu erhalten, formen wir wie gewohnt um:

$$\left[\begin{array}{ccccc|c} 2 & 4 & 2 & 0 & 1 & 0 \\ 1 & 0 & 1 & 1 & 1 & 0 \\ -3 & 1 & 1 & 1 & -1 & 0 \end{array}\right] \begin{array}{l} \\ -\frac{1}{2} \times \text{erste Zeile} \\ +\frac{3}{2} \times \text{erste Zeile,} \end{array}$$

$$\left[\begin{array}{ccccc|c} 2 & 4 & 2 & 0 & 1 & 0 \\ 0 & -2 & 0 & 1 & \frac{1}{2} & 0 \\ 0 & 7 & 4 & 1 & \frac{1}{2} & 0 \end{array}\right] \begin{array}{l} \\ \\ +\frac{7}{2} \times \text{zweite Zeile,} \end{array}$$

$$\left[\begin{array}{ccccc|c} 2 & 4 & 2 & 0 & 1 & 0 \\ 0 & -2 & 0 & 1 & \frac{1}{2} & 0 \\ 0 & 0 & 4 & \frac{9}{2} & \frac{9}{4} & 0 \end{array}\right].$$

Da in der untersten Zeile nicht nur Nullen stehen, hat A den Rang 3. Der Kern von A ist die Menge aller Lösungen des zugehörigen homogenen Gleichungssystems, die wir berechnen sollen. Die letzte Zeile ergibt $4x_3 + \frac{9}{2}x_4 + \frac{9}{4}x_5 = 0$. Wir können also x_4, x_5 beliebig wählen und schreiben daher $x_4 = s$ und $x_5 = t$ mit $s, t \in \mathbb{R}$. Dann gilt $x_3 = -\frac{9}{8}s - \frac{9}{16}t$. Die zweite Zeile ergibt

$$-2x_2 + x_4 + \frac{1}{2}x_5 = 0, \quad \text{also} \quad x_2 = \frac{1}{2}s + \frac{1}{4}t.$$

Die erste Zeile ergibt

$$2x_1 + 4x_2 + 2x_3 + x_5 = 0, \quad \text{also} \quad x_1 = -2x_2 - x_3 - \frac{1}{2}x_5$$

und daher

$$x_1 = -s - \frac{1}{2}t + \frac{9}{8}s + \frac{9}{16}t - \frac{1}{2}t = \frac{1}{8}s - \frac{7}{16}t.$$

Als Lösungsmenge des homogenen Systems erhalten wir

$$\text{Kern } A = \left\{ \begin{pmatrix} \frac{1}{8}s - \frac{7}{16}t \\ \frac{1}{2}s + \frac{1}{4}t \\ -\frac{9}{8}s - \frac{9}{16}t \\ s \\ t \end{pmatrix} : s, t \in \mathbb{R} \right\}.$$

Aufgabe 12.7
Berechnen Sie die Determinante der Matrix

$$A = \begin{pmatrix} 5 & 0 & 1 \\ 2 & 3 & 4 \\ \frac{1}{2} & \frac{1}{5} & 6 \end{pmatrix}.$$

Lösung
Wir bestimmen die *Determinante* der Matrix A unter Benutzung der Regel von Sarrus. Dazu schreiben wir die ersten beiden Spalten der Matrix rechts neben die Matrix und bilden Produkte von je 3 Zahlen entlang der Pfeile. Dann werden die nach rechts unten verlaufenden Produkte addiert und davon die nach rechts oben verlaufenden Produkte subtrahiert:

Wir erhalten auf diese Weise

$$\det A = 5 \cdot 3 \cdot 6 + 0 \cdot 4 \cdot \frac{1}{2} + 1 \cdot 2 \cdot \frac{1}{5} - \frac{1}{2} \cdot 3 \cdot 1 - \frac{1}{5} \cdot 4 \cdot 5 - 6 \cdot 2 \cdot 0$$
$$= 90 + 0 + \frac{2}{5} - \frac{3}{2} - 4 - 0 = 86 + \frac{4 - 15}{10} = 84,9.$$

Aufgabe 12.8
Für welche $\lambda \in \mathbb{R}$ ist die Matrix A_λ invertierbar,

$$A_\lambda = \begin{pmatrix} 1 & 0 & 2 \\ 0 & \lambda^2 & 0 \\ 1 & 0 & 0 \end{pmatrix} ?$$

Lösung
Die Matrix A_λ ist genau dann *invertierbar*, wenn $\det A_\lambda \neq 0$. Es gilt nach der Regel von Sarrus, vgl. Aufgabe 12.7,

$$\det A_\lambda = 1 \cdot \lambda^2 \cdot 0 + 0 \cdot 0 \cdot 1 + 2 \cdot 0 \cdot 0 - 1 \cdot \lambda^2 \cdot 2 - 0 \cdot 0 \cdot 1 - 0 \cdot 0 \cdot 0 = -2\lambda^2.$$

Daher ist A_λ genau dann invertierbar, wenn $\lambda \neq 0$.

Aufgabe 12.9
Geben Sie die Inverse der Matrix A an,

$$A = \begin{pmatrix} 1 & 2 & 3 \\ 0 & 1 & 1 \\ 1 & 2 & 0 \end{pmatrix}.$$

Lösung
Um die *Inverse* A^{-1} zu bestimmen, lösen wir simultan drei lineare Gleichungssysteme zur Berechnung der drei Spalten von A^{-1}. Die rechten Seiten sind dabei gerade die Spalten der Einheitsmarix I, denn es gilt $AA^{-1} = I$, sofern A überhaupt invertierbar ist. Wir schreiben die Einheitsmatrix, getrennt mittels eines senkrechten Striches, im Anschluss an

die Koeffizientenmatrix und formen solange um, bis vor dem Strich die Einheitsmatrix steht,

$$
\left.\begin{array}{ccc|ccc}
1 & 2 & 3 & 1 & 0 & 0 \\
0 & 1 & 1 & 0 & 1 & 0 \\
1 & 2 & 0 & 0 & 0 & 1
\end{array}\right\| \; -\text{erste Zeile,}
$$

$$
\left.\begin{array}{ccc|ccc}
1 & 2 & 3 & 1 & 0 & 0 \\
0 & 1 & 1 & 0 & 1 & 0 \\
0 & 0 & -3 & -1 & 0 & 1
\end{array}\right\| \; \begin{array}{l} -2 \times \text{zweite Zeile} \\ \\ \times \left(-\frac{1}{3}\right), \end{array} \tag{12.2}
$$

$$
\left.\begin{array}{ccc|ccc}
1 & 0 & 1 & 1 & -2 & 0 \\
0 & 1 & 1 & 0 & 1 & 0 \\
0 & 0 & 1 & \frac{1}{3} & 0 & -\frac{1}{3}
\end{array}\right\| \; \begin{array}{l} -\text{dritte Zeile} \\ -\text{dritte Zeile,} \\ \\ \end{array}
$$

$$
\begin{array}{ccc|ccc}
1 & 0 & 0 & \frac{2}{3} & -2 & \frac{1}{3} \\
0 & 1 & 0 & -\frac{1}{3} & 1 & \frac{1}{3} \\
0 & 0 & 1 & \frac{1}{3} & 0 & -\frac{1}{3}
\end{array} .
$$

Somit ist

$$
\boldsymbol{A}^{-1} = \begin{pmatrix}
\frac{2}{3} & -2 & \frac{1}{3} \\
-\frac{1}{3} & 1 & \frac{1}{3} \\
\frac{1}{3} & 0 & -\frac{1}{3}
\end{pmatrix}
$$

die Inverse zu $\boldsymbol{A}$, wie man mittels einer Probe bestätigt.

Es wäre ebenso möglich gewesen, die drei Gleichungssysteme mit der gestaffelten Koeffizientenmatrix aus (12.2) zu lösen.

Zusammenfassung

Ein lineares Gleichungssystem kann keine, genau eine oder unendlich viele Lösungen besitzen. Um die damit einhergehenden Fragestellungen beantworten zu können, kann das lineare Gleichungssystem $A\boldsymbol{x} = \boldsymbol{b}$ mit $\boldsymbol{x} = (x_1, x_2, \ldots, x_n)^\mathsf{T}$ und $\boldsymbol{b} = (b_1, b_2, \ldots, b_n)^\mathsf{T}$ mittels geeigneter Zeilenumformungen in die Zeilenstufenform

$$
\boxed{} = b_1
$$
$$
\boxed{} = b_2
$$
$$
\vdots
$$
$$
\boxed{} = b_r
$$
$$
0 = b_{r+1}
$$
$$
\vdots
$$
$$
0 = b_n
$$

gebracht werden. Dabei ist r der Index jener Zeile, in der nicht alle Einträge Nullen sind. Diese Zahl r heißt Rang der Matrix A. Beginnend mit den letzten Zeilen $r + 1$ bis n, kann man bestimmen, ob das Gleichungssystem lösbar ist, und für diesen Fall die Lösung durch Auflösen von unten nach oben ermitteln. Der Kern der Matrix A ist die Menge aller Lösungen des homogenen Gleichungssystems,

$$\text{Kern } A = \{\boldsymbol{x} \in \mathbb{R}^n \;:\; A\boldsymbol{x} = 0\}.$$

Nach der Dimensionsformel ist die Anzahl der Spalten einer Matrix stets gleich der Summe aus Rang und Dimension des Kerns von A.

Mit der Regel von Sarrus kann die Determinante einer 3×3-Matrix

$$A = \begin{pmatrix} 1 & 2 & 3 \\ 4 & 5 & 6 \\ 7 & 8 & 9 \end{pmatrix} \text{ berechnet werden,}$$

$$
\det A = 1 \cdot 5 \cdot 9 + 2 \cdot 6 \cdot 7 + 3 \cdot 4 \cdot 8 - 7 \cdot 5 \cdot 3 - 8 \cdot 6 \cdot 1 - 9 \cdot 4 \cdot 2.
$$

Eine quadratische Matrix ist genau dann invertierbar, wenn $\det A \neq 0$.

13 Lineare Abbildungen, Basen und Eigenwerte

Aufgabe 13.1

Es sei $\varphi : \mathbb{R}^3 \to \mathbb{R}^2$ eine lineare Abbildung mit

$$\varphi\left(\begin{pmatrix} 1 \\ 0 \\ 0 \end{pmatrix}\right) = \begin{pmatrix} 1 \\ 0 \end{pmatrix}, \quad \varphi\left(\begin{pmatrix} 0 \\ 1 \\ 0 \end{pmatrix}\right) = \begin{pmatrix} 0 \\ 1 \end{pmatrix},$$

$$\varphi\left(\begin{pmatrix} 0 \\ 0 \\ 1 \end{pmatrix}\right) = \begin{pmatrix} 1 \\ 1 \end{pmatrix}.$$

Geben Sie die Darstellungsmatrix A von φ bezüglich der natürlichen Basen des $\mathbb{R}^3$ und $\mathbb{R}^2$ an. Bestimmen Sie die Dimension des Kerns von A. Ist φ bijektiv?

Lösung

Wir erinnern zunächst daran, dass eine Abbildung $\varphi : \mathbb{R}^n \to \mathbb{R}^m$ ($m, n \in \mathbb{N}$) *linear* ist genau dann, wenn für alle $a, b \in \mathbb{R}^n$, $\lambda \in \mathbb{R}$

$$\varphi(a + b) = \varphi(a) + \varphi(b) \quad \text{und} \quad \varphi(\lambda a) = \lambda \varphi(a)$$

gilt. Ist für $\mathbb{R}^m$ und $\mathbb{R}^n$ eine Basis gewählt, so kann die lineare Abbildung $\varphi : \mathbb{R}^n \to \mathbb{R}^m$ durch eine $m \times n$-Matrix A, der so genannten *Darstellungsmatrix*, vermittels

$$\varphi(a) = A \cdot a, \quad a \in \mathbb{R}^n,$$

dargestellt werden. Unter der *natürlichen Basis* verstehen wir die Vektoren $(1, 0, 0, \ldots, 0)^\mathsf{T}$, $(0, 1, 0, \ldots, 0)^\mathsf{T}$, $\ldots$, $(0, 0, 0, \ldots, 1)^\mathsf{T}$.

Da die Abbildung φ aus der Aufgabenstellung eine Abbildung eines dreidimensionalen Raumes in einen zweidimensionalen Raum ist, muss die zugehörige Darstellungsmatrix A Vektoren mit drei Einträgen auf Vektoren mit zwei Einträgen abbilden. Also ist A eine Matrix mit zwei Zeilen und drei Spalten,

$$A = \begin{pmatrix} a & b & c \\ d & e & f \end{pmatrix}.$$

Zu fordern ist

$$A \cdot \begin{pmatrix} 1 \\ 0 \\ 0 \end{pmatrix} = \begin{pmatrix} 1 \\ 0 \end{pmatrix}, \ A \cdot \begin{pmatrix} 0 \\ 1 \\ 0 \end{pmatrix} = \begin{pmatrix} 0 \\ 1 \end{pmatrix}, \ A \cdot \begin{pmatrix} 0 \\ 0 \\ 1 \end{pmatrix} = \begin{pmatrix} 1 \\ 1 \end{pmatrix}.$$

Wir erhalten so die Gleichungen

$$\begin{pmatrix} a \\ d \end{pmatrix} = \begin{pmatrix} 1 \\ 0 \end{pmatrix}, \quad \begin{pmatrix} b \\ e \end{pmatrix} = \begin{pmatrix} 0 \\ 1 \end{pmatrix}, \quad \begin{pmatrix} c \\ f \end{pmatrix} = \begin{pmatrix} 1 \\ 1 \end{pmatrix}$$

und können sofort A ablesen,

$$A = \begin{pmatrix} 1 & 0 & 1 \\ 0 & 1 & 1 \end{pmatrix}.$$

Die Matrix A ist bereits in Zeilenstufenform. Der Rang von A ist 2 (vgl. auch Aufgabe 12.6). Nach der Dimensionsformel (vgl. Aufgabe 12.5) ist die Dimension des Kerns von A gleich $1 = 3 - 2$, denn A hat drei Spalten und Rang 2. Somit liegen außer dem Nullvektor weitere Vektoren im Kern von A. Es gibt also mehr als einen Vektor aus $\mathbb{R}^3$, der durch Multiplikation mit A und damit durch die zugehörige Abbildung φ in den Nullvektor des $\mathbb{R}^2$ überführt wird. Die Abbildung φ kann daher nicht bijektiv sein (vgl. auch Aufgabe 4.2).

Aufgabe 13.2

Gegeben seien die lineare Abbildung $\varphi : \mathbb{R}^3 \to \mathbb{R}^3$ mit

$$\varphi \left(\begin{pmatrix} x \\ y \\ z \end{pmatrix} \right) = \begin{pmatrix} y \\ 0 \\ x \end{pmatrix}, \quad x, y, z \in \mathbb{R}, \tag{13.1}$$

und die Vektoren $a = (0, 1, 2)^\mathsf{T}$, $b = (1, 0, -1)^\mathsf{T}$, $c = (0, 1, 1)^\mathsf{T}$. Bestimmen Sie die Darstellungsmatrix von φ bezüglich der natürlichen Basis des $\mathbb{R}^3$. Bilden $\varphi(a)$, $\varphi(b)$ und $\varphi(c)$ eine Basis des $\mathbb{R}^3$?

Lösung

Da φ eine Abbildung eines dreidimensionalen Raumes in einen dreidimensionalen Raum ist, muss die zugehörige Darstellungsmatrix $\boldsymbol{A}$ eine Matrix mit drei Zeilen und drei Spalten sein,

$$\boldsymbol{A} = \begin{pmatrix} a & b & c \\ d & e & f \\ g & h & j \end{pmatrix}.$$

Wir wollen uns an der vorhergehenden Aufgabe orientieren und setzen in (13.1) nacheinander für $(x, y, z)^{\mathsf{T}}$ die Basisvektoren $(1, 0, 0)^{\mathsf{T}}$, $(0, 1, 0)^{\mathsf{T}}$, $(0, 0, 1)^{\mathsf{T}}$ der natürlichen Basis des $\mathbb{R}^3$ ein. Wir erhalten

$$\varphi\left(\begin{pmatrix} 1 \\ 0 \\ 0 \end{pmatrix}\right) = \begin{pmatrix} 0 \\ 0 \\ 1 \end{pmatrix} \stackrel{!}{=} \boldsymbol{A} \cdot \begin{pmatrix} 1 \\ 0 \\ 0 \end{pmatrix} = \begin{pmatrix} a \\ d \\ g \end{pmatrix},$$

$$\varphi\left(\begin{pmatrix} 0 \\ 1 \\ 0 \end{pmatrix}\right) = \begin{pmatrix} 1 \\ 0 \\ 0 \end{pmatrix} \stackrel{!}{=} \boldsymbol{A} \cdot \begin{pmatrix} 0 \\ 1 \\ 0 \end{pmatrix} = \begin{pmatrix} b \\ e \\ h \end{pmatrix},$$

$$\varphi\left(\begin{pmatrix} 0 \\ 0 \\ 1 \end{pmatrix}\right) = \begin{pmatrix} 0 \\ 0 \\ 0 \end{pmatrix} \stackrel{!}{=} \boldsymbol{A} \cdot \begin{pmatrix} 0 \\ 0 \\ 1 \end{pmatrix} = \begin{pmatrix} c \\ f \\ j \end{pmatrix}.$$

Wir können sofort ablesen, dass

$$\boldsymbol{A} = \begin{pmatrix} 0 & 1 & 0 \\ 0 & 0 & 0 \\ 1 & 0 & 0 \end{pmatrix}.$$

Eine *Basis* besteht aus *linear unabhängigen Vektoren*, die den ganzen Raum aufspannen. Dabei heißen Vektoren linear unabhängig, wenn keiner als Linearkombination der anderen dargestellt werden kann. Da aber $\varphi(\boldsymbol{a}) = \varphi(\boldsymbol{c}) = (1, 0, 0)^{\mathsf{T}}$, sind $\varphi(\boldsymbol{a})$, $\varphi(\boldsymbol{b})$, $\varphi(\boldsymbol{c})$ linear abhängig und können keine Basis des $\mathbb{R}^3$ bilden.

In der Regel wird man nicht so einfach zu dem Schluss gelangen, ob die Vektoren eine Basis bilden oder nicht, und so bedarf es einer allgemein anwendbaren Methode. Um festzustellen, ob n Vektoren aus $\mathbb{R}^n$ linear unabhängig sind und also eine Basis bilden, erinnern wir uns daran, dass die

Spalten einer $n \times n$-Matrix genau dann linear unabhängig sind, wenn die Matrix Rang n hat. Im vorliegenden Fall bilden die Vektoren $\varphi(a)$, $\varphi(b)$, $\varphi(c)$ gerade die Matrix A. Durch Tauschen der zweiten und dritten Zeile kann diese auf Zeilenstufenform gebracht werden und wir sehen, dass A den Rang $2 < 3$ hat. Somit sind die Spalten von A, also die Vektoren $\varphi(a)$, $\varphi(b)$, $\varphi(c)$ linear abhängig und bilden keine Basis.

Aufgabe 13.3

Stellen Sie fest, ob die folgenden Vektoren linear unabhängig sind und ob sie eine Basis des $\mathbb{R}^3$ bilden:

a) $\begin{pmatrix} 1 \\ 2 \\ 3 \end{pmatrix}, \begin{pmatrix} 0 \\ 1 \\ 1 \end{pmatrix}, \begin{pmatrix} 1 \\ 1 \\ 0 \end{pmatrix}, \begin{pmatrix} 3 \\ 3 \\ 2 \end{pmatrix}$;   b) $\begin{pmatrix} 1 \\ 1 \\ 1 \end{pmatrix}, \begin{pmatrix} 0 \\ 0 \\ 1 \end{pmatrix}$;

c) $\begin{pmatrix} 3 \\ 2 \\ 1 \end{pmatrix}, \begin{pmatrix} 3 \\ 1 \\ 0 \end{pmatrix}, \begin{pmatrix} 2 \\ 0 \\ 1 \end{pmatrix}$.

Lösung

a) Vier Vektoren in einem dreidimensionalem Raum sind stets linear abhängig und bilden erst recht keine Basis des $\mathbb{R}^3$. Im vorliegenden Fall gilt zum Beispiel

$$\begin{pmatrix} 1 \\ 2 \\ 3 \end{pmatrix} - \begin{pmatrix} 0 \\ 1 \\ 1 \end{pmatrix} + 2 \begin{pmatrix} 1 \\ 1 \\ 0 \end{pmatrix} = \begin{pmatrix} 3 \\ 3 \\ 2 \end{pmatrix}.$$

b) Zwar sind die beiden Vektoren linear unabhängig, denn keiner ist Vielfaches des anderen, jedoch können zwei Vektoren keine Basis des dreidimensionalen Raumes $\mathbb{R}^3$ bilden.

c) Um festzustellen, ob die Vektoren linear unabhängig sind, bestimmen wir den Rang der durch die drei Vektoren gebildeten Matrix. Nach unserem üblichen Schema erhalten wir

$$\begin{array}{ccc} 3 & 3 & 2 \\ 2 & 1 & 0 \\ 1 & 0 & 1 \end{array} \left\| \begin{array}{l} \\ -\frac{2}{3} \times \text{erste Zeile} \\ -\frac{1}{3} \times \text{erste Zeile,} \end{array} \right.$$

$$
\begin{array}{ccc|}
3 & 3 & 2 \\
0 & -1 & -\frac{4}{3} \\
0 & -1 & \frac{1}{3}
\end{array} \quad -\text{zweite Zeile,}
$$

$$
\begin{array}{ccc}
3 & 3 & 2 \\
0 & -1 & -\frac{4}{3} \\
0 & 0 & \frac{5}{3}
\end{array}.
$$

Der Rang der aus den Vekoren gebildeten Matrix ist somit gleich 3 und die drei Vektoren sind also linear unabhängig. Folglich bilden sie auch eine Basis des $\mathbb{R}^3$.

Aufgabe 13.4
Gegeben seien $a = (3, 2, -4)^\mathsf{T}$ und die Basis

$$
B = \left\{ \begin{pmatrix} 3 \\ 2 \\ 1 \end{pmatrix}, \begin{pmatrix} 3 \\ 1 \\ 0 \end{pmatrix}, \begin{pmatrix} 2 \\ 0 \\ 1 \end{pmatrix} \right\}.
$$

des $\mathbb{R}^3$. Bestimmen Sie die Koordinaten von a bezüglich B.

Lösung
Wir wollen die Koordinaten von a bezüglich der Basis B mit $b_1, b_2, b_3 \in \mathbb{R}$ bezeichnen. Gesucht ist dann eine Darstellung von a als Linearkombination der Basisvektoren der Basis B, sodass

$$
\begin{pmatrix} 3 \\ 2 \\ -4 \end{pmatrix} = b_1 \begin{pmatrix} 3 \\ 2 \\ 1 \end{pmatrix} + b_2 \begin{pmatrix} 3 \\ 1 \\ 0 \end{pmatrix} + b_3 \begin{pmatrix} 2 \\ 0 \\ 1 \end{pmatrix}.
$$

Das ist aber nichts anderes als ein lineares Gleichungssystem zur Bestimmung von b_1, b_2, b_3. Wie üblich finden wir

$$
\begin{array}{ccc|c|}
3 & 3 & 2 & 3 \\
2 & 1 & 0 & 2 \\
1 & 0 & 1 & -4
\end{array} \quad \begin{array}{l} \\ -\frac{2}{3} \times \text{erste Zeile} \\ -\frac{1}{3} \times \text{erste Zeile,} \end{array}
$$

$$
\begin{array}{ccc|c}
3 & 3 & 2 & 3 \\
0 & -1 & -\frac{4}{3} & 0 \\
0 & -1 & \frac{1}{3} & -5
\end{array}
\quad \Big\| \quad -\text{zweite Zeile,}
$$

$$
\begin{array}{ccc|c}
3 & 3 & 2 & 3 \\
0 & -1 & -\frac{4}{3} & 0 \\
0 & 0 & \frac{5}{3} & -5
\end{array} \ .
$$

Wir erhalten aus der dritten Zeile $b_3 = -3$, aus der zweiten Zeile $-b_2 - \frac{4}{3}b_3 = 0$, also $b_2 = 4$, und aus der ersten Zeile $3b_1 + 3b_2 + 2b_3 = 3$, also $3b_1 + 12 - 6 = 3$ und somit $b_1 = -1$. Die Koordinaten von a bezüglich der Basis B lauten daher $b_1 = -1$, $b_2 = 4$, $b_3 = -3$.

Aufgabe 13.5
Bestimmen Sie alle Eigenwerte, deren geometrische und algebraische Vielfachheiten und alle Eigenvektoren der Matrix

$$
A = \begin{pmatrix} -3 & 5 & 6 \\ 5 & -2 & -5 \\ -6 & 5 & 9 \end{pmatrix} .
$$

Zeigen Sie, dass für das charakteristische Polynom gilt

$$
p(\lambda) = -(\lambda - 3)^2(\lambda + 2) = -\lambda^3 + 4\lambda^2 + 3\lambda - 18.
$$

Lösung
Um die *Eigenwerte* der Matrix A zu bestimmen, berechnen wir die Nullstellen des *charakteristischen Polynoms* $p(\lambda) = \det(A - \lambda I)$ ($\lambda \in \mathbb{C}$). Wir lösen also

$$
\det(A - \lambda I) = \det\left(\begin{pmatrix} -3 & 5 & 6 \\ 5 & -2 & -5 \\ -6 & 5 & 9 \end{pmatrix} - \lambda \begin{pmatrix} 1 & 0 & 0 \\ 0 & 1 & 0 \\ 0 & 0 & 1 \end{pmatrix} \right)
$$

$$
= \det \begin{pmatrix} -3-\lambda & 5 & 6 \\ 5 & -2-\lambda & -5 \\ -6 & 5 & 9-\lambda \end{pmatrix} = 0
$$

und erhalten mit der Regel von Sarrus

$$
\begin{aligned}
0 &= (-3 - \lambda)(-2 - \lambda)(9 - \lambda) + 150 + 150 \\
&\quad + 36(-2 - \lambda) + 25(-3 - \lambda) - 25(9 - \lambda) \\
&= (6 + 5\lambda + \lambda^2)(9 - \lambda) + 300 - 72 - 36\lambda - 75 - 25\lambda - 225 + 25\lambda \\
&= 54 + 45\lambda + 9\lambda^2 - 6\lambda - 5\lambda^2 - \lambda^3 - 72 - 36\lambda \\
&= -\lambda^3 + 4\lambda^2 + 3\lambda - 18 \, .
\end{aligned}
$$

Mit einem Blick auf die Aufgabenstellung bestätigt man

$$
0 = -\lambda^3 + 4\lambda^2 + 3\lambda - 18 = -(\lambda - 3)^2 (\lambda + 2) \, .
$$

Es sind -2 und 3 die Nullstellen des charakteristischen Polynoms und damit die Eigenwerte von $\boldsymbol{A}$. Da -2 eine einfache Nullstelle des charakteristischen Polynoms ist, hat der Eigenwert -2 die *algebraische Vielfachheit* 1. Da 3 eine doppelte Nullstelle des charakteristischen Polynoms ist, hat der Eigenwert 3 die algebraische Vielfachheit 2.

Bestimmen wir nun die *Eigenvektoren* von $\boldsymbol{A}$ zum Eigenwert -2. Es sind dies die Lösungen des homogenen Gleichungssystems

$$
(\boldsymbol{A} - (-2)\boldsymbol{I}) \cdot \begin{pmatrix} x_1 \\ x_2 \\ x_3 \end{pmatrix} = \begin{pmatrix} -1 & 5 & 6 \\ 5 & 0 & -5 \\ -6 & 5 & 11 \end{pmatrix} \begin{pmatrix} x_1 \\ x_2 \\ x_3 \end{pmatrix} = 0 \, .
$$

Nach unserem üblichen Schema erhalten wir

$$
\left.\begin{array}{rrr|r} -1 & 5 & 6 & 0 \\ 5 & 0 & -5 & 0 \\ -6 & 5 & 11 & 0 \end{array}\right\|
\begin{array}{l} \\ +5 \times \text{ erste Zeile} \\ -6 \times \text{ erste Zeile,} \end{array}
$$

$$
\left.\begin{array}{rrr|r} -1 & 5 & 6 & 0 \\ 0 & 25 & 25 & 0 \\ 0 & -25 & -25 & 0 \end{array}\right\|
\begin{array}{l} \\ \\ + \times \text{ zweite Zeile,} \end{array}
$$

$$
\begin{array}{rrr|r} -1 & 5 & 6 & 0 \\ 0 & 25 & 25 & 0 \\ 0 & 0 & 0 & 0 \, . \end{array}
$$

Aus der dritten Zeile folgt, dass x_3 beliebig ist, wir schreiben daher $x_3 = t$ mit $t \in \mathbb{R}$. Die zweite Zeile ergibt dann $25x_2 + 25t = 0$, also $x_2 = -t$. Aus der ersten Zeile folgt $-x_1 - 5t + 6t = 0$, also $x_1 = t$. Alle Eigenvektoren zum Eigenwert -2 sind daher mit $(t, -t, t)^\mathsf{T}$ ($t \in \mathbb{R} \setminus \{0\}$) gegeben. Dabei haben wir berücksichtigt, dass der Nullvektor per Definition kein Eigenvektor und also $t = 0$ auszuschließen ist. Die *geometrische Vielfachheit* des Eigenwertes -2 ist gleich 1, denn es gibt nur einen freien Parameter, nämlich $t \in \mathbb{R} \setminus \{0\}$. Manchmal wird auch nach der Dimension des *Eigenraumes* eines Eigenwerts λ gefragt. Das ist wieder nichts anderes als die geometrische Vielfachheit, denn sämtliche Eigenvektoren zu einem Eigenwert λ bilden zusammen mit dem Nullvektor den Eigenraum zum Eigenwert λ. Der Eigenraum ist somit die Menge aller Lösungen des zugehörigen homogenen Gleichungssystems, also der Kern von $\boldsymbol{A} - \lambda \boldsymbol{I}$.

Die Eigenvektoren von $\boldsymbol{A}$ zum Eigenwert 3 bestimmen wir entsprechend. Wir haben

$$
\begin{array}{ccc|c}
-6 & 5 & 6 & 0 \\
5 & -5 & -5 & 0 \\
-6 & 5 & 6 & 0
\end{array}
\quad
\begin{array}{l}
 \\
+\frac{5}{6} \times \text{ erste Zeile} \\
-\text{erste Zeile,}
\end{array}
$$

$$
\begin{array}{ccc|c}
-6 & 5 & 6 & 0 \\
0 & -\frac{5}{6} & 0 & 0 \\
0 & 0 & 0 & 0
\end{array}.
$$

Aus der dritten Zeile erhalten wir $x_3 = t$ mit $t \in \mathbb{R}$ beliebig, die zweite Zeile ergibt $25x_2 = 0$, also $x_2 = 0$, und die erste Zeile führt zu $-6x_1 + 6t = 0$, also $x_1 = t$. Die Eigenvektoren zum Eigenwert 3 lauten daher $(t, 0, t)^\mathsf{T}$ ($t \in \mathbb{R} \setminus \{0\}$). Die geometrische Vielfachheit des Eigenwertes 3 ist 1.

Aufgabe 13.6

Die Matrix

$$
\boldsymbol{A} = \begin{pmatrix} 0 & 2 & -1 \\ 2 & -3 & 2 \\ -1 & 2 & 0 \end{pmatrix}
$$

hat 1 als Eigenwert. Berechnen Sie die weiteren Eigenwerte. Bestimmen Sie eine Orthonormalbasis aus Eigenvektoren und geben Sie eine Matrix $\boldsymbol{U}$ an, sodass $\boldsymbol{U}^\mathsf{T} \boldsymbol{A} \boldsymbol{U}$ Diagonalgestalt hat.

Lösung

Wir bestimmen zunächst die weiteren Eigenwerte, also die Nullstellen des charakteristischen Polynoms

$$p(\lambda) = \det(\boldsymbol{A} - \lambda \boldsymbol{I}) = \det \begin{pmatrix} -\lambda & 2 & -1 \\ 2 & -3-\lambda & 2 \\ -1 & 2 & -\lambda \end{pmatrix}.$$

Mit der Regel von Sarrus erhalten wir

$$\begin{aligned}
p(\lambda) &= \lambda^2(-3-\lambda) - 4 - 4 - (-3-\lambda) + 4\lambda + 4\lambda \\
&= (-\lambda^2 + 1)(\lambda + 3) - 8 + 8\lambda \\
&= -(\lambda - 1)(\lambda + 1)(\lambda + 3) + 8(\lambda - 1) \\
&= -(\lambda - 1)((\lambda + 1)(\lambda + 3) - 8).
\end{aligned}$$

Gelingt einem das Ausklammern nicht, so führt auch eine Polynomdivision durch $(\lambda - 1)$ zum Ziel, denn wir wissen bereits, dass 1 eine Nullstelle ist. Da das Polynom $\lambda \mapsto (\lambda + 1)(\lambda + 3) - 8 = \lambda^2 + 4\lambda - 5$ die Nullstellen $-2 + \sqrt{4+5} = 1$ und $-2 - \sqrt{4+5} = -5$ besitzt, folgt schließlich

$$p(\lambda) = -(\lambda - 1)^2(\lambda + 5).$$

Somit ist 1 doppelter und -5 einfacher Eigenwert von $\boldsymbol{A}$.

Wir bestimmen nun die Eigenvektoren zum Eigenwert -5 als nichttriviale Lösungen des zugehörigen homogenen Gleichungssystems,

$$\begin{array}{ccc|c}
5 & 2 & -1 & 0 \\
2 & 2 & 2 & 0 \\
-1 & 2 & 5 & 0
\end{array} \quad \begin{array}{l} \\ -\frac{2}{5} \times \text{erste Zeile} \\ +\frac{1}{5} \times \text{erste Zeile}, \end{array}$$

$$\begin{array}{ccc|c}
5 & 2 & -1 & 0 \\
0 & \frac{6}{5} & \frac{12}{5} & 0 \\
0 & \frac{12}{5} & \frac{24}{5} & 0
\end{array} \quad \begin{array}{l} \\ \\ -2 \times \text{zweite Zeile}, \end{array}$$

$$\begin{array}{ccc|c}
5 & 2 & -1 & 0 \\
0 & \frac{6}{5} & \frac{12}{5} & 0 \\
0 & 0 & 0 & 0.
\end{array}$$

Aus der dritten Zeile erhalten wir $x_3 = t$ mit $t \in \mathbb{R}$ beliebig, die zweite Zeile ergibt dann $\frac{6}{5}x_2 + \frac{12}{5}t = 0$, also $x_2 = -2t$, und die erste ergibt $5x_1 - 4t - t = 0$, also $x_1 = t$. Als Eigenvektoren zum Eigenwert -5 erhalten wir daher

$$(t, -2t, t)^{\mathsf{T}} , \quad t \in \mathbb{R} \setminus \{0\}. \tag{13.2}$$

Für die Bestimmung der Eigenvektoren zum Eigenwert 1 betrachten wir das Schema

$$\begin{array}{rrr|c}
-1 & 2 & -1 & 0 \\
2 & -4 & 2 & 0 \\
-1 & 2 & -1 & 0
\end{array} \begin{array}{l} \\ +2 \times \text{erste Zeile} \\ -\text{erste Zeile}, \end{array}$$

$$\begin{array}{rrr|c}
-1 & 2 & -1 & 0 \\
0 & 0 & 0 & 0 \\
0 & 0 & 0 & 0.
\end{array}$$

Aus der dritten und zweiten Zeile folgt, dass sowohl $x_3 \in \mathbb{R}$ als auch $x_2 \in \mathbb{R}$ beliebig gewählt werden können, wir setzen daher $x_2 = s$ und $x_3 = t$ mit $s, t \in \mathbb{R}$. Die erste Zeile führt dann zu $-x_1 + 2s - t = 0$, also $x_1 = 2s - t$. Als Eigenvektoren zum Eigenwert 1 erhalten wir

$$(2s - t, s, t)^{\mathsf{T}} = s(2, 1, 0)^{\mathsf{T}} + t(-1, 0, 1)^{\mathsf{T}} , \quad s, t \in \mathbb{R}, \tag{13.3}$$

wobei aber s und t nicht beide zugleich 0 sein dürfen.

Aus den Eigenvektoren wollen wir eine *Orthonormalbasis* des $\mathbb{R}^3$ bestimmen. Das ist eine Basis aus Vektoren die paarweise *orthogonal*, also senkrecht zueinander sind und die Länge Eins haben. Dabei stehen zwei Vektoren senkrecht aufeinander, wenn das Skalarprodukt der beiden Vektoren verschwindet.

Wählen wir in (13.2) $t = 1$, so erhalten wir den Eigenvektor $(1, -2, 1)^{\mathsf{T}}$. Das Skalarprodukt mit den Eigenvektoren zum Eigenwert 1 ist

$$\begin{pmatrix} 1 & -2 & 1 \end{pmatrix} \cdot \begin{pmatrix} 2s - t \\ s \\ t \end{pmatrix} = 1 \cdot (2s - t) - 2 \cdot s + 1 \cdot t = 0 \,,$$

sodass $(1, -2, 1)^{\mathsf{T}}$ orthogonal zu allen Eigenvektoren zum Eigenwert 1 ist. Das ist kein Zufall, denn $\boldsymbol{A}$ ist *symmetrisch* $(\boldsymbol{A}^{\mathsf{T}} = \boldsymbol{A})$ und bei einer symme-

trischen Matrix stehen Eigenvektoren zu verschiedenen Eigenwerten stets
senkrecht aufeinander.

Wir bestimmen nun zwei zueinander orthogonale Eigenvektoren zum Eigenwert 1. Dazu legen wir zunächst einen der Eigenvektoren fest; wir wählen
etwa $s = 0$ und $t = 1$ in (13.3) und erhalten den Eigenvektor $(-1, 0, 1)^\mathsf{T}$.
Jetzt bestimmen wir einen dazu orthogonalen Eigenvektor aus der Beziehung

$$\begin{pmatrix} -1 & 0 & 1 \end{pmatrix} \cdot \begin{pmatrix} 2s - t \\ s \\ t \end{pmatrix} = -2s + t + 0 + t = -2(s - t) \overset{!}{=} 0 \, .$$

Wählen wir zum Beispiel $s = t = 1$, so erhalten wir mit $(1, 1, 1)^\mathsf{T}$ einen zu
$(-1, 0, 1)^\mathsf{T}$ orthogonalen Eigenvektor.

Schließlich müssen wir die paarweise orthogonalen Eigenvektoren $(1, -2, 1)^\mathsf{T}$,
$(-1, 0, 1)^\mathsf{T}$, $(1, 1, 1)^\mathsf{T}$ noch normieren, also auf die Länge Eins bringen, wozu
wir sie einfach durch ihren Betrag dividieren. Für den *Betrag* (oder auch
Länge) der Vektoren gilt

$$\left| (1, -2, 1)^\mathsf{T} \right| = \sqrt{1^2 + (-2)^2 + 1^2} = \sqrt{6} \, ,$$
$$\left| (-1, 0, 1)^\mathsf{T} \right| = \sqrt{(-1)^2 + 0^2 + 1^2} = \sqrt{2} \, ,$$
$$\left| (1, 1, 1)^\mathsf{T} \right| = \sqrt{1^2 + 1^2 + 1^2} = \sqrt{3} \, .$$

Somit bilden die Vektoren

$$\frac{1}{\sqrt{6}}(1, -2, 1)^\mathsf{T} \, , \quad \frac{1}{\sqrt{2}}(-1, 0, 1)^\mathsf{T} \, , \quad \frac{1}{\sqrt{3}}(1, 1, 1)^\mathsf{T}$$

eine Orthonormalbasis aus Eigenvektoren. Nehmen wir diese Vektoren als
Spalten einer Matrix und setzen

$$\boldsymbol{U} = \begin{pmatrix} \frac{1}{\sqrt{6}} & \frac{-1}{\sqrt{2}} & \frac{1}{\sqrt{3}} \\ \frac{-2}{\sqrt{6}} & 0 & \frac{1}{\sqrt{3}} \\ \frac{1}{\sqrt{6}} & \frac{1}{\sqrt{2}} & \frac{1}{\sqrt{3}} \end{pmatrix} \, ,$$

so ist $\boldsymbol{U}$ eine *orthogonale Matrix* ($\boldsymbol{U}^\mathsf{T}\boldsymbol{U} = \boldsymbol{I}$), und es gilt

$$\boldsymbol{U}^\mathsf{T}\boldsymbol{A}\boldsymbol{U} = \begin{pmatrix} -5 & 0 & 0 \\ 0 & 1 & 0 \\ 0 & 0 & 1 \end{pmatrix} \, .$$

Zusammenfassung

Die Darstellungsmatrix A einer linearen Abbildung φ genügt der Beziehung

$$\varphi(a) = A \cdot a$$

und lässt sich bestimmen, indem φ in den Vektoren einer Basis, z. B. den Einheitsvektoren, ausgewertet wird.

Eine Basis des $\mathbb{R}^n$ besteht aus n linear unabhängigen Vektoren. Dabei sind n Vektoren des $\mathbb{R}^n$ linear unabhängig genau dann, wenn die aus den Vektoren als Spalten gebildete Matrix Rang n hat.

Die Nullstellen des charakteristischen Polynoms $p(\lambda) = \det(A - \lambda I)$ sind die Eigenwerte der Matrix A. Die Vielfachheit der Nullstelle λ ist die algebraische Vielfachheit des Eigenwertes λ. Die Eigenvektoren zum Eigenwert λ sind die nichttrivialen Lösungen des homogenen Gleichungssystems

$$(A - \lambda I)x = 0.$$

Sämtliche Eigenvektoren zum Eigenwert λ bilden zusammen mit dem Nullvektor den Eigenraum Kern $(A - \lambda I)$ zum Eigenwert λ. Die geometrische Vielfachheit von λ ist die Zahl der linear unabhängigen Eigenvektoren zum Eigenwert λ, also die Dimension von Kern $(A - \lambda I)$.

Der Betrag eines Vektors $a = (a_1, a_2, \ldots, a_n)^\mathsf{T} \in \mathbb{R}^n$ ist gegeben durch

$$|a| = \sqrt{a_1^2 + a_2^2 + \cdots + a_n^2}.$$

Zwei Vektoren $a = (a_1, a_2, \ldots, a_n)^\mathsf{T} \in \mathbb{R}^n$ und $b = (b_1, b_2, \ldots, b_n)^\mathsf{T} \in \mathbb{R}^n$ stehen senkrecht aufeinander, wenn ihr Skalarprodukt verschwindet,

$$a^\mathsf{T} b = a_1 b_1 + a_2 b_2 + \ldots a_n b_n = 0.$$

Finden wir zu einer symmetrischen $n \times n$-Matrix A n linear unabhängige Eigenvektoren, die senkrecht aufeinander stehen, so kann A diagonalisiert werden. Dazu normieren wir die Eigenvektoren und nehmen die so erhaltenen orthonormalen Eigenvektoren als Spalten einer Matrix U. Dann ist U orthogonal ($U^\mathsf{T} U = I$) und die Matrix

$$U^\mathsf{T} A U$$

hat Diagonalgestalt; in der Diagonalen stehen die Eigenwerte von A.

14 Analytische Geometrie

Lösung

Eine *Gerade* durch die Punkte P_1 und P_2 lässt sich mit Hilfe zweier Vektoren beschreiben, dem *hinführenden Vektor* $\overrightarrow{OP_1}$, der vom Koordinatenursprung O zum Punkt P_1 zeigt, und dem *Richtungsvektor* $\overrightarrow{P_1P_2}$, der vom Punkt P_1 zum Punkt P_2 zeigt, siehe auch Bild 14.1. Da die Gerade g durch

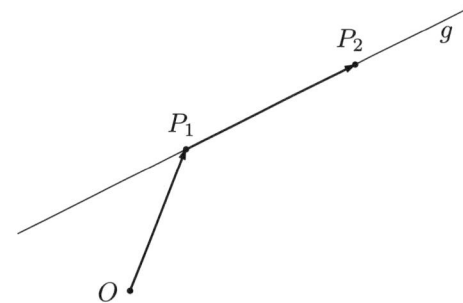

Bild 14.1: Beschreibung einer Geraden

den Punkt $P = (0,0,1)^\mathsf{T}$ verlaufen soll, wählen wir $(0,0,1)^\mathsf{T}$ als hinführenden Vektor von g.

Eine *Ebene* kann durch einen hinführenden Vektor und zwei Richtungsvektoren beschrieben werden. Die Ebene E hat als hinführenden Vektor ebenfalls den Vektor $(0, 0, 1)^\mathsf{T}$ und als Richtungsvektoren die Vektoren $(1, 1, 0)^\mathsf{T}$ und $(0, 1, 2)^\mathsf{T}$.

Wählen wir $(1, 1, 0)^\mathsf{T}$ als Richtungsvektor der Geraden g, so liegt diese sicher auf der Ebene. Als eine Lösung der Aufgabe erhalten wir somit

$$g = \left\{ \begin{pmatrix} x \\ y \\ z \end{pmatrix} : \begin{pmatrix} x \\ y \\ z \end{pmatrix} = \begin{pmatrix} 0 \\ 0 \\ 1 \end{pmatrix} + \lambda \begin{pmatrix} 1 \\ 1 \\ 0 \end{pmatrix}, \lambda \in \mathbb{R} \right\}.$$

Aufgabe 14.2
Bestimmen Sie eine Parameterdarstellung der Geraden g, die durch die Punkte

$$P_1 = (2, 0, -2)^\mathsf{T} \quad \text{und} \quad P_2 = (1, 4, 3)^\mathsf{T}$$

verläuft. Bestimmen Sie eine parameterfreie Gleichung der Ebene E, die durch P_1, P_2 und den Nullpunkt geht.

Lösung
Unter einer *Parameterdarstellung* einer Geraden verstehen wir die schon in der Aufgabe zuvor behandelte Beschreibung durch einen hinführenden und einen Richtungsvektor. Die Gerade g verläuft durch die Punkte P_1 und P_2. Daher können wir als hinführenden Vektor $\overrightarrow{OP_1} = (2, 0, -2)^\mathsf{T}$ und als Richtungsvektor

$$\overrightarrow{P_1 P_2} = \begin{pmatrix} 1 \\ 4 \\ 3 \end{pmatrix} - \begin{pmatrix} 2 \\ 0 \\ -2 \end{pmatrix} = \begin{pmatrix} -1 \\ 4 \\ 5 \end{pmatrix}$$

wählen. Eine Parameterdarstellung der Geraden g lautet dann

$$g = \left\{ \begin{pmatrix} x \\ y \\ z \end{pmatrix} : \begin{pmatrix} x \\ y \\ z \end{pmatrix} = \begin{pmatrix} 2 \\ 0 \\ -2 \end{pmatrix} + \lambda \begin{pmatrix} -1 \\ 4 \\ 5 \end{pmatrix}, \lambda \in \mathbb{R} \right\}.$$

Für die Ebene E wollen wir zunächst eine Parameterdarstellung bestimmen und aus dieser eine *parameterfreie Darstellung* ableiten. Da die Ebene E durch den Nullpunkt verläuft, können wir den Nullvektor $(0, 0, 0)^\mathsf{T}$ als hinführenden Vektor und $\overrightarrow{OP_1} = (2,0,-2)^\mathsf{T}$ sowie $\overrightarrow{OP_2} = (1,4,3)^\mathsf{T}$ als Richtungsvektoren wählen. Eine Parameterdarstellung der Ebene E lautet dann

$$E = \left\{ \begin{pmatrix} x \\ y \\ z \end{pmatrix} : \begin{pmatrix} x \\ y \\ z \end{pmatrix} = \begin{pmatrix} 0 \\ 0 \\ 0 \end{pmatrix} + s \begin{pmatrix} 2 \\ 0 \\ -2 \end{pmatrix} + t \begin{pmatrix} 1 \\ 4 \\ 3 \end{pmatrix}, s, t \in \mathbb{R} \right\}.$$

Um daraus nun eine parameterfreie Darstellung zu gewinnen, bestimmen wir einen *Normalenvektor* der Ebene E. Das ist ein Vektor, der senkrecht auf der Ebene steht, also orthogonal zu den beiden Richtungsvektoren der Ebene ist. Halten wir nämlich einen Punkt P_0 der Ebene fest, so ergeben sich alle anderen Punkte P der Ebene daraus, dass der in der Ebene liegende Vektor $\overrightarrow{P_0P}$ orthogonal zum Normalenvektor ist.

Ein zu zwei Vektoren $\boldsymbol{a} = (a_1, a_2, a_3)^\mathsf{T} \in \mathbb{R}^3$ und $\boldsymbol{b} = (b_1, b_2, b_3)^\mathsf{T} \in \mathbb{R}^3$ orthogonaler Vektor ist stets mit dem *Kreuzprodukt* $\boldsymbol{a} \times \boldsymbol{b}$ gegeben. Bezeichnen $\boldsymbol{e}_1$, $\boldsymbol{e}_2$ und $\boldsymbol{e}_3$ die Einheitsvektoren des $\mathbb{R}^3$, so kann $\boldsymbol{a} \times \boldsymbol{b}$ formal als Determinante mit der Sarrusschen Regel berechnet werden,

$$\boldsymbol{a} \times \boldsymbol{b} = \det \begin{pmatrix} a_1 & a_2 & a_3 \\ b_1 & b_2 & b_3 \\ \boldsymbol{e}_1 & \boldsymbol{e}_2 & \boldsymbol{e}_3 \end{pmatrix}$$

$$= a_1 b_2 \boldsymbol{e}_3 + a_2 b_3 \boldsymbol{e}_1 + a_3 b_1 \boldsymbol{e}_2 - a_3 b_2 \boldsymbol{e}_1 - a_1 b_3 \boldsymbol{e}_2 - a_2 b_1 \boldsymbol{e}_3$$

$$= (a_2 b_3 - a_3 b_2, a_3 b_1 - a_1 b_3, a_1 b_2 - a_2 b_1)^\mathsf{T}.$$

Im vorliegenden Fall finden wir

$$\begin{pmatrix} 2 \\ 0 \\ -2 \end{pmatrix} \times \begin{pmatrix} 1 \\ 4 \\ 3 \end{pmatrix} = \begin{pmatrix} 0 \cdot 3 - (-2) \cdot 4 \\ (-2) \cdot 1 - 2 \cdot 3 \\ 2 \cdot 4 - 0 \cdot 1 \end{pmatrix} = \begin{pmatrix} 8 \\ -8 \\ 8 \end{pmatrix}.$$

Da die Ebene E durch den Nullpunkt O geht, liegen auf E alle Punkte $P = (x,y,z)^\mathsf{T}$ mit der Eigenschaft, dass der Vektor $\overrightarrow{OP} = (x,y,z)^\mathsf{T}$ senkrecht auf dem Normalenvektor $(8,-8,8)^\mathsf{T}$ steht, dass also

$$\begin{pmatrix} 8 & -8 & 8 \end{pmatrix} \cdot \begin{pmatrix} x \\ y \\ z \end{pmatrix} = 8x - 8y + 8z = 0$$

gilt. Wir erhalten daraus eine parameterfreie Darstellung der Ebene E,

$$E = \left\{ (x, y, z)^{\mathsf{T}} \in \mathbb{R}^3 \ : \ 8x - 8y + 8z = 0 \right\}.$$

Aufgabe 14.3
Bestimmen Sie alle Schnittpunkte der Geraden

$$g = \left\{ \begin{pmatrix} x \\ y \\ z \end{pmatrix} : \begin{pmatrix} x \\ y \\ z \end{pmatrix} = \begin{pmatrix} 5 \\ 0 \\ 2 \end{pmatrix} + \lambda \begin{pmatrix} 1 \\ -1 \\ 3 \end{pmatrix}, \lambda \in \mathbb{R} \right\},$$

mit der Ebene

$$E = \left\{ (x, y, z)^{\mathsf{T}} \in \mathbb{R}^3 \ : \ 3x + 2y - 2z = 1 \right\}.$$

Lösung
Wir suchen alle Punkte $(x, y, z)^{\mathsf{T}} \in \mathbb{R}^3$, die sowohl zu g als auch zu E gehören. Es muss also

$$3x + 2y - 2z = 1 \tag{14.1}$$

und

$$\begin{pmatrix} x \\ y \\ z \end{pmatrix} = \begin{pmatrix} 5 \\ 0 \\ 2 \end{pmatrix} + \lambda \begin{pmatrix} 1 \\ -1 \\ 3 \end{pmatrix} = \begin{pmatrix} 5 + \lambda \\ -\lambda \\ 2 + 3\lambda \end{pmatrix} \tag{14.2}$$

gelten. Einsetzen von (14.2) in (14.1) liefert

$$3x + 2y - 2z = 3(5 + \lambda) - 2\lambda - 2(2 + 3\lambda) = 11 - 5\lambda \overset{!}{=} 1,$$

und wir erhalten $\lambda = 2$ als einzig möglichen Wert des Parameters λ. Der einzige Schnittpunkt der Geraden g mit der Ebene E ergibt sich daher zu

$$\begin{pmatrix} x \\ y \\ z \end{pmatrix} = \begin{pmatrix} 5 \\ 0 \\ 2 \end{pmatrix} + 2 \begin{pmatrix} 1 \\ -1 \\ 3 \end{pmatrix} = \begin{pmatrix} 7 \\ -2 \\ 8 \end{pmatrix}.$$

Aufgabe 14.4

Zeigen Sie, dass der Punkt $P_1 = (-1, 2, 0)^\mathsf{T}$ auf der Geraden

$$g_1 = \left\{ \begin{pmatrix} x \\ y \\ z \end{pmatrix} : \begin{pmatrix} x \\ y \\ z \end{pmatrix} = \begin{pmatrix} 1 \\ 0 \\ 2 \end{pmatrix} + \lambda \begin{pmatrix} 1 \\ -1 \\ 1 \end{pmatrix}, \lambda \in \mathbb{R} \right\}$$

liegt. Bestimmen Sie eine Parameterdarstellung der Schnittgeraden g_2 der beiden Ebenen

$$E_1 = \left\{ (x, y, z)^\mathsf{T} \in \mathbb{R}^3 : 3x + y - 2z = -5 \right\} \quad \text{und}$$

$$E_2 = \left\{ (x, y, z)^\mathsf{T} \in \mathbb{R}^3 : 2x + y - z = -2 \right\}.$$

Zeigen Sie, dass g_1 und g_2 parallel zueinander sind. Berechnen Sie den Winkel, den die beiden Ebenen E_1 und E_2 einschließen. Bestimmen Sie die zu g_1 orthogonale Ebene E_3 durch den Punkt P_1.

Lösung

Der Punkt P_1 liegt genau dann auf g, wenn es ein $\lambda \in \mathbb{R}$ gibt, für das die Gleichung

$$\begin{pmatrix} -1 \\ 2 \\ 0 \end{pmatrix} = \begin{pmatrix} 1 \\ 0 \\ 2 \end{pmatrix} + \lambda \begin{pmatrix} 1 \\ -1 \\ 1 \end{pmatrix}$$

erfüllt ist. Das ist offenbar für $\lambda = -2$ der Fall.

Kommen wir nun zu g_2. Ist $\boldsymbol{m} = (m_1, m_2, m_3)^\mathsf{T}$ ein Normalenvektor der Ebene E_1 und ist $\boldsymbol{n} = (n_1, n_2, n_3)^\mathsf{T}$ ein Normalenvektor der Ebene E_2, so steht ein Richtungsvektor der Schnittgeraden g_2 der beiden Ebenen senkrecht auf $\boldsymbol{m}$ und $\boldsymbol{n}$.

Ähnlich wie in der Lösung zu Aufgabe 14.2 bestimmen wir zunächst $\boldsymbol{m}$. Wegen der Ebenengleichung liegt der Punkt $(0, -5, 0)^\mathsf{T}$ auf der Ebene E_1, denn $3 \cdot 0 - 5 - 2 \cdot 0 = -5$. Der von diesem Punkt zu einem beliebigen anderen Punkt der Ebene zeigende Vektor steht senkrecht auf dem Normalenvektor $\boldsymbol{m}$, sodass

$$\begin{pmatrix} m_1 & m_2 & m_3 \end{pmatrix} \cdot \left(\begin{pmatrix} x \\ y \\ z \end{pmatrix} - \begin{pmatrix} 0 \\ -5 \\ 0 \end{pmatrix} \right) = m_1 x + m_2(y+5) + m_3 z = 0.$$

Ein Vergleich mit der Ebenengleichung $3x + y - 2z = -5$ zeigt, dass zum Beispiel $m = (3, 1, -2)^\mathsf{T}$ ein Normalenvektor der Ebene E_1 ist. Für einen Normalenvektor n der Ebene E_2 gilt entsprechend

$$\begin{pmatrix} n_1 & n_2 & n_3 \end{pmatrix} \cdot \left(\begin{pmatrix} x \\ y \\ z \end{pmatrix} - \begin{pmatrix} -1 \\ 0 \\ 0 \end{pmatrix} \right) = n_1(x+1) + n_2 y + n_3 z = 0,$$

denn der Punkt $(-1, 0, 0)^\mathsf{T}$ liegt auf E_2. Ein Vergleich mit der Ebenengleichung $2x + y - z = -2$ zeigt, dass wir $n = (2, 1, -1)^\mathsf{T}$ wählen können.

Da ein Richtungsvektor von g_2 ein beliebiger Vektor ist, der senkrecht auf m als auch n steht, können wir das Kreuzprodukt $m \times n$ als Richtungsvektor der Schnittgeraden g_2 wählen. Es ist

$$m \times n = \begin{pmatrix} 3 \\ 1 \\ -2 \end{pmatrix} \times \begin{pmatrix} 2 \\ 1 \\ -1 \end{pmatrix} = \begin{pmatrix} 1 \cdot (-1) - (-2) \cdot 1 \\ (-2) \cdot 2 - 3 \cdot (-1) \\ 3 \cdot 1 - 1 \cdot 2 \end{pmatrix} = \begin{pmatrix} 1 \\ -1 \\ 1 \end{pmatrix}.$$

Zur Parameterdarstellung von g_2 benötigen wir nun noch einen hinführenden Vektor. Dazu berechnen wir einen Punkt, der sowohl auf E_1 als auch auf E_2 und damit auch auf g_2 liegt. Ein solcher Punkt $(x, y, z)^\mathsf{T}$ muss beiden Ebenengleichungen genügen. Subtrahieren wir die beiden Ebenengleichungen voneinander, so folgt

$$x - z = -3.$$

Wir können z frei wählen, etwa $z = 0$. Dann ist $x = -3$ und es folgt aus der Ebenengleichung für E_1, dass $y = -5 - 3x + 2z = -5 + 9 = 4$. Also liegt der Punkt $(-3, 4, 0)^\mathsf{T}$ sowohl auf E_1 als auch auf E_2 als auch auf g_2. Für g_2 haben wir daher die Parameterdarstellung

$$g_2 = \left\{ \begin{pmatrix} x \\ y \\ z \end{pmatrix} : \begin{pmatrix} x \\ y \\ z \end{pmatrix} = \begin{pmatrix} -3 \\ 4 \\ 0 \end{pmatrix} + \lambda \begin{pmatrix} 1 \\ -1 \\ 1 \end{pmatrix}, \lambda \in \mathbb{R} \right\}.$$

Offenbar hat g_2 den gleichen Richtungsvektor wie g_1. Somit sind die beiden Geraden *parallel* zueinander.

Wir bestimmen nun den *Schnittwinkel* der beiden Ebenen E_1 und E_2. Dieser ist über die Beziehung

$$\cos \varphi = \frac{m^\mathsf{T} n}{|m| |n|} = \frac{m_1 n_1 + m_2 n_2 + m_3 n_3}{\sqrt{m_1^2 + m_2^2 + m_3^2} \sqrt{n_1^2 + n_2^2 + n_3^2}}$$

definiert, wobei m bzw. n ein Normalenvektor der Ebene E_1 bzw. E_2 ist. Wegen

$$m^\mathsf{T} n = \begin{pmatrix} 3 & 1 & -2 \end{pmatrix} \cdot \begin{pmatrix} 2 \\ 1 \\ -1 \end{pmatrix} = 3 \cdot 2 + 1 \cdot 1 + (-2) \cdot (-1) = 9$$

und

$$|m| = \sqrt{3^2 + 1^2 + (-2)^2} = \sqrt{14}\,, \quad |n| = \sqrt{2^2 + 1^2 + (-1)^2} = \sqrt{6}\,,$$

gilt für den Schnittwinkel φ der beiden Ebenen E_1 und E_2

$$\cos\varphi = \frac{9}{\sqrt{14}\sqrt{6}} = \frac{9}{2\sqrt{21}}\,, \quad \text{also } \varphi \approx 10,9°\,.$$

Es bleibt, die Ebene E_3 zu bestimmen. Wegen der Parameterdarstellung von g_2 wissen wir, dass der Richtungsvektor $(1, -1, 1)^\mathsf{T}$ von g_2 zugleich Normalenvektor von E_3 ist. Da E_3 außerdem durch $P_1 = (-1, 2, 0)^\mathsf{T}$ verlaufen soll, stehen die von P_1 zu einem beliebigen Punkt $(x, y, z)^\mathsf{T}$ der Ebene E_3 zeigenden Vektoren senkrecht auf $(1, -1, 1)^\mathsf{T}$,

$$\begin{pmatrix} 1 & -1 & 1 \end{pmatrix} \cdot \left(\begin{pmatrix} x \\ y \\ z \end{pmatrix} - \begin{pmatrix} -1 \\ 2 \\ 0 \end{pmatrix} \right) = x + 1 - (y - 2) + z \stackrel{!}{=} 0.$$

Die Ebene E_3 kann daher in der parameterfreien Darstellung

$$E_3 = \left\{ (x, y, z)^\mathsf{T} \in \mathbb{R}^3 : x - y + z = -3 \right\}$$

angegeben werden.

Aufgabe 14.5
Für welche Zahl $\alpha \in \mathbb{R}$ verläuft die Gerade

$$g = \left\{ \begin{pmatrix} x \\ y \\ z \end{pmatrix} : \begin{pmatrix} x \\ y \\ z \end{pmatrix} = \begin{pmatrix} 1 \\ 0 \\ 0 \end{pmatrix} + \lambda \begin{pmatrix} 0 \\ \alpha \\ 1 \end{pmatrix}, \lambda \in \mathbb{R} \right\}$$

parallel zur Ebene

$$E = \left\{ (x, y, z)^\mathsf{T} \in \mathbb{R}^3 : x - y + z = 4 \right\}?$$

Berechnen Sie in diesem Fall den Abstand zwischen g und E.

Lösung

Die Gerade g ist genau dann parallel zu E, wenn der Richtungsvektor der Geraden senkrecht auf einem Normalenvektor der Ebene E steht. Da der Punkt $(4, 0, 0)^\mathsf{T}$ auf E liegt, gilt für einen Normalenvektor $\boldsymbol{n} = (n_1, n_2, n_3)^\mathsf{T}$ die Beziehung

$$\begin{pmatrix} n_1 & n_2 & n_3 \end{pmatrix} \cdot \left(\begin{pmatrix} x \\ y \\ z \end{pmatrix} - \begin{pmatrix} 4 \\ 0 \\ 0 \end{pmatrix} \right) = n_1(x - 4) + n_2 y + n_3 z = 0.$$

Ein Vergleich mit der Ebenengleichung zeigt, dass wir $\boldsymbol{n} = (1, -1, 1)^\mathsf{T}$ wählen können.

Soll die Gerade g parallel zur Ebene E verlaufen, so ist daher

$$\begin{pmatrix} 1 & -1 & 1 \end{pmatrix} \cdot \begin{pmatrix} 0 \\ \alpha \\ 1 \end{pmatrix} = -\alpha + 1 = 0,$$

also $\alpha = 1$ zu fordern.

Der *Abstand* zwischen g und E ist der Abstand eines Punktes der zu E parallel verlaufenden Geraden g zur Ebene E. Der Abstand eines Punktes P zu einer Ebene aber ist das Skalarprodukt eines *Normaleneinheitsvektors* der Ebene, also eines Normalenvektors der Länge Eins, mit einem von P zu einem Punkt auf der Ebene zeigenden Vektor. (Der Betrag dieses Skalarprodukts ist die Länge der Projektion des von P zu einem Punkt auf E zeigenden Vektors auf die Normalenrichtung; das Vorzeichen gibt Auskunft über die Lage von P.)

Da $|\boldsymbol{n}| = \sqrt{3}$, ist $\frac{1}{\sqrt{3}}(1, -1, 1)^\mathsf{T}$ ein Normaleneinheitsvektor der Ebene E. Außerdem liegt der Punkt $(4, 0, 0)^\mathsf{T}$ auf E. Gemäß der Parameterdarstellung von g liegt $(1, 0, 0)^\mathsf{T}$ auf g. Für den Abstand zwischen E und g erhalten wir daher

$$\frac{1}{\sqrt{3}} \begin{pmatrix} 1 & -1 & 1 \end{pmatrix} \cdot \left(\begin{pmatrix} 4 \\ 0 \\ 0 \end{pmatrix} - \begin{pmatrix} 1 \\ 0 \\ 0 \end{pmatrix} \right) = \frac{3}{\sqrt{3}} = \sqrt{3}.$$

Zusammenfassung

Eine Gerade lässt sich durch einen hinführenden und einen Richtungsvektor beschreiben; eine Ebene durch einen hinführenden und zwei Richtungsvektoren (Parameterdarstellung).

Das Kreuzprodukt der eine Ebene beschreibenden Richtungsvektoren steht senkrecht auf der Ebene und ist damit Normalenvektor der Ebene. Zwei Vektoren stehen senkrecht aufeinander, wenn ihr Skalarprodukt gleich Null ist. Ist $P_0 = (x_0, y_0, z_0)^\mathsf{T}$ ein Punkt der Ebene E mit Normalenvektor $n = (n_1, n_2, n_3)^\mathsf{T}$, so gilt die parameterfreie Darstellung

$$E = \left\{ (x, y, z)^\mathsf{T} \in \mathbb{R}^3 : n_1(x - x_0) + n_2(y - y_0) + n_3(z - z_0) = 0 \right\}.$$

Für das Kreuzprodukt zweier Vektoren gilt

$$(a_1, a_2, a_3)^\mathsf{T} \times (b_1, b_2, b_3)^\mathsf{T} = (a_2 b_3 - a_3 b_2, a_3 b_1 - a_1 b_3, a_1 b_2 - a_2 b_1)^\mathsf{T}.$$

Zwei Geraden verlaufen parallel zueinander, wenn der Richtungsvektor der einen Geraden ein Vielfaches des Richtungsvektors der anderen ist. Eine Gerade verläuft parallel zu einer Ebene, wenn ihr Richtungsvektor senkrecht auf einem Normalenvektor der Ebene steht. Zwei Ebenen sind parallel zueinander, wenn ihre Normalenvektoren Vielfache voneinander sind. Als Richtungsvektor der Schnittgeraden zweier Ebenen kann das Kreuzprodukt zweier Normalenvektoren der Ebenen gewählt werden. Der von zwei Ebenen mit den Normalenvektoren m und n eingeschlossene Winkel φ ist durch die Beziehung

$$\cos \varphi = \frac{m^\mathsf{T} n}{|m||n|}$$

gegeben.

Der Abstand eines Punktes P zu einer Ebene E ist das Skalarprodukt aus einem Normaleneinheitsvektor der Ebene und einem Vektor, der von P zu einem auf E liegenden Punkt zeigt. Der Abstand zwischen einer zur Ebene E parallelen Geraden g und E ist das Skalarprodukt aus einem Normaleneinheitsvektor der Ebene und einem Vektor, der von einem Punkt auf g zu einem Punkt auf E zeigt.

Achtung! – Fallen und trickreiche Aufgaben

In diesem Abschnitt sind Aufgaben zusammengestellt, die, obgleich sie so oder so ähnlich oft in Klausuren zu finden sind, erfahrungsgemäß größere Schwierigkeiten bereiten. Sie werden erkennen, liebe Leserin, lieber Leser, dass Sie die Aufgaben mit Ihrem bis hierher erworbenen Wissen bearbeiten können, auch wenn Sie vielleicht die eine oder andere Fragestellung beim ersten Lesen etwas verwirrend finden.

Aufgabe A.1

Beweisen Sie mit vollständiger Induktion, dass die Funktion $f : \mathbb{R} \setminus \{-1\} \to \mathbb{R}$ mit $f(x) = \frac{x}{1+x}$ für $n = 1, 2, 3, \ldots$ die Ableitungen

$$f^{(n)}(x) = (-1)^{n+1} \frac{n!}{(1+x)^{n+1}} \tag{A.1}$$

besitzt.

Lösung

Auch wenn hier eine Aussage über die n-te Ableitung der Funktion f bewiesen werden soll, so werden wir doch die vollständige Induktion wie in Abschnitt 11 anwenden.

Induktionsanfang: Wir setzen $n = 1$ und leiten die Funktion f ab,

$$f'(x) = \frac{1 + x - x}{(1+x)^2} = \frac{1}{(1+x)^2} = (-1)^{1+1} \frac{1!}{(1+x)^{1+1}}.$$

Die Beziehung (A.1) ist für $n = 1$ offenbar wahr.

Induktionsschritt: Wir nehmen jetzt an, die Beziehung (A.1) sei für $n = m$ wahr, sodass

$$f^{(m)}(x) = (-1)^{m+1} \frac{m!}{(1+x)^{m+1}} \tag{A.2}$$

gilt. Wir wollen zeigen, dass (A.1) auch dann wahr ist, wenn n durch $m + 1$

ersetzt wird. Es gilt

$$f^{(m+1)}(x) = \left(f^{(m)}(x)\right)' \stackrel{(A.2)}{=\!=\!=} \left((-1)^{m+1}\,\frac{m!}{(1+x)^{m+1}}\right)'$$

$$= (-1)^{m+1}\,\frac{(-1)\cdot(m+1)m!}{(1+x)^{m+1+1}} = (-1)^{m+2}\,\frac{(m+1)!}{(1+x)^{m+2}}.$$

Das aber ist nichts anderes als die Beziehung (A.1) für $n = m + 1$, womit der Induktionsschritt vollzogen ist.

Somit gilt (A.1) für alle Zahlen $n = 1, 2, 3, \ldots$

> **Aufgabe A.2**
> Es sei die Folge (a_n) durch $a_1 = 2$ und
>
> $$a_{n+1} = \frac{a_n^2 + 1}{2a_n}, \quad n = 1, 2, \ldots, \tag{A.3}$$
>
> gegeben. Zeigen Sie, dass stets $a_n \geq 1$ gilt. Untersuchen Sie (a_n) auf Monotonie und bestimmen Sie gegebenenfalls den Grenzwert.

Lösung

Wir beginnen damit zu zeigen, dass

$$a_n \geq 1, \quad n = 1, 2, \ldots \tag{A.4}$$

gilt. Für $n = 1$ ist die Aussage klar, denn $a_1 = 2 > 1$. Es bleibt zu zeigen, dass

$$a_{n+1} = \frac{a_n^2 + 1}{2a_n} \geq 1, \quad n = 1, 2, \ldots \tag{A.5}$$

Zunächst folgt unmittelbar aus der Berechnungsvorschrift (A.3), dass alle Folgenglieder positiv sind, wenn der erste Wert a_1 positiv ist. Wir können daher (A.5) mit a_n multiplizieren, ohne dass sich die Ungleichung umkehrt, was eine äquivalente Umformung ist. Es ist also $a_n^2 + 1 \geq 2a_n$ bzw. $a_n^2 - 2a_n + 1 \geq 0$ zu zeigen. Da aber stets $a_n^2 - 2a_n + 1 = (a_n - 1)^2 \geq 0$, ist (A.5) und damit auch (A.4) bewiesen.

Kommen wir zur Monotonie der Folge (a_n). Wegen $a_1 = 2$, $a_2 = \frac{5}{4} < 2$, kann die Folge gleichwohl nicht monoton wachsen. Mit (A.4) gilt

$$a_{n+1} - a_n = \frac{a_n^2 + 1}{2a_n} - a_n = \frac{a_n^2 + 1 - 2a_n^2}{2a_n} = \frac{-a_n^2 + 1}{2a_n} \leq 0,$$

sodass (a_n) monoton fallend ist. Deshalb ist die Folge (a_n) nach oben durch ihr erstes Folgenglied $a_1 = 2$ beschränkt. Sie ist auch nach unten beschränkt, denn alle Folgenglieder sind positiv. Die Folge (a_n) ist daher beschränkt. Nach dem Satz von Bolzano-Weierstraß[1] ist die Folge somit konvergent.

Wir kommen nun zur Grenzwertbestimmung. Nennen wir den Grenzwert a. Dann gilt mit (A.3)

$$a = \lim_{n \to \infty} a_n = \lim_{n \to \infty} a_{n+1} = \lim_{n \to \infty} \frac{a_n^2 + 1}{2a_n} = \frac{\lim_{n \to \infty} a_n^2 + 1}{\lim_{n \to \infty} 2a_n} = \frac{a^2 + 1}{2a}.$$

Der Grenzwert a muss also die Gleichung $a = \frac{a^2+1}{2a}$ erfüllen, sodass $2a^2 = a^2 + 1$. Damit gilt $a^2 = 1$ und somit $a = 1$ oder $a = -1$. Da a aber der Grenzwert der Folge (a_n) sein soll und die Folgenglieder immer größer oder gleich Eins sind, kommt nur $a = 1$ in Frage.

> **Aufgabe A.3**
> Welche der Folgen (z_n) mit
>
> $$z_n = e^{ni}, \; z_n = i \arctan \frac{n^2}{n+1}, \; z_n = \left(\frac{\sqrt{2}}{4} + \frac{\sqrt{2}}{4} i \right)^n$$
>
> sind konvergent? Berechnen Sie gegebenenfalls den Grenzwert.

Lösung
Im Unterschied zu bisher behandelten Grenzwertaufgaben sind die Folgenglieder hier komplexe Zahlen. Doch das soll uns nicht weiter stören. Ist (z_n) eine Folge komplexer Zahlen, so konvergiert diese gegen $z \in \mathbb{C}$, falls die Folge der Beträge $|z_n - z|$ gegen Null geht. Das aber ist genau dann der Fall, wenn die Folge der Realteile von z_n gegen den Realteil von z und die Folge der Imaginärteile von z_n gegen den Imaginärteil von z konvergiert, kurz

$$\lim_{n \to \infty} z_n = \lim_{n \to \infty} \operatorname{Re} z_n + i \lim_{n \to \infty} \operatorname{Im} z_n.$$

---

[1]Der Satz von Bolzano-Weierstraß besagt, dass eine monotone und beschränkte Folge (a_n) reeller Zahlen konvergent ist. Monoton heißt eine Folge, wenn sie monoton wachsend oder monoton fallend ist.

Die Untersuchung komplexer Zahlenfolgen wird so auf die Untersuchung der reellen Folge der Realteile und der reellen Folge der Imaginärteile zurückgeführt. Für die erste Folge aus der Aufgabenstellung beobachten wir, dass

$$z_n = e^{ni} = \cos n + i \sin n\,.$$

Da bereits (a_n) mit $a_n = \cos n$ nicht konvergiert, konvergiert auch die Folge aus der Aufgabenstellung nicht. Ein Grenzwert kann nicht angegeben werden.

Für die zweite Folge beobachten wir, dass

$$\lim_{n \to \infty} \arctan \frac{n^2}{n+1} = \frac{\pi}{2}\,,$$

denn $\frac{n^2}{n+1}$ geht für $n \to \infty$ gegen ∞ (siehe auch Bild 1.1 auf Seite 39). Somit konvergiert auch die Reihe aus der Aufgabenstellung und besitzt den Grenzwert

$$\lim_{n \to \infty} z_n = \frac{\pi}{2} i\,.$$

Für die dritte Folge schreiben wir $\frac{\sqrt{2}}{4} + \frac{\sqrt{2}}{4} i$ zunächst in Eulerscher Form (siehe auch Abschnitt 3 und die Tabelle auf Seite 35). Es gilt

$$\frac{\sqrt{2}}{4} + \frac{\sqrt{2}}{4} i = \frac{1}{2} \left(\cos \frac{\pi}{4} + i \sin \frac{\pi}{4} \right) = \frac{1}{2} e^{\frac{\pi}{4} i}$$

und somit

$$z_n = \left(\frac{\sqrt{2}}{4} + \frac{\sqrt{2}}{4} i \right)^n = \frac{1}{2^n} e^{\frac{n\pi}{4} i} = \frac{1}{2^n} \left(\cos \frac{n\pi}{4} + i \sin \frac{n\pi}{4} \right).$$

Da Kosinus und Sinus beschränkt sind, folgt

$$\lim_{n \to \infty} z_n = \lim_{n \to \infty} \frac{1}{2^n} \cos \frac{n\pi}{4} + i \lim_{n \to \infty} \frac{1}{2^n} \sin \frac{n\pi}{4} = 0 + 0i = 0\,.$$

Aufgabe A.4

Bestimmen Sie alle $x \in \mathbb{R}$, die der Ungleichung

$$\frac{|x - 5|}{2 - x} > x \tag{A.6}$$

genügen, und geben Sie die Lösungsmenge in Intervallschreibweise an.

Lösung

Ungleichungen dieser Art löst man, indem beide Seiten mit dem Nenner, also mit $2 - x$, multipliziert werden. Dabei ist auf das Vorzeichen von $2 - x$ zu achten, denn die Multiplikation einer Ungleichung mit einer negativen Zahl kehrt die Ungleichung um.

Wir werden also die Fälle $x > 2$ und $x < 2$ unterscheiden müssen. Für $x = 2$ ist der Bruch auf der linken Seite von (A.6) nicht definiert und damit ist die Ungleichung nicht sinnvoll, daher kann $x = 2$ sofort aus der Lösungsmenge ausgeschlossen werden. Zudem müssen wir noch $|x - 5|$ auflösen. Auch das führt zu zwei Fällen, nämlich $x \geq 5$ und $x < 5$. Wir erhalten drei verschiedene Situationen:

$x \in (-\infty, 2)$:
Hier ist $2 - x$ positiv und $x - 5$ negativ.
$x \in (2, 5)$:
Hier ist $2 - x$ negativ und $x - 5$ negativ.
$x \in [5, \infty)$:
Hier ist $2 - x$ negativ und $x - 5$ nichtnegativ.

1. Fall $x \in (-\infty, 2)$: Wir können die Ungleichung mit $2 - x$ multiplizieren, ohne dass sich das Größerzeichen in (A.6) umkehrt, und erhalten

$$|x - 5| > x(2 - x).$$

Nun ist ja $x - 5$ negativ, also $|x - 5| = -(x - 5) = -x + 5$, und wir erhalten

$$-x + 5 > x(2 - x) = 2x - x^2.$$

Wir subtrahieren auf beiden Seiten $2x - x^2$,

$$x^2 - 3x + 5 > 0. \tag{A.7}$$

Das Polynom $p(x) = x^2 - 3x + 5$ hat keine reellen Nullstellen. Es nimmt stets positive Werte an, denn es gilt $p(x) = (x - \frac{3}{2})^2 + \frac{11}{4}$, siehe Bild A.1. Daher ist (A.7) immer erfüllt. Also gehören alle x aus dem Fall, den wir gerade betrachten, zur Lösungsmenge L,

$$(-\infty, 2) \subseteq L \tag{A.8}$$

2. Fall $x \in (2, 5)$: Wieder multiplizieren wir die Ungleichung mit $2 - x$, das Größerzeichen in (A.6) kehrt sich wegen $2 - x < 0$ jedoch um,

$$|x - 5| < x(2 - x).$$

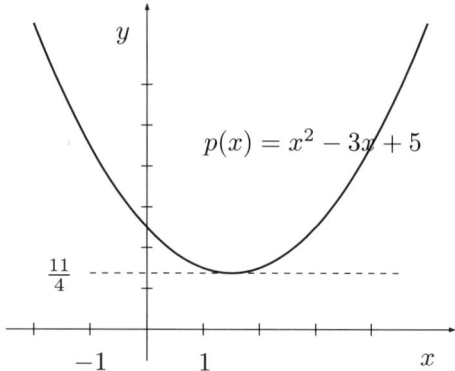

Bild A.1: Positivität des Polynoms $p(x) = x^2 - 3x + 5$

Wie im ersten Fall ist $x - 5$ negativ, also $|x - 5| = -x + 5$, und wir erhalten

$$-x + 5 < 2x - x^2.$$

Nun subtrahieren wir auf beiden Seiten $2x - x^2$,

$$x^2 - 3x + 5 < 0.$$

Da das Polynom $p(x) = x^2 - 3x + 5$ stets positive Werte annimmt, gehört kein x aus dem Fall, den wir gerade betrachten, zur Lösungsmenge.

3. Fall $x \in [5, \infty)$: Wir multiplizieren die Ungleichung mit $2-x$, das Größerzeichen in (A.6) kehrt sich um,

$$|x - 5| < x(2 - x).$$

Nun ist $x - 5$ nichtnegativ, also $|x - 5| = x - 5$, und wir erhalten

$$x - 5 < 2x - x^2.$$

Wiederum subtrahieren wir auf beiden Seiten $2x - x^2$,

$$x^2 - x - 5 < 0. \tag{A.9}$$

Das Polynom $p(x) = x^2 - x - 5$ hat die reellen Nullstellen

$$x_{1,2} = \frac{1}{2} \pm \sqrt{\frac{1}{4} + 5} = \frac{1}{2} \pm \frac{\sqrt{21}}{2}.$$

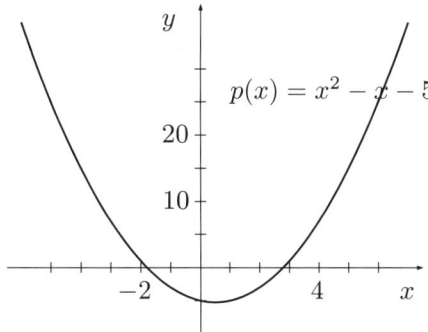

Bild A.2: Polynom $p(x) = x^2 - x - 5$

Der Graph dieses Polynoms ist eine nach oben geöffnete Parabel (die Öffnung nach oben folgt aus der Positivität des Koeffizienten vor x^2, welcher hier 1 ist), siehe Bild A.2. Die Ungleichung (A.9) wird daher von allen reellen Zahlen x mit

$$\frac{1}{2} - \frac{\sqrt{21}}{2} < x < \frac{1}{2} + \frac{\sqrt{21}}{2} \qquad (A.10)$$

erfüllt. Nun gilt $\frac{1}{2} + \frac{\sqrt{21}}{2} < \frac{1}{2} + \frac{5}{2} = 3$. Da wir uns aber in dem Fall $x \geq 5$ befinden, gehört kein x aus dem Fall, den wir gerade betrachten, zur Lösungsmenge.

Insgesamt erhalten wir die Lösungsmenge $L = (-\infty, 2)$.

Aufgabe A.5
Geben Sie alle Lösungen der Gleichung

$$z^4 + 2iz^2 = 2$$

in der Form $a + ib$ ($a, b \in \mathbb{R}$) an.

Lösung
Wie in Aufgabe 3.7 handelt es sich hier um eine biquadratische Gleichung, sodass wir $y = z^2$ setzen. Wir erhalten dann

$$y^2 + 2iy - 2 = 0 \, .$$

Um die Lösungen $y_{1,2}$ dieser quadratischen Gleichung zu bestimmen, wenden wir einfach die p-q-Formel an und stören uns dabei gar nicht an dem komplexen $p = 2\mathrm{i}$. Es gilt

$$y_{1,2} = -\mathrm{i} \pm \sqrt{\mathrm{i}^2 + 2} = -\mathrm{i} \pm \sqrt{-1 + 2} = \pm 1 - \mathrm{i}.$$

Wir müssen nun noch $z^2 = y_1$ sowie $z^2 = y_2$ lösen und bringen dazu $y_{1,2}$ in Eulersche Darstellung. Es ist

$$|y_{1,2}| = \sqrt{1+1} = \sqrt{2}, \quad \arg y_1 = 2\pi + \arctan\frac{-1}{1} = 2\pi - \frac{\pi}{4} = \frac{7\pi}{4},$$

$$\arg y_2 = \pi + \arctan\frac{-1}{-1} = \pi + \frac{\pi}{4} = \frac{5\pi}{4},$$

sodass

$$y_1 = \sqrt{2}\,\mathrm{e}^{\frac{7\pi}{4}\mathrm{i}}, \quad y_2 = \sqrt{2}\,\mathrm{e}^{\frac{5\pi}{4}\mathrm{i}}.$$

Zu dieser Darstellung gelangt man auch mit einer Skizze von $y_{1,2}$ in der komplexen Zahlenebene. Es folgt schließlich

$$z_1 = +\sqrt{y_1} = \sqrt[4]{2}\,\mathrm{e}^{\frac{7\pi}{8}\mathrm{i}} = \sqrt[4]{2}\left(\cos\frac{7\pi}{8} + \mathrm{i}\sin\frac{7\pi}{8}\right),$$

$$z_2 = -\sqrt{y_1} = -\sqrt[4]{2}\left(\cos\frac{7\pi}{8} + \mathrm{i}\sin\frac{7\pi}{8}\right),$$

$$z_3 = +\sqrt{y_2} = \sqrt[4]{2}\,\mathrm{e}^{\frac{5\pi}{8}\mathrm{i}} = \sqrt[4]{2}\left(\cos\frac{5\pi}{8} + \mathrm{i}\sin\frac{5\pi}{8}\right),$$

$$z_4 = -\sqrt{y_2} = -\sqrt[4]{2}\left(\cos\frac{5\pi}{8} + \mathrm{i}\sin\frac{5\pi}{8}\right).$$

Aufgabe A.6
Bestimmen Sie die Menge aller $x \in \mathbb{R}$, sodass

$$\sum_{k=0}^{\infty} \left(\frac{9^{k+1}}{2^{k+1}(3k+2)}\right)^{\frac{1}{2}} x^{k+1}$$

konvergiert.

Lösung

Diese Aufgabe ist dadurch erschwert, dass in der Notation der Reihe x^{k+1} statt wie sonst x^k auftritt. Mit einer Indexverschiebung können wir dieses Problem aber sofort beheben. Dabei ersetzen wir k durch $j-1$; die Reihe beginnt also mit $k=0$ bzw. $j=1$ und aus x^{k+1} wird x^j. Es gilt daher

$$\sum_{k=0}^{\infty} \left(\frac{9^{k+1}}{2^{k+1}(3k+2)} \right)^{\frac{1}{2}} x^{k+1} = \sum_{j=1}^{\infty} \left(\frac{9^j}{2^j(3(j-1)+2)} \right)^{\frac{1}{2}} x^j.$$

Wegen

$$\left| \frac{a_{j+1}}{a_j} \right| = \frac{\left(\frac{9^{j+1}}{2^{j+1}(3j+2)} \right)^{\frac{1}{2}}}{\left(\frac{9^j}{2^j(3(j-1)+2)} \right)^{\frac{1}{2}}} = \left(\frac{9^{j+1} \cdot 2^j \cdot (3(j-1)+2)}{9^j \cdot 2^{j+1} \cdot (3j+2)} \right)^{\frac{1}{2}}$$

$$= \left(\frac{9(3j-1)}{2(3j+2)} \right)^{\frac{1}{2}} = \left(\frac{9\left(1-\frac{1}{3j}\right)}{2\left(1+\frac{2}{3j}\right)} \right)^{\frac{1}{2}}$$

finden wir für den Konvergenzradius

$$R = \frac{1}{\lim\limits_{j \to \infty} \left| \frac{a_{j+1}}{a_j} \right|} = \frac{1}{\left(\frac{9}{2} \right)^{\frac{1}{2}}} = \frac{\sqrt{2}}{3}.$$

Die Reihe mit dem Entwicklungspunkt $x_0 = 0$ konvergiert somit für alle $x \in \left(-\frac{\sqrt{2}}{3}, \frac{\sqrt{2}}{3} \right)$, nicht aber, wenn $|x| > \frac{\sqrt{2}}{3}$.

Im Randpunkt $x = \frac{\sqrt{2}}{3}$ gilt

$$\sum_{j=1}^{\infty} \left(\frac{9^j}{2^j(3(j-1)+2)} \right)^{\frac{1}{2}} \left(\frac{\sqrt{2}}{3} \right)^j = \sum_{j=1}^{\infty} \left(\frac{9^j}{2^j(3(j-1)+2)} \cdot \frac{2^j}{9^j} \right)^{\frac{1}{2}}$$

$$= \sum_{j=1}^{\infty} \frac{1}{\sqrt{3j-1}}.$$

Für $j = 1, 2, \ldots$ gilt $3j - 1 \geq 2$ und somit $\sqrt{3j-1} \leq 3j - 1 \leq 3j$. Da aber die Reihe $\sum_{j=1}^{\infty} \frac{1}{3j}$, die bis auf den Faktor $\frac{1}{3}$ die harmonische Reihe ist, nicht konvergent ist, ist nach dem Minorantenkriterium auch die Potenzreihe aus der Aufgabenstellung im Randpunkt $x = \frac{\sqrt{2}}{3}$ nicht konvergent (vgl. auch Aufgabe 2.4). Kommen wir zum Randpunkt $x = -\frac{\sqrt{2}}{3}$. Es gilt

$$\sum_{j=1}^{\infty} \left(\frac{9^j}{2^j(3(j-1)+2)} \right)^{\frac{1}{2}} \left(-\frac{\sqrt{2}}{3} \right)^j = \sum_{j=1}^{\infty} \frac{(-1)^j}{\sqrt{3j-1}}.$$

Da die Reihenglieder alternierendes Vorzeichen haben, konvergiert die Reihe nach dem Leibnizkriterium (siehe Aufgabe 2.5), falls die Beträge der Reihenglieder eine monoton fallende Nullfolge bilden. Das ist vorliegend der Fall, denn es gilt für $j = 1, 2, \ldots$

$$\frac{1}{\sqrt{3(j+1)-1}} \leq \frac{1}{\sqrt{3j-1}},$$

da auf der linken Seite durch eine größere Zahl als auf der rechten Seite dividiert wird. Außerdem ist

$$\lim_{j \to \infty} \frac{1}{\sqrt{3j-1}} = 0.$$

Nach alledem konvergiert die Potenzreihe aus der Aufgabenstellung genau für alle $x \in \left[-\frac{\sqrt{2}}{3}, \frac{\sqrt{2}}{3} \right)$.

Aufgabe A.7
Bestimmen Sie den Konvergenzradius der beiden Potenzreihen

$$\sum_{k=0}^{\infty} \frac{(-1)^k}{(2k+1)!} z^k, \quad \sum_{k=0}^{\infty} \mathrm{i}^k (z+\mathrm{i})^k, \quad z \in \mathbb{C}.$$

Lösung
Die erste Reihe wurde schon in Aufgabe 2.8 behandelt. Dort allerdings für $x \in \mathbb{R}$ statt, wie hier, für $z \in \mathbb{C}$. Die Formel für den Konvergenzradius ist auch für Potenzreihen in $\mathbb{C}$ gültig. Man erhält daher wie in Aufgabe 2.8 für den Konvergenzradius $R = \infty$, sodass die Reihe für alle $z \in \mathbb{C}$ konvergiert.

Für die zweite Reihe beobachten wir, dass

$$\left| \frac{\mathrm{i}^{k+1}}{\mathrm{i}^k} \right| = |\mathrm{i}| = 1,$$

sodass $R = 1$. Also konvergiert die Reihe zumindest für alle $z \in \mathbb{C}$ mit $|z + \mathrm{i}| < 1$.

Aufgabe A.8
Gegeben sei die Potenzreihe $\sum_{k=1}^{\infty} a_k (x + 1)^k$ ($x, a_k \in \mathbb{R}$ für $k = 1, 2, \dots$). Es sei bekannt, dass diese in $x = -3$ nicht konvergiert, wohl aber in $x = 1$. Bestimmen Sie den Konvergenzradius und untersuchen Sie die Potenzreihe auf Konvergenz in $x = -2$ und $x = 2$.

Lösung
Zunächst halten wir fest, dass die vorgelegte Potenzreihe den Entwicklungspunkt $x_0 = -1$ hat. Sei R der zu bestimmende Konvergenzradius. Dann wissen wir, dass die Potenzreihe für alle $x \in \mathbb{R}$ mit $|x - x_0| = |x + 1| < R$ konvergiert, dagegen für kein $x \in \mathbb{R}$ mit $|x - x_0| = |x + 1| > R$ konvergiert. In den beiden Randpunkten $x = x_0 + R = 1 + R$ und $x = x_0 - R = 1 - R$ kann die Potenzreihe entweder konvergieren oder nicht konvergieren.

Da die Potenzreihe in $x = -3$ nicht konvergiert, muss

$$|-3 + x_0| = |-3 + 1| = 2 \geq R$$

gelten. Da sie in $x = 1$ konvergiert, gilt zugleich

$$|1 + x_0| = |1 + 1| = 2 \leq R.$$

Der Konvergenzradius ist folglich $R = 2$.

In $x = -2$ liegt wegen

$$|-2 - x_0| = |-2 + 1| = 1 < 2 = R$$

Konvergenz vor; in $x = 2$ dagegen liegt wegen

$$|2 - x_0| = |2 + 1| = 3 > 2 = R$$

keine Konvergenz vor.

Aufgabe A.9
Geben Sie ein Polynom dritten Grades an, welches eine Nullstelle bei $x = 0$ und ein lokales Maximum bei $x = 1$ besitzt.

Lösung

Wir erinnern uns daran, dass jedes Polynom dritten Grades in der Form

$$p(x) = a + bx + cx^2 + dx^3$$

geschrieben werden kann, wobei $a, b, c, d \in \mathbb{R}$ noch zu bestimmende Koeffizienten sind. Damit p bei $x = 0$ eine Nullstelle hat, ist

$$p(0) = a + b \cdot 0 + c \cdot 0 + d \cdot 0 = a = 0 \qquad (A.11)$$

zu fordern. Um zu sichern, dass p bei $x = 1$ ein lokales Maximum besitzt, sind die Ableitungen

$$p'(x) = b + 2cx + 3dx^2 \, , \ p''(x) = 2c + 6dx$$

zu untersuchen. Ein lokales Maximum an der Stelle $x = 1$ liegt vor, falls

$$p'(1) = b + 2c + 3d = 0 \quad \text{sowie} \quad p''(1) = 2c + 6d < 0 \qquad (A.12)$$

gilt, siehe auch Bild A.3. Mit (A.11) und (A.12) sind die Bedingungen aus

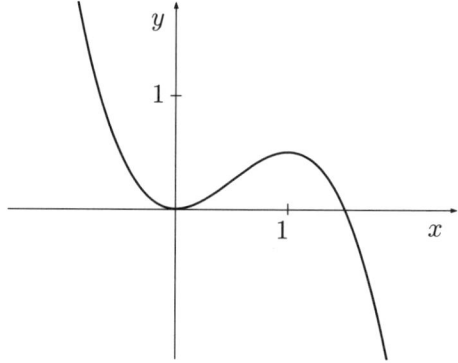

Bild A.3: Polynom dritten Grades mit Nullstelle bei $x = 0$ und lokalem Maximum bei $x = 1$

der Aufgabenstellung in Formeln umgesetzt. Die Lösung der Aufgabe ist nicht eindeutig bestimmt, denn wir können insbesondere c frei wählen und zu jedem $c \in \mathbb{R}$ Koeffizienten $b, d \in \mathbb{R}$ bestimmen, die (A.12) genügen. Wir können zum Beispiel $b = 0$, $c = 3$ und $d = -2$ wählen und erhalten

$$p(x) = 3x^2 - 2x^3 \, .$$

Eine andere Wahl ist $b = 3$, $c = 6$ und $d = -3$, sodass

$$p(x) = 3x + 6x^2 - 3x^3 \, .$$

Aufgabe A.10
Sei $f : \mathbb{R} \to \mathbb{R}$ eine stetige Funktion und gelte

$$\int_{-1}^{1} f(x)\, dx = 0. \qquad\qquad (A.13)$$

Ist f dann eine ungerade Funktion?

Lösung
Zwar ist es richtig, dass für ungerade Funktionen die Beziehung (A.13) gilt. Die Umkehrung jedoch ist nicht richtig, wie das Beispiel $f(x) = \cos(2\pi x)$ zeigt. Denn es ist

$$\int_{-1}^{1} \cos(2\pi x)\, dx = \frac{1}{2\pi} \sin(2\pi x)\Big|_{-1}^{1} = 0,$$

obgleich $f(x) = \cos(2\pi x)$ eine gerade Funktion ist.

Aufgabe A.11
Bestimmen Sie das Integral

$$\int_{1}^{\infty} \frac{1 + \ln x}{x^x}\, dx.$$

Lösung
Wir gehen wie in Aufgabe 9.1 vor und berechnen zuerst

$$\int_{1}^{A} \frac{1 + \ln x}{x^x}\, dx.$$

Wir benutzen hier, dass $x^x = \left(e^{\ln x}\right)^x = e^{x \ln x}$ gilt. Die Substitution $t = x \ln x$ führt zu $dt = (x \ln x)'dx = (\ln x + x \cdot \frac{1}{x})dx = (1 + \ln x)dx$ und wegen $1 \cdot \ln 1 = 0$

$$\int_{1}^{A} \frac{1 + \ln x}{x^x}\, dx = \int_{1}^{A} \frac{1 + \ln x}{e^{x \ln x}}\, dx = \int_{0}^{A \ln A} \frac{1}{e^t}\, dt = \int_{0}^{A \ln A} e^{-t} dt$$

$$= -e^{-t}\Big|_{0}^{A \ln A} = -\left(e^{-A \ln A} - e^{-0}\right) = -\frac{1}{A^A} + 1.$$

Die Grenzwertbetrachtung liefert schließlich

$$\int_1^\infty \frac{1 + \ln x}{x^x}\,\mathrm{d}x = \lim_{A \to \infty} \left(1 - \frac{1}{A^A} \right) = 1,$$

denn für $A \to \infty$ gilt erst recht $A^A \to \infty$ und somit $\frac{1}{A^A} \to 0$.

Aufgabe A.12

Im $\mathbb{R}^2$ erklärt die Gleichung

$$37x^2 + 13y^2 + 18xy = 40 \tag{A.14}$$

eine Kurve. Bestimmen Sie eine symmetrische Matrix $\boldsymbol{A}$, sodass (A.14) äquivalent zur Gleichung

$$\begin{pmatrix} x & y \end{pmatrix} \cdot \boldsymbol{A} \cdot \begin{pmatrix} x \\ y \end{pmatrix} = 40 \tag{A.15}$$

ist, und dann eine Orthonormalbasis aus Eigenvektoren der Matrix $\boldsymbol{A}$ und den Typ der Kurve.

Lösung

Da in Gleichung (A.15) die Matrix $\boldsymbol{A}$ Vektoren mit zwei Einträgen auf Vektoren mit zwei Einträgen abbilden muss, ist $\boldsymbol{A}$ eine 2×2-Matrix. Da $\boldsymbol{A}$ symmetrisch sein soll, muss zudem $\boldsymbol{A}^\mathsf{T} = \boldsymbol{A}$ gelten, also

$$\boldsymbol{A} = \begin{pmatrix} a & b \\ b & c \end{pmatrix} \text{ mit } \begin{pmatrix} x & y \end{pmatrix} \cdot \begin{pmatrix} a & b \\ b & c \end{pmatrix} \cdot \begin{pmatrix} x \\ y \end{pmatrix} = 40.$$

Nach Ausmultiplizieren erhalten wir

$$\begin{pmatrix} x & y \end{pmatrix} \cdot \boldsymbol{A} \cdot \begin{pmatrix} x \\ y \end{pmatrix} = \begin{pmatrix} x & y \end{pmatrix} \cdot \begin{pmatrix} ax + by \\ bx + cy \end{pmatrix} = ax^2 + 2bxy + cy^2.$$

Ein Vergleich mit Gleichung (A.14) liefert sofort $a = 37$, $d = 13$ und $2b = 18$, also

$$\boldsymbol{A} = \begin{pmatrix} 37 & 9 \\ 9 & 13 \end{pmatrix}.$$

Kommen wir zu den Eigenwerten von $\boldsymbol{A}$. Die Nullstellen des charakteristischen Polynoms bestimmen sich aus

$$0 = \det(\boldsymbol{A} - \lambda \boldsymbol{I}) = \det \begin{pmatrix} 37 - \lambda & 9 \\ 9 & 13 - \lambda \end{pmatrix}$$

$$= (37 - \lambda)(13 - \lambda) - 81 = \lambda^2 - 50\lambda + 400$$

und wir erhalten

$$\lambda_{1,2} = 25 \pm \sqrt{625 - 400} = 25 \pm 15, \quad \text{also } \lambda_1 = 10 \text{ und } \lambda_2 = 40.$$

Bestimmen wir nun die Eigenvektoren von $\boldsymbol{A}$ zum Eigenwert 10. Es sind dies die Lösungen des linearen Gleichungssystems

$$\begin{pmatrix} 37 - 10 & 9 \\ 9 & 13 - 10 \end{pmatrix} \begin{pmatrix} x_1 \\ x_2 \end{pmatrix} = \begin{pmatrix} 27 & 9 \\ 9 & 3 \end{pmatrix} \begin{pmatrix} x_1 \\ x_2 \end{pmatrix} = 0.$$

Offenbar ist die erste Gleichung das Dreifache der zweiten. Es genügt daher, die erste zu lösen. Wir können $x_2 = t$, $t \in \mathbb{R}$, frei wählen. Die erste Gleichung ergibt dann $27x_1 + 9t = 0$, also $x_1 = -\frac{1}{3}t$. Die Eigenvektoren zum Eigenwert 10 lauten daher $\left(-\frac{t}{3}, t\right)$ $(t \in \mathbb{R} \setminus \{0\})$.

Bestimmen wir nun die Eigenvektoren von $\boldsymbol{A}$ zum Eigenwert 40. Es sind dies die Lösungen des linearen Gleichungssystems

$$\begin{pmatrix} 37 - 40 & 9 \\ 9 & 13 - 40 \end{pmatrix} \begin{pmatrix} x_1 \\ x_2 \end{pmatrix} = \begin{pmatrix} -3 & 9 \\ 9 & -27 \end{pmatrix} \begin{pmatrix} x_1 \\ x_2 \end{pmatrix} = 0.$$

Wiederum können wir $x_2 = t$, $t \in \mathbb{R}$, frei wählen. Die erste Gleichung ergibt dann $-3x_1 + 9t = 0$, also $x_1 = 3t$. Als Eigenvektoren zum Eigenwert 40 erhalten wir daher $(3t, t)^{\mathsf{T}}$ $(t \in \mathbb{R} \setminus \{0\})$.

Wir wählen jeweils $t = 1$ und betrachten die beiden Eigenvektoren $\left(-\frac{1}{3}, 1\right)^{\mathsf{T}}$ und $(3, 1)^{\mathsf{T}}$. Diese sind orthogonal zueinander, denn

$$\begin{pmatrix} -\frac{1}{3} & 1 \end{pmatrix} \cdot \begin{pmatrix} 3 \\ 1 \end{pmatrix} = -\frac{1}{3} \cdot 3 + 1 \cdot 1 = 0,$$

was bei Eigenvektoren zu verschiedenen Eigenwerten symmetrischer Matrizen stets der Fall ist (vgl. Aufgabe 13.6). Um die beiden Vektoren auf die Länge Eins zu bringen, bestimmen wir ihren Betrag,

$$\left| \left(-\frac{1}{3}, 1\right)^{\mathsf{T}} \right| = \sqrt{\frac{1}{9} + 1} = \frac{\sqrt{10}}{3}, \quad \left| (3, 1)^{\mathsf{T}} \right| = \sqrt{9 + 1} = \sqrt{10}.$$

Die beiden Vektoren $\frac{1}{\sqrt{10}}(-1,3)^{\mathsf{T}}$ und $\frac{1}{\sqrt{10}}(3,1)^{\mathsf{T}}$ bilden daher eine Ortho-normalbasis aus Eigenvektoren. Aus der Analytischen Geometrie ist be-kannt, dass eine Kurve, die durch eine positiv definite *quadratische Form* (Quadrik) beschrieben wird, eine Ellipse ist. Die Matrix $\boldsymbol{A}$ aber ist symme-trisch und hat zwei positive Eigenwerte; sie ist also positiv definit. Damit ist auch die durch $\boldsymbol{A}$ definierte quadratische Form positiv definit und die Kurve aus der Aufgabenstellung ist eine Ellipse, siehe Bild A.4. Führen

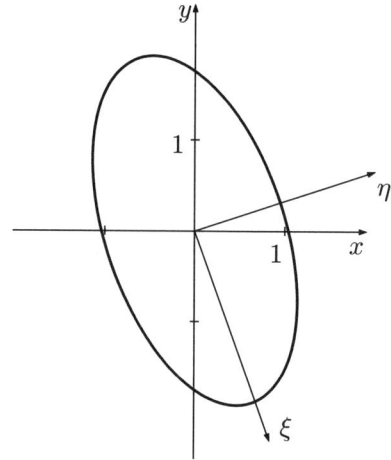

Bild A.4: Ellipse $37x^2 + 13y^2 + 18xy = 40$ aus Aufgabe A.12

wir neue Koordinaten ξ und η ein, sodass die Koordinatenachsen in Rich-tung der Eigenvektoren zeigen, dann genügt die Kurve in diesem neuen Koordinatensystem der Gleichung

$$10\xi^2 + 40\eta^2 = 40 \quad \text{bzw.} \quad \left(\frac{\xi}{2}\right)^2 + \eta^2 = 1 \,,$$

wobei die Koeffizienten in der ersten Gleichung gerade die Eigenwerte sind. Die Kurve ist daher eine Ellipse mit Halbachsen der Länge 2 und 1.

Erste Beispielklausur

Die Klausur ist mit 30 von 60 Punkten bestanden. Zur Bearbeitung stehen 90 Minuten zur Verfügung.

Aufgaben

Aufgabe B.1 (6 Punkte)

Geben Sie den maximalen Definitionsbereich $D \subset \mathbb{R}$ für eine Funktion $f : D \to \mathbb{R}$ mit der Zuordnungsvorschrift $f(x) = \sqrt{2 - \frac{x+2}{2-x}}$ an.

Aufgabe B.2 (4 Punkte)

Bestimmen Sie alle Lösungen $z \in \mathbb{C}$ der Gleichung

$$(z^2 - 2\mathrm{i}z - 1) \cdot \left(\frac{1}{\mathrm{i}} + \bar{z}\right) = 0.$$

Geben Sie die Lösungen in der Form $a + \mathrm{i}b$ an.

Aufgabe B.3 (6 Punkte)

Die Funktion f sei eine Lösung der Differentialgleichung

$$f'(x) = x - \ln f(x) \quad \text{mit} \quad f(0) = 1. \tag{B.1}$$

Bestimmen Sie zu f das Taylorpolynom dritten Grades mit dem Entwicklungspunkt $x_0 = 0$.

Aufgabe B.4 (6 Punkte)

Bestimmen Sie alle lokalen und globalen Maxima und Minima der Funktion $f : \mathbb{R} \setminus \{1\} \to \mathbb{R}$ mit $f(x) = x - \ln|x - 1|$.

Aufgabe B.5 (9 Punkte)

Berechnen Sie die Integrale

$$\int_0^1 \frac{1}{4 - x^2} \, \mathrm{d}x \quad \text{und} \quad \int_0^{\frac{\pi}{4}} \frac{x}{\cos^2 x} \, \mathrm{d}x \, .$$

Aufgabe B.6   (8 Punkte)
Gegeben seien die beiden Potenzreihen

$$\sum_{k=1}^{\infty} \frac{(-1)^k}{k \cdot 3^k} (x-2)^k \quad (x \in \mathbb{R}), \quad \sum_{k=1}^{\infty} \left(\frac{1-\mathrm{i}}{2}\right)^k (z+\mathrm{i})^k \quad (z \in \mathbb{C}).$$

Bestimmen Sie jeweils den Konvergenzradius. Untersuchen Sie für die erste Potenzreihe auch das Konvergenzverhalten in den Randpunkten des Konvergenzintervalls und für die zweite auch die Konvergenz im Punkte $z = \mathrm{i}$.

Aufgabe B.7   (7 Punkte)
Ist die Funktion $f : [0, \infty) \to \mathbb{R}$ mit

$$f(x) = \begin{cases} \frac{\sqrt{x}-1}{x-1}, & \text{falls } x \neq 1, \\ \frac{1}{2}, & \text{falls } x = 1, \end{cases}$$

in $x = 1$ differenzierbar? Bestimmen Sie gegebenenfalls $f'(1)$.

Aufgabe B.8   (9 Punkte)
Welche der folgenden uneigentlichen Integrale existieren und welche nicht?
(Die Werte der Integrale sind nicht zu berechnen.)

$$\text{a)} \int_1^{\infty} x \sin \frac{1}{x} \, \mathrm{d}x, \qquad \text{b)} \int_1^{\infty} \frac{1}{x^2 + \sqrt{x}} \, \mathrm{d}x, \qquad \text{c)} \int_0^1 \frac{1}{x \sin x} \, \mathrm{d}x.$$

Aufgabe B.9   (5 Punkte)
Gegeben sei das trigonometrische Polynom

$$f(x) = \frac{1}{2} - \frac{1}{3} \cos x + \frac{1}{4} \sin x - \frac{1}{5} \cos(2x) + \frac{1}{6} \sin(2x).$$

Welchen Wert hat das Integral

$$\int_0^{2\pi} f(x) \cos x \, \mathrm{d}x \, ?$$

Lösungen

Lösung zu Aufgabe B.1 (vgl. Aufgabe 4.1)

Zu überlegen ist, für welche $x \in \mathbb{R}$ die Zuordnungsvorschrift überhaupt definiert werden kann und reelle Zahlen liefert. Das ist hier genau dann der Fall, wenn $x \neq 2$ und

$$2 - \frac{x+2}{2-x} \geq 0. \tag{B.2}$$

Um diese Ungleichung aufzulösen, sind zwei Fälle zu unterscheiden.

1. Fall $2 - x > 0$: Wir multiplizieren (B.2) mit $2 - x$ und erhalten

$$2(2-x) - (x+2) = 4 - 2x - x - 2 = 2 - 3x \geq 0, \quad \text{also} \quad x \leq \frac{2}{3}.$$

Da dies für alle x aus diesem Fall erfüllt ist, gehört $\left(-\infty, \frac{2}{3}\right]$ zum maximalen Definitionsbereich.

2. Fall $2 - x < 0$: Wieder multiplizieren wir (B.2) mit $2 - x$, wobei sich diesmal aber die Ungleichung umkehrt. Wir erhalten

$$2(2-x) - (x+2) = 2 - 3x \leq 0, \quad \text{also} \quad x \geq \frac{2}{3}.$$

Andererseits gehören nur alle x mit $x > 2$ zu diesem Fall. Folglich gehört $(2, \infty)$ zum maximalen Definitionsbereich.

Der maximale Definitionsbereich lautet daher $D = \left(-\infty, \frac{2}{3}\right] \cup (2, \infty)$.

Lösung zu Aufgabe B.2 (vgl. Abschnitt 3)

Ein Produkt ist gleich Null, wenn mindestens einer der Faktoren gleich Null ist. Eine der Lösungen ist somit dadurch gegeben, dass gilt

$$\overline{z} = -\frac{1}{i} = -\frac{i}{i \cdot i} = -\frac{i}{-1} = i.$$

Das ist genau dann der Fall, wenn $z = -i$. Die weiteren Lösungen erhalten wir aus der Beziehung

$$z^2 - 2iz - 1 = 0.$$

Die Lösungen dieser quadratischen Gleichung lauten nach der p-q-Formel

$$z_{1,2} = i \pm \sqrt{i^2 + 1} = i \pm 0 = i;$$

Also ist i eine doppelte Nullstelle.

Lösung zu Aufgabe B.3   (vgl. Aufgabe 6.5)

Für die Lösung benötigen wir die Ableitungen von f bis zur Ordnung drei an der Stelle $x_0 = 0$. Aus (B.1) erhalten wir durch nochmaliges Ableiten

$$f''(x) = 1 - \frac{f'(x)}{f(x)}, \quad f'''(x) = -\frac{f''(x)f(x) - f'(x)^2}{f(x)^2}$$

und somit

$$f(0) = 1, \quad f'(0) = 0 - \ln 1 = 0, \quad f''(0) = 1 - \frac{0}{1} = 1,$$

$$f'''(0) = -\frac{1 \cdot 1 - 0^2}{1^2} = -1.$$

Das gesuchte Taylorpolynom, siehe Formel (6.1), ergibt sich nun zu

$$T_3(x) = f(0) + f'(0)\,x + \frac{f''(0)}{2}\,x^2 + \frac{f'''(0)}{6}\,x^3 = 1 + \frac{1}{2}\,x^2 - \frac{1}{6}\,x^3.$$

Lösung zu Aufgabe B.4   (vgl. Abschnitt 5)

Wir bestimmen zunächst die Nullstellen der ersten Ableitung und setzen diese in die zweite Ableitung ein. Es gilt für alle $x \in \mathbb{R} \setminus \{1\}$

$$f'(x) = 1 - \frac{1}{x-1}, \quad f''(x) = \frac{1}{(x-1)^2}.$$

Die erste Ableitung verschwindet genau dann, wenn $x - 1 = 1$, also $x = 2$ gilt. Da $f''(2) > 0$, liegt in $x = 2$ ein lokales Minimum mit dem Wert $f(2) = 2 - \ln|2 - 1| = 2 - \ln 1 = 2$ vor.

Wir untersuchen nun den Rand des Definitionsbereiches. Es gilt

$$\lim_{x \to \infty} f(x) = \infty,$$

denn x wächst schneller als $\ln|x - 1|$. Aus demselben Grund gilt

$$\lim_{x \to -\infty} f(x) = -\infty.$$

Die Untersuchung des links- und rechtsseitigen Grenzwertes in $x = 1$ können wir uns ersparen, denn schon jetzt ist zu erkennen, dass die Funktion nach oben und unten unbeschränkt ist und somit kein globales Extremum besitzt.

Lösung zu Aufgabe B.5 (vgl. Abschnitt 7 und 8)
Für das erste Integral verwenden wir eine Partialbruchzerlegung. Wegen $4 - x^2 = (2 + x)(2 - x)$ lautet der Ansatz

$$\frac{1}{4 - x^2} = \frac{A}{2 + x} + \frac{B}{2 - x}.$$

Multiplikation mit $(2 + x)(2 - x)$ führt auf

$$1 = A(2 - x) + B(2 + x) = (B - A)x + 2(A + B),$$

und wir erhalten $B - A = 0$ sowie $2(A + B) = 1$. Daher gilt $A = B$ sowie $4A = 1$ und somit $A = B = \frac{1}{4}$. Als Partialbruchzerlegung ergibt sich

$$\frac{1}{4 - x^2} = \frac{1}{4}\left(\frac{1}{2 + x} + \frac{1}{2 - x}\right),$$

und es folgt

$$\int_0^1 \frac{1}{4 - x^2}\,\mathrm{d}x = \frac{1}{4}\int_0^1 \left(\frac{1}{2 + x} + \frac{1}{2 - x}\right)\mathrm{d}x$$

$$= \frac{1}{4}\left(\ln|2 + x| - \ln|2 - x|\right)\bigg|_0^1$$

$$= \frac{1}{4}\left(\ln 3 - \ln 2 - \ln 1 + \ln 2\right) = \frac{1}{4}\ln 3\,.$$

Das zweite Integral wird mit Hilfe partieller Integration und Substitution berechnet. Wir beginnen mit der Regel der partiellen Integration. Dazu setzen wir $u(x) = x$ und $v'(x) = \frac{1}{\cos^2 x}$. Dann gilt $u'(x) = 1$ und $v(x) = \tan x$. Wir erhalten

$$\int_0^{\frac{\pi}{4}} \frac{x}{\cos^2 x}\,\mathrm{d}x = x\tan x\bigg|_0^{\frac{\pi}{4}} - \int_0^{\frac{\pi}{4}} \tan x\,\mathrm{d}x = \frac{\pi}{4}\tan\frac{\pi}{4} - \int_0^{\frac{\pi}{4}} \frac{\sin x}{\cos x}\,\mathrm{d}x.$$

Zur Bestimmung des verbleibenden Integrals benutzen wir die Substitution $t = \cos x$ und erhalten $\mathrm{d}t = -\sin x\,\mathrm{d}x$. Nun durchläuft x das Intervall $[0, \frac{\pi}{4}]$. Daher durchläuft t das Intervall $[1, \cos\frac{\pi}{4}] = [1, \frac{\sqrt{2}}{2}]$. Es folgt

$$-\int_0^{\frac{\pi}{4}} \frac{\sin x}{\cos x}\,\mathrm{d}x = \int_1^{\frac{\sqrt{2}}{2}} \frac{1}{t}\,\mathrm{d}t = \ln t\bigg|_1^{\frac{\sqrt{2}}{2}} = \ln\frac{\sqrt{2}}{2} - \ln 1 = \ln\frac{\sqrt{2}}{2}\,.$$

Zusammen ergibt sich wegen $\tan\frac{\pi}{4} = 1$

$$\int_0^{\frac{\pi}{4}} \frac{x}{\cos^2 x}\, \mathrm{d}x = \frac{\pi}{4} + \ln\frac{\sqrt{2}}{2}.$$

Lösung zu Aufgabe B.6   (vgl. Abschnitt 2 und Aufgabe A.7)
Wegen

$$\left|\frac{a_{k+1}}{a_k}\right| = \left|\frac{(-1)^{k+1}k\cdot 3^k}{(-1)^k(k+1)\cdot 3^{k+1}}\right| = \frac{k}{3(k+1)} = \frac{1}{3\left(1+\frac{1}{k}\right)}$$

erhalten wir für den Konvergenzradius der ersten Potenzreihe

$$R = \frac{1}{\lim\limits_{k\to\infty}\left|\frac{a_{k+1}}{a_k}\right|} = \frac{1}{\frac{1}{3}} = 3.$$

Die Potenzreihe mit dem Entwicklungspunkt $x_0 = 2$ konvergiert somit zumindest im Intervall $(-1,5)$. Für den Randpunkt $x = -1$ erhalten wir die Reihe

$$\sum_{k=1}^{\infty} \frac{(-1)^k}{k\cdot 3^k}\cdot(-3)^k = \sum_{k=1}^{\infty}\frac{1}{k}.$$

Das ist die harmonische Reihe, die nicht konvergent ist. Im Randpunkt $x = 5$ erhalten wir dagegen die Reihe

$$\sum_{k=1}^{\infty} \frac{(-1)^k}{k\cdot 3^k}\cdot(3)^k = \sum_{k=1}^{\infty}\frac{(-1)^k}{k}.$$

Bis aufs Vorzeichen ist das die alternierende harmonische Reihe, die konvergent ist. Somit konvergiert die erste Potenzreihe aus der Aufgabenstellung auch in $x = 5$ und also genau dann, wenn $x \in (1,5]$.

Kommen wir nun zur zweiten Potenzreihe. Für den Konvergenzradius gilt

$$R = \frac{1}{\lim\limits_{k\to\infty}\left|\left(\frac{1-\mathrm{i}}{2}\right)^{k+1}\cdot\left(\frac{2}{1-\mathrm{i}}\right)^k\right|} = \frac{1}{\left|\frac{1-\mathrm{i}}{2}\right|} = \left|\frac{2}{1-\mathrm{i}}\right|.$$

Wegen $|1-\mathrm{i}| = \sqrt{2}$ erhalten wir

$$R = \left|\frac{2}{1-\mathrm{i}}\right| = \frac{2}{\sqrt{2}} = \sqrt{2}.$$

Die Potenzreihe mit dem Entwicklungspunkt $z_0 = -i$ konvergiert also zumindest für alle $z \in \mathbb{C}$ mit $|z + i| < \sqrt{2}$, nicht aber, wenn $|z + i| > \sqrt{2}$. In $z = i$ konvergiert die Potenzreihe nicht, denn $z = i$ liegt außerhalb des Konvergenzkreises, da $|i + i| = |2i| = 2 > \sqrt{2}$.

Lösung zu Aufgabe B.7   (vgl. Aufgabe 5.2 und Abschnitt 1)

Die Differenzierbarkeit von f an der Stelle 1 prüfen wir nach, indem wir untersuchen, ob der Grenzwert

$$\lim_{x \to 1} \frac{f(x) - f(1)}{x - 1} = \lim_{x \to 1} \frac{\frac{\sqrt{x}-1}{x-1} - \frac{1}{2}}{x - 1} = \lim_{x \to 1} \frac{\frac{2\sqrt{x}-2-(x-1)}{2(x-1)}}{x - 1}$$

$$= \lim_{x \to 1} \frac{2\sqrt{x} - 1 - x}{2(x - 1)^2}$$

existiert. Da sowohl Zähler als auch Nenner für $x \to 1$ gegen Null gehen, können wir die Regel von l'Hospital anwenden. Wir erhalten nach einem weiteren Anwenden der Regel von l'Hospital

$$\lim_{x \to 1} \frac{f(x) - f(1)}{x - 1} = \lim_{x \to 1} \frac{\frac{1}{\sqrt{x}} - 1}{4(x - 1)} = \lim_{x \to 1} \frac{-\frac{1}{2}x^{-\frac{3}{2}}}{4} = -\frac{1}{8}.$$

Da der Grenzwert existiert, ist die Funktion f in 1 differenzierbar, und es gilt $f'(1) = -\frac{1}{8}$.

Lösung zu Aufgabe B.8   (vgl. Aufgabe 9.2 und 9.6)

a) Wir schätzen den Integranden so ab, dass wir ein uneigentliches Integral erhalten, von dem wir bereits wissen, ob es existiert oder nicht. Hierzu müssen wir zunächst das Verhalten des Integranden für große Argumente kennen. Mit der Regel von l'Hospital folgt

$$\lim_{x \to \infty} \left(x \sin \frac{1}{x} \right) = \lim_{x \to \infty} \frac{\sin \frac{1}{x}}{\frac{1}{x}} = \lim_{h \to 0+} \frac{\sin h}{h} = \lim_{h \to 0+} \frac{\cos h}{1} = 1.$$

Da $x \sin \frac{1}{x}$ für $x \to \infty$ gegen 1 geht, gibt es sicher eine Zahl $a > 1$, sodass für alle $x > a$

$$x \sin \frac{1}{x} \geq \frac{1}{2} \tag{B.3}$$

gilt. Dies legt nun nahe, das Integral aus der Aufgabenstellung zunächst zu zerlegen,

$$\int_1^\infty x \sin \frac{1}{x}\, \mathrm{d}x = \int_1^a x \sin \frac{1}{x}\, \mathrm{d}x + \int_a^\infty x \sin \frac{1}{x}\, \mathrm{d}x\,.$$

Das erste Integral auf der rechten Seite existiert. Für das zweite Integral auf der rechten Seite benutzen wir die Abschätzung (B.3). Da das uneigentliche Integral

$$\int_a^\infty \frac{1}{2}\,dx = \lim_{A\to\infty} \int_a^A \frac{1}{2}\,dx = \lim_{A\to\infty} \frac{1}{2}(A - a)$$

nicht existiert, existiert nach dem Minorantenkriterium auch $\int_a^\infty x\sin\frac{1}{x}\,dx$ und somit das Integral aus der Aufgabenstellung nicht.

b) Wir werden den nichtnegativen Integranden nach oben abschätzen und so ein uneigentliches Integral erhalten, das existiert. Da für $x \geq 1$

$$0 < \frac{1}{x^2 + \sqrt{x}} \leq \frac{1}{x^2}$$

gilt und bekanntlich $\int_1^\infty \frac{1}{x^2}\,dx$ existiert, existiert nach dem Majorantenkriterium auch das uneigentliche Integral aus der Aufgabenstellung.

c) Wir schätzen den Integranden durch einen nichtnegativen Ausdruck nach unten ab und erhalten so ein uneigentliches Integral, von dem bekannt ist, dass es nicht existiert. Für $x \in (0, 1]$ gilt wegen $0 < \sin x \leq 1$

$$\frac{1}{x\sin x} \geq \frac{1}{x} > 0\,.$$

Da $\int_0^1 \frac{1}{x}\,dx$ nicht existiert, existiert nach dem Minorantenkriterium auch das uneigentliche Integral aus der Aufgabenstellung nicht.

Lösung zu Aufgabe B.9   (vgl. Aufgabe 10.5)
Zunächst stellen wir fest, dass die Funktion aus der Aufgabenstellung 2π-periodisch ist, sodass wir $T = 2\pi$ und $\omega = 1$ haben. Die Fourierkoeffizienten von f lassen sich aus dem Vergleich mit der allgemeinen Fourierreihe sofort ablesen. Hier benötigen wir nur $a_1 = -\frac{1}{3}$, denn es ist

$$a_1 = \frac{2}{2\pi} \int_0^{2\pi} f(x)\cos x\,dx = -\frac{1}{3}\,,$$

sodass

$$\int_0^{2\pi} f(x)\cos x\,dx = -\frac{\pi}{3}\,.$$

Zweite Beispielklausur

Die Klausur ist mit 30 von 60 Punkten bestanden. Zur Bearbeitung stehen 90 Minuten zur Verfügung.

Aufgaben

Aufgabe C.1 (7 Punkte)

Beweisen Sie mit vollständiger Induktion die folgende Aussage: Für alle $n \in \mathbb{N}$, $n \geq 2$, gilt

$$\sum_{k=2}^{n} \frac{k}{2^{k-1}} = 3 - \frac{n+2}{2^{n-1}} \,. \tag{C.1}$$

Aufgabe C.2 (8 Punkte)

Gegeben seien die beiden Potenzreihen

$$\sum_{k=1}^{\infty} \binom{3k}{k} (x-5)^{3k} \quad (x \in \mathbb{R}), \quad \sum_{k=1}^{\infty} \frac{(3k)^{3k}}{3^{3k+1}(3k)!} \, x^{k} \quad (x \in \mathbb{R}).$$

Bestimmen Sie jeweils den Konvergenzradius und untersuchen Sie auch die Konvergenz in $x = 1$.

Aufgabe C.3 (6 Punkte)

Untersuchen Sie die Folgen (a_n), (b_n) und (c_n) mit

$$a_n = n \left(\left(\frac{n}{n+1} \right)^{-3} - 1 \right), \quad b_n = \left(2 + \frac{1}{n+1} \right)^{2n+1}, \quad c_n = \frac{1}{\sqrt[n]{n} - 1}$$

auf Konvergenz und berechnen Sie gegebenenfalls den Grenzwert.

Aufgabe C.4 (5 Punkte)

Existiert das uneigentliche Integral

$$\int_{0}^{3} \frac{1}{(2-x)^2} \, \mathrm{d}x \, ?$$

Aufgabe C.5   (5 Punkte)

Zeigen Sie, dass die Funktion $f : \mathbb{R} \to \mathbb{R}$ mit

$$f(x) = 1 + x - \frac{1}{2}\sin x$$

auf ganz $\mathbb{R}$ umkehrbar ist und bestimmen Sie die Werte $f^{-1}(1)$ sowie $(f^{-1})'(1)$.

Aufgabe C.6   (8 Punkte)

Gegeben sei $f : [-1, 1] \to \mathbb{R}$ mit

$$f(x) = x^2 \left(1 - \frac{4}{3}x\right).$$

Bestimmen Sie den kleinsten und den größten Funktionswert von f.

Aufgabe C.7   (8 Punkte)

Gegeben sei die reelle Funktion $f = \frac{p}{q}$ mit den beiden Polynomen

$$p(x) = x^4 - 3x^3 - x^2 - 9x - 12 \quad \text{und} \quad q(x) = (x-1)(x-4)^2.$$

a) Bestimmen Sie den maximalen Definitionsbereich von f sowie die Nullstellen und deren Vielfachheit.

b) Zerlegen Sie f in die Summe aus einem Polynom und einer echt gebrochenrationalen Funktion.

Aufgabe C.8   (5 Punkte)

Sei $p = a_0 + a_1 x + \cdots + a_7 x^7$ mit $a_0, a_1, \ldots, a_7 \in \mathbb{R}$ und $a_7 \neq 0$. Wie viele verschiedene Nullstellen in $\mathbb{C}$ besitzt p höchstens? Wie viele verschiedene reelle Nullstellen besitzt p mindestens? Angenommen, i ist eine dreifache Nullstelle von p. Was kann dann über die restlichen Nullstellen ausgesagt werden?

Aufgabe C.9   (8 Punkte)

Bestimmen Sie das Taylorpolynom zweiten Grades für die Funktion

$$f : \mathbb{R} \to \mathbb{R}, \ f(x) = x^2 + \sin(1 - x),$$

mit dem Entwicklungspunkt $x_0 = 1$ und berechnen Sie mit Hilfe des Taylorpolynoms näherungsweise den Funktionswert an der Stelle $x = \frac{1}{2}$. Schätzen Sie das Restglied an dieser Stelle ab.

Lösungen

Lösung zu Aufgabe C.1 (vgl. Abschnitt 11)

Induktionsanfang: Wir setzen $n = 2$, denn wegen der Voraussetzung $n \geq 2$ ist dies der Anfang. Es gilt

$$\sum_{k=2}^{2} \frac{k}{2^{k-1}} = \frac{2}{2^{2-1}} = \frac{2}{2} = 1$$

sowie

$$3 - \frac{2+2}{2^{2-1}} = 3 - \frac{4}{2} = 1 \, ,$$

sodass die Beziehung (C.1) für $n = 2$ wahr ist.

Induktionsschritt: Wir nehmen jetzt an, die Beziehung (C.1) sei für $n = m$ wahr, sodass

$$\sum_{k=2}^{m} \frac{k}{2^{k-1}} = 3 - \frac{m+2}{2^{m-1}} \tag{C.2}$$

gilt. Wir zeigen, dass (C.1) auch dann wahr ist, wenn n durch $m+1$ ersetzt wird, also

$$\sum_{k=2}^{m+1} \frac{k}{2^{k-1}} = 3 - \frac{m+3}{2^m}$$

gilt. Wir beobachten, dass

$$\sum_{k=2}^{m+1} \frac{k}{2^{k-1}} = \sum_{k=2}^{m} \frac{k}{2^{k-1}} + \frac{m+1}{2^m} \overset{(C.2)}{=} 3 - \frac{m+2}{2^{m-1}} + \frac{m+1}{2^m}$$

$$= 3 - \frac{2(m+2) - (m+1)}{2^m} = 3 - \frac{m+3}{2^m} \, .$$

Das ist nichts anderes, als die Beziehung (C.1) für $n = m + 1$, womit der Induktionsschritt vollzogen ist.

Somit gilt (C.1) für alle natürlichen Zahlen $n \geq 2$.

Lösung zu Aufgabe C.2   (vgl. Abschnitt 2 und Aufgabe 1.6)

Für die erste Potenzreihe setzen wir $z = (x - 5)^3$ und untersuchen die Potenzreihe

$$\sum_{k=1}^{\infty} \binom{3k}{k} z^k \quad (z \in \mathbb{R}). \tag{C.3}$$

Wir beobachten mit $\binom{n}{k} = \frac{n!}{k!(n-k)!}$ und $a_k = \binom{3k}{k}$, dass

$$\left| \frac{a_{k+1}}{a_k} \right| = \frac{(3(k+1))!}{(k+1)!(3(k+1) - (k+1))!} \cdot \frac{k!(3k-k)!}{(3k)!}$$

$$= \frac{(3k+3)!}{(3k)!} \cdot \frac{k!}{(k+1)!} \cdot \frac{(2k)!}{(2k+2)!}$$

$$= \frac{(3k+3)(3k+2)(3k+1)}{(k+1)(2k+2)(2k+1)} = \frac{\left(3 + \frac{3}{k}\right)\left(3 + \frac{2}{k}\right)\left(3 + \frac{1}{k}\right)}{\left(1 + \frac{1}{k}\right)\left(2 + \frac{2}{k}\right)\left(2 + \frac{1}{k}\right)}.$$

Der Konvergenzradius von (C.3) lautet daher

$$\frac{1}{\lim\limits_{k \to \infty} \left| \frac{a_{k+1}}{a_k} \right|} = \frac{1}{\frac{3 \cdot 3 \cdot 3}{1 \cdot 2 \cdot 2}} = \frac{4}{27}.$$

Die Potenzreihe (C.3) konvergiert somit für alle $z \in \mathbb{R}$ mit $|z| < \frac{4}{27}$, jedoch nicht, wenn $|z| > \frac{4}{27}$. Wegen $z = (x - 5)^3$ konvergiert die Potenzreihe aus der Aufgabenstellung für alle $x \in \mathbb{R}$ mit

$$|(x - 5)^3| < \frac{4}{27}, \quad \text{d. h.} \quad |x - 5| < \frac{\sqrt[3]{4}}{3};$$

sie konvergiert jedoch nicht, wenn $|x - 5| > \frac{\sqrt[3]{4}}{3}$. Der Konvergenzradius der ersten Potenzreihe aus der Aufgabenstellung ist daher $R = \frac{\sqrt[3]{4}}{3}$. In $x = 1$ konvergiert sie nicht, denn

$$|1 - 5| = 4 > \frac{\sqrt[3]{4}}{3}.$$

Für die zweite Potenzreihe aus der Aufgabenstellung beobachten wir, dass

$$a_k = \frac{(3k)^{3k}}{3^{3k+1}(3k)!} = \frac{3^{3k} k^{3k}}{3 \cdot 3^{3k}(3k)!} = \frac{k^{3k}}{3 \cdot (3k)!}$$

und daher

$$\left|\frac{a_{k+1}}{a_k}\right| = \frac{(k+1)^{3(k+1)}}{(3(k+1))!} \cdot \frac{(3k)!}{k^{3k}} = \frac{(k+1)^3}{(3k+3)(3k+2)(3k+1)} \cdot \frac{(k+1)^{3k}}{k^{3k}}$$

$$= \frac{\left(1+\frac{1}{k}\right)^3}{\left(3+\frac{3}{k}\right)\left(3+\frac{2}{k}\right)\left(3+\frac{1}{k}\right)} \cdot \left(\frac{k+1}{k}\right)^{3k}$$

$$= \frac{\left(1+\frac{1}{k}\right)^3}{\left(3+\frac{3}{k}\right)\left(3+\frac{2}{k}\right)\left(3+\frac{1}{k}\right)} \cdot \left(\left(1+\frac{1}{k}\right)^k\right)^3$$

gilt. Der Konvergenzradius der zweiten Potenzreihe aus der Aufgabenstellung lautet somit

$$R = \frac{1}{\lim\limits_{k\to\infty}\left|\frac{a_{k+1}}{a_k}\right|} = \frac{1}{\frac{e^3}{3\cdot3\cdot3}} = \left(\frac{3}{e}\right)^3 .$$

Da $e < 3$, ist

$$|1| = 1 < \left(\frac{3}{e}\right)^3 ,$$

und die zweite Potenzreihe aus der Aufgabenstellung konvergiert für $x = 1$.

Lösung zu Aufgabe C.3   (vgl. Abschnitt 1)
Wir vereinfachen zunächst die Vorschrift zur Bildung der Folgenglieder a_n etwas,

$$a_n = n\left(\left(\frac{n}{n+1}\right)^{-3} - 1\right) = n\left(\left(\frac{n+1}{n}\right)^3 - 1\right)$$

$$= n\left(\left(1+\frac{1}{n}\right)^3 - 1\right) = n\left(1 + \frac{3}{n} + \frac{3}{n^2} + \frac{1}{n^3} - 1\right) = 3 + \frac{3}{n} + \frac{1}{n^2}.$$

Jetzt erkennen wir, dass

$$\lim_{n\to\infty} a_n = 3 + 0 + 0 = 3 .$$

Die zweite Folge (b_n) konvergiert nicht, denn es gilt für alle $n \in \mathbb{N}$

$$2 \le 2 + \frac{1}{n+1} \quad \text{und daher} \quad 2^{2n+1} \le \left(2 + \frac{1}{n+1}\right)^{2n+1} .$$

Da die Folge (2^{2n+1}) bestimmt divergent gegen ∞ ist, ist auch die Folge (b_n) nicht konvergent.

Zur Untersuchung der dritten Folge (c_n) bestimmen wir zuerst den Grenzwert der Folge ($\sqrt[n]{n}$). Da $\sqrt[n]{n} = \mathrm{e}^{n \ln n}$ und da wegen der Regel von l'Hospital gilt

$$\lim_{n \to \infty} \frac{\ln n}{n} = \lim_{n \to \infty} \frac{\frac{1}{n}}{1} = 0,$$

erhalten wir

$$\lim_{n \to \infty} \sqrt[n]{n} = \lim_{n \to \infty} \mathrm{e}^{n \ln n} = \mathrm{e}^0 = 1.$$

Daraus schließen wir, dass die Folge (c_n) nicht konvergent ist, sondern bestimmt divergent ∞.

Lösung zu Aufgabe C.4   (vgl. Abschnitt 9)

Der Integrand wird hier bei 2 unbeschränkt. Das gesuchte Integral existiert daher, wenn die beiden Grenzwerte

$$\lim_{a \to 2-} \int_0^a \frac{1}{(2-x)^2} \, \mathrm{d}x$$

und

$$\lim_{A \to 2+} \int_A^3 \frac{1}{(2-x)^2} \, \mathrm{d}x$$

existieren. Da aber schon

$$\int_0^a \frac{1}{(2-x)^2} \, \mathrm{d}x = \frac{1}{(2-x)} \bigg|_0^a = \frac{1}{(2-a)} - \frac{1}{2}$$

für $a \to 2-$ nicht existiert, existiert auch das Integral aus der Aufgabenstellung nicht.

Lösung zu Aufgabe C.5   (vgl. Aufgabe 5.7 und 5.8)

Es ist $f'(x) = 1 - \frac{1}{2} \cos x > 0$ für alle $x \in \mathbb{R}$, denn $-1 \leq \cos x \leq 1$. Daher ist f für alle $x \in \mathbb{R}$ streng monoton wachsend. Außerdem gilt

$$\lim_{x \to -\infty} f(x) = -\infty \, , \quad \lim_{x \to \infty} f(x) = \infty \, ,$$

und der Zwischenwertsatz zeigt, dass die stetige Funktion f alle reellen Zahlen als Wert annimmt. Die Funktion f ist also injektiv und surjektiv, folglich bijektiv und insbesondere auf ganz $\mathbb{R}$ umkehrbar. Der Wert $f^{-1}(1)$ ist gerade jenes Argument x von f, für das $f(x) = 1$, also

$$1 + x - \frac{1}{2}\sin x = 1$$

gilt. Diese Beziehung ist genau dann erfüllt, wenn $2x = \sin x$ gilt. Der einzige Schnittpunkt der Graphen der beiden Funktionen $y = 2x$ und $y = \sin x$ liegt aber in $x = 0$, sodass $f^{-1}(1) = 0$. Zur Berechnung von $\left(f^{-1}\right)'(1)$ beobachten wir, dass

$$\left(f^{-1}\right)'(1) = \frac{1}{f'(f^{-1}(1))} = \frac{1}{f'(0)} = \frac{1}{1 - \frac{1}{2}\cos 0} = \frac{1}{1 - \frac{1}{2}} = \frac{1}{\frac{1}{2}} = 2\,.$$

Lösung zu Aufgabe C.6   (vgl. Abschnitt 5)
Wir bestimmen zunächst die Nullstellen der ersten Ableitung von f,

$$f'(x) = 2x - 4x^2 \stackrel{!}{=} 0\,,$$

und erhalten als Nullstellen $x_1 = 0$ und $x_2 = \frac{1}{2}$. Da

$$f''(x) = 2 - 8x, \quad f''(0) = 2 \quad \text{und} \quad f''\left(\frac{1}{2}\right) = -2,$$

liegt in $x_1 = 0$ ein lokales Minimum und in $x_2 = \frac{1}{2}$ ein lokales Maximum vor mit den Funktionswerten

$$f(0) = 0 \quad \text{und} \quad f\left(\frac{1}{2}\right) = \frac{1}{12}\,.$$

Es sind noch die Funktionswerte am Rand des Definitionsbereichs zu bestimmen,

$$f(-1) = \frac{7}{3} \quad \text{und} \quad f(1) = -\frac{1}{3}\,.$$

Der größte Funktionswert auf $[-1, 1]$ ist also $\frac{7}{3}$, der kleinste $-\frac{1}{3}$.

Lösung zu Aufgabe C.7   (vgl. Abschnitt 4 und Aufgabe 8.7)
a) Der maximale Definitionsbereich einer gebrochenrationalen Funktion ist
ganz $\mathbb{R}$ ohne die *Polstellen*, also die Nullstellen des Nenners. Die Funktion
f aus der Aufgabenstellung können wir daher maximal auf $D = \mathbb{R} \setminus \{1, 4\}$
definieren, denn q hat die Nullstellen 1 und 4.

Die Nullstellen von f sind gerade jene Nullstellen von p, die im Definitionsbereich von f liegen. Durch „scharfes Hinsehen" oder Raten finden wir
die Nullstelle $x = -1$, denn

$$(-1)^4 - 3 \cdot (-1)^3 - (-1)^2 - 9 \cdot (-1) - 12 = 1 + 3 - 1 + 9 - 12 = 0.$$

Um die weiteren Nullstellen zu bestimmen, führen wir eine Polynomdivision
durch und teilen p durch $(x + 1)$. Wir erhalten

$$
\begin{array}{l}
(x^4 - 3x^3 - x^2 - 9x - 12) : (x + 1) = x^3 - 4x^2 + 3x - 12 \, , \\
\underline{-(x^4 + x^3)} \\
\qquad -4x^3 - x^2 \\
\qquad \underline{-(-4x^3 - 4x^2)} \\
\qquad\qquad 3x^2 - 9x \\
\qquad\qquad \underline{-(3x^2 + 3x)} \\
\qquad\qquad\qquad -12x - 12 \\
\qquad\qquad\qquad \underline{-(-12x - 12)} \\
\qquad\qquad\qquad\qquad 0
\end{array}
$$

sodass

$$p(x) = (x^3 - 4x^2 + 3x - 12)(x + 1) \, .$$

Wiederum durch „scharfes Hinsehen" oder Raten, wobei eine Skizze des un-
gefähren Verlaufs des Polynoms hilfreich ist, erhalten wir $x = 4$ als weitere
Nullstelle, denn

$$4^3 - 4 \cdot 4^2 + 3 \cdot 4 - 12 = 0 + 12 - 12 = 0.$$

Wir dividieren jetzt $x \mapsto x^3 - 4x^2 + 3x - 12$ durch $(x - 4)$,

$$
\begin{aligned}
(x^3 - 4x^2 + 3x - 12) &: (x - 4) = x^2 + 3 \\
\underline{-(x^3 - 4x^2)} & \\
0 + 3x - 12 & \\
\underline{-(3x - 12)} & \\
0 &
\end{aligned}
$$

und erhalten so

$$
p(x) = (x + 1)(x - 4)(x^2 + 3).
$$

Die beiden noch fehlenden Nullstellen von p lauten daher $i\sqrt{3}$ und $-i\sqrt{3}$. Nach alledem besitzt f die einfachen Nullstellen -1, $i\sqrt{3}$ und $-i\sqrt{3}$; 4 ist Polstelle und damit keine Nullstelle von f.

b) Aus Teilaufgabe a) wissen wir bereits, dass

$$
f(x) = \frac{(x + 1)(x - 4)(x^2 + 3)}{(x - 1)(x - 4)^2} = \frac{(x + 1)(x^2 + 3)}{(x - 1)(x - 4)}, \quad x \in \mathbb{R} \setminus \{1, 4\}.
$$

Wir führen daher die Polynomdivision von $x \mapsto (x + 1)(x^2 + 3) = x^3 + x^2 + 3x + 3$ durch $x \mapsto (x - 1)(x - 4) = x^2 - 5x + 4$ aus,

$$
\begin{aligned}
(x^3 + x^2 + 3x + 3) &: (x^2 - 5x + 4) = x + 6 + R, \\
\underline{-(x^3 - 5x^2 + 4x)} & \\
6x^2 - x + 3 & \\
\underline{-(6x^2 - 30x + 24)} & \\
29x - 21 &
\end{aligned}
$$

wobei $R = \frac{29x - 21}{x^2 - 5x + 4}$. Es folgt somit

$$
f(x) = \frac{(x + 1)(x^2 + 3)}{(x - 1)(x - 4)} = x + 6 + \frac{29x - 21}{x^2 - 5x + 4}.
$$

Lösung zu Aufgabe C.8   (vgl. Aufgabe 3.5)

Da p ein Polynom siebten Grades ist, wobei der Koeffizient der höchsten Potenz nicht verschwindet, besitzt p höchstens sieben paarweise verschiedene Nullstellen, die auch komplex sein können. Komplexe Nullstellen von Polynomen mit reellen Koeffizienten treten aber immer paarweise in der Gestalt auf, dass mit einer komplexen Zahl auch die zu ihr konjugiert komplexe Zahl eine Nullstelle ist. Somit muss mindestens eine der sieben Nullstellen reell sein. Da i eine dreifache Nullstelle ist, ist $-$i auch eine dreifache Nullstelle. Die siebte Nullstelle ist dann reell.

Lösung zu Aufgabe C.9   (vgl. Abschnitt 6)

Wegen

$$f'(x) = 2x - \cos(1 - x) \quad \text{und} \quad f''(x) = 2 - \sin(1 - x)$$

sowie

$$f(1) = 1, \quad f'(1) = 1, \quad f''(1) = 2,$$

lautet das gesuchte Taylorpolynom zweiten Grades

$$T_2(x) = f(1) + f'(1)(x - 1) + \frac{f''(1)}{2}(x - 1)^2$$
$$= 1 + (x - 1) + (x - 1)^2 = x^2 - x + 1.$$

Daher ist

$$f\left(\frac{1}{2}\right) \approx T_2\left(\frac{1}{2}\right) = \left(\frac{1}{2}\right)^2 - \frac{1}{2} + 1 = \frac{3}{4}.$$

Aus $f'''(x) = \cos(1 - x)$ folgt für das Restglied an der Stelle $x = \frac{1}{2}$

$$R_2\left(\frac{1}{2}\right) = \frac{f'''(\xi)}{3!}\left(\frac{1}{2} - 1\right)^2 = \frac{f'''(\xi)}{6}\left(-\frac{1}{2}\right)^2 = \frac{\cos(1 - \xi)}{24}.$$

Dabei ist ξ eine nicht näher bekannte Stelle zwischen dem Entwicklungspunkt $x_0 = 1$ und der Stelle $x = \frac{1}{2}$, das heißt $\xi \in (\frac{1}{2}, 1)$. Da stets $|\cos(1 - \xi)| \leq 1$ gilt, ist $|R_2(\frac{1}{2})| \leq \frac{1}{24}$. Somit folgt

$$\frac{3}{4} - \frac{1}{24} \leq f\left(\frac{1}{2}\right) \leq \frac{3}{4} + \frac{1}{24}$$

also

$$\frac{17}{24} \leq f\left(\frac{1}{2}\right) \leq \frac{19}{24}.$$

Dritte Beispielklausur

Diese Klausur enthält auch typische Aufgaben zu den Grundlagen der Linearen Algebra und Analytischen Geometrie. Sie ist mit 30 von 60 Punkten bestanden. Zur Bearbeitung stehen 90 Minuten zur Verfügung.

Aufgaben

Aufgabe D.1 (7 Punkte)

Bestimmen Sie alle lokalen und globalen Extrema der Funktion

$$f : \mathbb{R} \setminus \{-1\} \to \mathbb{R}, \; f(x) = \frac{3}{2}x^2 - 4x - \frac{4}{x+1} \, .$$

Aufgabe D.2 (6 Punkte)

Bestimmen Sie die Fourierreihe der 2π-periodischen Funktion

$$f : \mathbb{R} \to \mathbb{R}, \; f(x) = 2 + \cos^2 x \, .$$

Aufgabe D.3 (6 Punkte)

Untersuchen Sie die Folgen (a_n), (b_n) und (c_n) mit

$$a_n = \frac{n + (-1)^n}{n} \, , \quad b_n = \frac{n+3}{n^3} \, , \quad c_n = \frac{3^n}{n!} \tag{D.1}$$

auf Konvergenz und bestimmen Sie gegebenenfalls den Grenzwert.

Aufgabe D.4 (7 Punkte)

Für welche Werte $\alpha \in \mathbb{R}$ besitzt das lineare Gleichungssystem

$$
\begin{array}{rcrcrcl}
2x_1 + & x_2 & & & & = & 1 \\
4x_1 + & \alpha x_2 + & & x_3 & & = & 2 \\
6x_1 + & 3x_2 + & 3(\alpha - 2)(\alpha - 3)x_3 & & & = & 3(\alpha - 1)
\end{array}
$$

keine, genau eine bzw. unendlich viele Lösungen? Geben Sie, soweit das Gleichungssystem lösbar ist, sämtliche Lösungen an.

Aufgabe D.5 (6 Punkte)
Berechnen Sie das Integral

$$\int_1^2 \frac{x-1}{x^3+x^2}\, \mathrm{d}x\,.$$

Aufgabe D.6 (5 Punkte)
Die Funktionen $f, g : \mathbb{R} \to \mathbb{R}$ seien differenzierbar. Entscheiden Sie (ohne Begründung), ob folgende Aussagen wahr oder falsch sind.
a) Ist $f'(x_0) = 0$, dann hat f in x_0 ein lokales Extremum.
b) Ist f periodisch, dann ist auch f' periodisch.
c) Ist f streng monoton, dann ist auch f' streng monoton.
d) Ist f ungerade, dann ist f' gerade.
e) Gilt $f'(x) < g'(x)$ für alle $x \in \mathbb{R}$, dann folgt $f(x) < g(x)$ für alle $x \in \mathbb{R}$.

Aufgabe D.7 (8 Punkte)
Bestimmen Sie den Abstand zwischen der Ebene

$$E = \left\{ \begin{pmatrix} x \\ y \\ z \end{pmatrix} : \begin{pmatrix} x \\ y \\ z \end{pmatrix} = \begin{pmatrix} 0 \\ 0 \\ 1 \end{pmatrix} + s \begin{pmatrix} 1 \\ 1 \\ 0 \end{pmatrix} + t \begin{pmatrix} 0 \\ 1 \\ 2 \end{pmatrix}, s, t \in \mathbb{R} \right\}$$

und dem Nullpunkt. Berechnen Sie alle Schnittpunkte der Ebene E mit der Geraden

$$g = \left\{ \begin{pmatrix} x \\ y \\ z \end{pmatrix} : \begin{pmatrix} x \\ y \\ z \end{pmatrix} = \begin{pmatrix} 2 \\ -1 \\ 0 \end{pmatrix} + \lambda \begin{pmatrix} 1 \\ -1 \\ 1 \end{pmatrix}, \lambda \in \mathbb{R} \right\}.$$

Aufgabe D.8 (7 Punkte)
Bestimmen Sie Zeilenstufenform, Determinante und Rang der Matrix

$$A = \begin{pmatrix} 1 & 1 & -2 \\ -2 & 1 & 1 \\ 1 & -2 & 1 \end{pmatrix}.$$

Aufgabe D.9   (8 Punkte)

Bestimmen Sie alle Eigenwerte der Matrix

$$A = \begin{pmatrix} 0 & 6 & 0 \\ 2 & 4 & 0 \\ 0 & 1 & 5 \end{pmatrix}.$$

Bestimmen Sie alle Eigenvektoren der Matrix A zum kleinsten Eigenwert.

Lösungen

Lösung zu Aufgabe D.1   (vgl. Aufgabe 5.4)

Wir bestimmen für $x \in \mathbb{R} \setminus \{-1\}$ die erste und zweite Ableitung von f,

$$f'(x) = 3x - 4 + \frac{4}{(x+1)^2}, \quad f''(x) = 3 - \frac{8}{(x+1)^3}.$$

Die Nullstellen von f' sind die Lösungen der Gleichung

$$0 = 3x(x+1)^2 - 4(x+1)^2 + 4$$

$$= 3x^3 + 6x^2 + 3x - 4x^2 - 8x - 4 + 4 = 3x\left(x^2 + \frac{2}{3}x - \frac{5}{3}\right).$$

Offenbar ist $x_0 = 0$ eine der Nullstellen. Die beiden anderen ergeben sich als Nullstellen von $x \mapsto x^2 + \frac{2}{3}x - \frac{5}{3}$ zu

$$x_1 = -\frac{1}{3} + \sqrt{\frac{1}{9} + \frac{5}{3}} = -\frac{1}{3} + \sqrt{\frac{16}{9}} = 1, \quad x_2 = -\frac{1}{3} - \sqrt{\frac{1}{9} + \frac{5}{3}} = -\frac{5}{3}.$$

Wir setzen die Stellen $x_0 = 0$, $x_1 = 1$ und $x_2 = -\frac{5}{3}$ in die zweite Ableitung f'' ein,

$$f''(0) = 3 - \frac{8}{1} = -5 < 0, \quad f''(1) = 3 - \frac{8}{2^3} = 3 - 1 = 2 > 0 \quad \text{und}$$

$$f''\left(-\frac{5}{3}\right) = 3 - \frac{8}{\left(-\frac{5}{3} + 1\right)^3} = 3 - \frac{8}{-\frac{8}{27}} = 3 + 27 = 30 > 0.$$

Daher liegen lokale Minima in $x_1 = 1$ und in $x_2 = -\frac{5}{3}$ vor. Diese lauten $f(1) = -\frac{9}{2}$ und

$$f\left(-\frac{5}{3}\right) = \frac{3}{2} \cdot \left(-\frac{5}{3}\right)^2 - 4 \cdot \left(-\frac{5}{3}\right) - \frac{4}{-\frac{5}{3} + 1} = \frac{25}{6} + \frac{20}{3} - \frac{4}{-\frac{2}{3}} = \frac{101}{6}.$$

In $x_0 = 0$ besitzt f das lokale Maximum $f(0) = -4$.

Zum Schluss ist der Rand des Definitionsbereichs zu untersuchen. Da

$$\lim_{x \to -1+} f(x) = \lim_{x \to -1+} \left(\frac{3}{2}x^2 - 4x - \frac{4}{x+1} \right) = -\infty,$$

$$\lim_{x \to -1-} f(x) = \lim_{x \to -1-} \left(\frac{3}{2}x^2 - 4x - \frac{4}{x+1} \right) = \infty,$$

besitzt f kein globales Extremum; das Verhalten für $x \to \pm\infty$ braucht nicht mehr untersucht zu werden.

Lösung zu Aufgabe D.2   (vgl. Aufgabe 10.5)

Wir wollen zunächst das Quadrat des Kosinus durch eine einfachere trigonometrische Funktion ausdrücken. Es gilt

$$\cos^2 x = \frac{1}{2} \left(\cos(2x) + 1 \right) . \tag{D.2}$$

Diese Beziehung kann aus der Formel des Kosinus für den doppelten Winkel hergeleitet werden oder aber direkt aus dem Additionstheorem

$$\cos(x + y) = \cos x \cos y - \sin x \sin y , \quad x, y \in \mathbb{R} .$$

Mit $y = x$ erhalten wir wegen $\cos^2 x + \sin^2 x = 1$

$$\cos(2x) = \cos^2 x - \sin^2 x = 2 \cos^2 x - 1$$

und somit (D.2).

Wir können die Funktion f aus der Aufgabenstellung daher als ein trigonometrisches Polynom schreiben,

$$f(x) = 2 + \cos^2 x = 2 + \frac{1}{2} \left(\cos(2x) + 1 \right) = \frac{5}{2} + \frac{1}{2} \cos(2x) .$$

Damit ist aber auch zugleich die Fourierreihe von f gegeben.

Lösung zu Aufgabe D.3   (vgl. Abschnitt 1)

Es ist

$$\lim_{n \to \infty} a_n = \lim_{n \to \infty} \left(1 + \frac{(-1)^n}{n} \right) = 1 + 0 = 1 .$$

In ähnlicher Weise finden wir

$$\lim_{n\to\infty} b_n = \lim_{n\to\infty} \left(\frac{1}{n^2} + \frac{3}{n^3}\right) = 0 + 0 = 0.$$

Schließlich gilt für $n = 4, 5, \ldots$

$$0 \le c_n == \frac{3}{n} \cdot \frac{3}{n-1} \cdots \frac{3}{3} \cdot \frac{3}{2} \cdot \frac{3}{1} \le \frac{3}{n} \cdot 1 \cdots 1 \cdot \frac{3}{2} \cdot \frac{3}{1} = \frac{27}{2n},$$

und es folgt

$$\lim_{n\to\infty} c_n = 0,$$

wobei wir benutzt haben, dass die ersten Folgenglieder keinen Einfluss auf die Konvergenz haben.

Lösung zu Aufgabe D.4   (vgl. Aufgabe 12.3 und 12.4)
Wir benutzen das übliche Schema, um das Gleichungssystem in Zeilenstufenform zu bringen,

2	1	0	1	
4	α	1	2	$-2 \times$ erste Zeile
6	3	$3(\alpha-2)(\alpha-3)$	$3(\alpha-1)$	$-3 \times$ erste Zeile,

2	1	0	1
0	$\alpha - 2$	1	0
0	0	$3(\alpha-2)(\alpha-3)$	$3(\alpha-2).$

Betrachten wir zunächst den Fall $\alpha \in \mathbb{R} \setminus \{2,3\}$, so folgt aus der dritten Zeile $(\alpha-3)x_3 = 1$, also $x_3 = \frac{1}{\alpha-3}$. Die zweite Zeile ergibt dann $(\alpha-2)x_2 + \frac{1}{\alpha-3} = 0$ und daher $x_2 = -\frac{1}{(\alpha-2)(\alpha-3)}$. Aus der ersten Zeile schließlich folgt $2x_1 - \frac{1}{(\alpha-2)(\alpha-3)} = 1$, also $x_1 = \frac{1}{2} + \frac{1}{2(\alpha-2)(\alpha-3)}$. Die eindeutig bestimmte Lösung lautet daher

$$\left(\frac{1}{2} + \frac{1}{2(\alpha-2)(\alpha-3)}, -\frac{1}{(\alpha-2)(\alpha-3)}, \frac{1}{\alpha-3}\right)^{\mathsf{T}}, \quad \alpha \in \mathbb{R} \setminus \{2,3\}.$$

Für $\alpha = 2$ erhalten wir

2	1	0	1
0	0	1	0
0	0	0	0.

Die dritte Gleichung ist also stets erfüllt. Aus der zweiten Zeile folgt dann $x_3 = 0$ und aus der ersten $2x_1 + x_2 = 1$. Setzen wir $x_1 = t$ mit $t \in \mathbb{R}$ beliebig, so folgt $x_2 = 1 - 2t$. Als Lösungsmenge erhalten wir daher

$$L_2 = \left\{ (t, 1 - 2t, 0)^\mathsf{T} : t \in \mathbb{R} \right\}.$$

Ist $\alpha = 3$, so erhalten wir

$$
\begin{array}{ccc|c}
2 & 1 & 0 & 1 \\
0 & 1 & 1 & 0 \\
0 & 0 & 0 & 3.
\end{array}
$$

Die letzte Gleichung ist offenbar nie erfüllt, denn $0 \neq 3$. Folglich ist das Gleichungssystem aus der Aufgabenstellung für $\alpha = 3$ nicht lösbar.

Lösung zu Aufgabe D.5   (vgl. Abschnitt 8)
Wir führen für den Integranden eine Partialbruchzerlegung durch. Da 0 eine doppelte und -1 eine einfache Nullstelle des Nennerpolynoms ist, lautet unser Ansatz

$$\frac{x-1}{x^3 + x^2} = \frac{x-1}{x^2(x+1)} = \frac{A}{x} + \frac{B}{x^2} + \frac{C}{x+1}.$$

Multiplikation mit $x^2(x+1)$ liefert die Bedingung

$$x - 1 \stackrel{!}{=} Ax(x+1) + B(x+1) + Cx^2 = (A+C)x^2 + (A+B)x + B.$$

Aus dem Vergleich der Koeffizienten erhalten wir $B = -1$, $A+B = A-1 = 1$, also $A = 2$, und $A + C = 2 + C = 0$, also $C = -2$. Es folgt

$$
\begin{aligned}
\int_1^2 \frac{x-1}{x^3 + x^2}\, \mathrm{d}x &= \int_1^2 \frac{2}{x}\, \mathrm{d}x - \int_1^2 \frac{1}{x^2}\, \mathrm{d}x - \int_1^2 \frac{2}{x+1}\, \mathrm{d}x \\
&= \left(2\ln x + \frac{1}{x} - 2\ln(x+1) \right) \Big|_1^2 \\
&= 2\ln 2 + \frac{1}{2} - 2\ln 3 - 0 - 1 + 2\ln 2 \\
&= 4\ln 2 - 2\ln 3 - \frac{1}{2}.
\end{aligned}
$$

Lösung zu Aufgabe D.6   (vgl. Abschnitt 4, 5 und 10)
Wahr sind b) und d), falsch sind a), c) und e).

Wenngleich nicht gefordert, so geben wir doch eine kurze Begründung. Für
a) ist $f : \mathbb{R} \to \mathbb{R}$ mit $f(x) = x^3$ ein Gegenbeispiel. Für b) beobachten wir:
Ist $f : \mathbb{R} \to \mathbb{R}$ T-periodisch und differenzierbar, so gilt

$$f(x + T) = f(x), \quad \text{und daher} \quad f'(x + T) = f'(x),$$

sodass auch f' T-periodisch ist. Für c) ist $f : \mathbb{R} \to \mathbb{R}$ mit $f(x) = x$ ein
Gegenbeispiel. Die Aussage d) ist wahr, denn ist $f : \mathbb{R} \to \mathbb{R}$ gerade, so gilt

$$f(-x) = f(x), \quad \text{und daher} \quad -f'(-x) = f'(x),$$

sodass f' ungerade ist. Für f) ist mit $f : \mathbb{R} \to \mathbb{R}$, $f(x) = -x$, und $g : \mathbb{R} \to \mathbb{R}$, $g(x) = 0$, ein Gegenbeispiel gegeben.

Lösung zu Aufgabe D.7 (vgl. Aufgabe 14.2, 14.4 und 14.5)
Wir bestimmen zunächst einen Normalenvektor der Ebene E als Kreuzprodukt der beiden Richtungsvektoren,

$$\begin{pmatrix} 1 \\ 1 \\ 0 \end{pmatrix} \times \begin{pmatrix} 0 \\ 1 \\ 2 \end{pmatrix} = \begin{pmatrix} 1 \cdot 2 - 0 \cdot 1 \\ 0 \cdot 0 - 1 \cdot 2 \\ 1 \cdot 1 - 1 \cdot 0 \end{pmatrix} = \begin{pmatrix} 2 \\ -2 \\ 1 \end{pmatrix}.$$

Dieser Vektor hat die Länge $\sqrt{2^2 + (-2)^2 + 1^2} = 3$, sodass $\frac{1}{3}(2, -2, 1)^\mathsf{T}$ ein
Normaleneinheitsvektor ist. Der Abstand der Ebene zum Nullpunkt ergibt
sich nun aus dem Skalarprodukt des Normaleneinheitsvektors mit einem
vom Nullpunkt zur Ebene hinführenden Vektor,

$$\frac{1}{3}\begin{pmatrix} 2 & -2 & 1 \end{pmatrix} \cdot \begin{pmatrix} 0 \\ 0 \\ 1 \end{pmatrix} = \frac{1}{3}.$$

Wir kommen jetzt zur Berechnung der Schnittpunkte von E mit g. Da
Schnittpunkte $(x, y, z)^\mathsf{T}$ sowohl der Parameterdarstellung der Ebene E als
auch jener der Geraden g genügen, gilt

$$\begin{pmatrix} 0 \\ 0 \\ 1 \end{pmatrix} + s\begin{pmatrix} 1 \\ 1 \\ 0 \end{pmatrix} + t\begin{pmatrix} 0 \\ 1 \\ 2 \end{pmatrix} = \begin{pmatrix} 2 \\ -1 \\ 0 \end{pmatrix} + \lambda\begin{pmatrix} 1 \\ -1 \\ 1 \end{pmatrix}.$$

Das ist ein lineares Gleichungssystem zur Bestimmung der die Schnittpunkte charakterisierenden Parameter s, t, λ. Die Gleichungen lauten

$$s = 2 + \lambda, \quad s + t = -1 - \lambda, \quad 1 + 2t = \lambda.$$

Einsetzen der ersten in die zweite Gleichung führt zu $2 + \lambda + t = -1 - \lambda$, also $t = -3 - 2\lambda$. Mit der dritten Gleichung folgt dann $1 + 2(-3 - 2\lambda) = \lambda$, also $\lambda = -1$. Somit gibt es genau einen Schnittpunkt, nämlich den Punkt

$$
\begin{pmatrix} 2 \\ -1 \\ 0 \end{pmatrix} - \begin{pmatrix} 1 \\ -1 \\ 1 \end{pmatrix} = \begin{pmatrix} 1 \\ 0 \\ -1 \end{pmatrix}.
$$

Lösung zu Aufgabe D.8   (vgl. Aufgabe 12.5)
Mit dem üblichen Schema erhalten wir die Zeilenstufenform,

$$
\begin{array}{rrr}
1 & 1 & -2 \\
-2 & 1 & 1 \\
1 & -2 & 1
\end{array}
\quad
\begin{array}{l}
\\
+2 \times \text{erste Zeile} \\
-\text{erste Zeile,}
\end{array}
$$

$$
\begin{array}{rrr}
1 & 1 & -2 \\
0 & 3 & -3 \\
0 & -3 & 3
\end{array}
\quad
\begin{array}{l}
\\
\\
+\text{zweite Zeile,}
\end{array}
$$

$$
\begin{array}{rrr}
1 & 1 & -2 \\
0 & 3 & -3 \\
0 & 0 & 0.
\end{array}
$$

Bei einer quadratischen Matrix in Zeilenstufenform ergibt sich die Determinante als Produkt der Diagonalelemente; sie ist gleich $\det \boldsymbol{A}$, wenn Zeilen nicht oder nur in gerader Anzahl getauscht werden, sodass hier $\det \boldsymbol{A} = 1 \cdot 3 \cdot 0 = 0$ gilt. Der Rang ist 2, denn die zweite Zeile hat nicht nur Nulleinträge.

Lösung zu Aufgabe D.9   (vgl. Aufgabe 12.7 und 13.5)
Wir bestimmen zunächst die Nullstellen des charakteristischen Polynoms,

$$
0 \overset{!}{=} \det(\boldsymbol{A} - \lambda \boldsymbol{I}) = \det \begin{pmatrix} -\lambda & 6 & 0 \\ 2 & 4 - \lambda & 0 \\ 0 & 1 & 5 - \lambda \end{pmatrix}
$$
$$
= -\lambda(4 - \lambda)(5 - \lambda) - 12(5 - \lambda) = (-\lambda(4 - \lambda) - 12)(5 - \lambda)
$$
$$
= (\lambda^2 - 4\lambda - 12)(5 - \lambda).
$$

Zur Berechnung der Determinante haben wir dabei die Regel von Sarrus benutzt. Eine der Nullstellen und damit einer der Eigenwerte von A lautet offenbar 5. Die beiden anderen sind $2 + \sqrt{4 + 12} = 6$ und $2 - \sqrt{4 + 12} = -2$. Der kleinste Eigenwert ist somit -2.

Zur Bestimmung der Eigenvektoren zum Eigenwert -2 ist das homogene Gleichungssystem $(A + 2I)x = 0$ zu lösen. Nach dem üblichen Schema erhalten wir

$$
\begin{array}{ccc|c}
2 & 6 & 0 & 0 \\
2 & 6 & 0 & 0 \\
0 & 1 & 7 & 0
\end{array}
\quad
\begin{array}{l}
\\
-\text{erste Zeile} \\
\text{tausche mit der zweiten Zeile,}
\end{array}
$$

$$
\begin{array}{ccc|c}
2 & 6 & 0 & 0 \\
0 & 1 & 7 & 0 \\
0 & 0 & 0 & 0.
\end{array}
$$

Aus der dritten Zeile folgt, dass x_3 beliebig gewählt werden kann, wir schreiben $x_3 = t$ mit $t \in \mathbb{R}$. Die zweite Zeile ergibt dann $x_2 + 7t = 0$, also $x_2 = -7t$, und die erste Zeile $2x_1 - 6 \cdot 7t = 0$, also $x_1 = 21t$. Alle Eigenvektoren zum Eigenwert -2 erhalten wir daher durch

$$
t \begin{pmatrix} 21 \\ -7 \\ 1 \end{pmatrix}, \quad t \in \mathbb{R} \setminus \{0\}.
$$

Literaturverzeichnis

[1] R. ANSORGE und H. J. OBERLE. *Mathematik für Ingenieure, Band 1: Lineare Algebra und analytische Geometrie, Differential- und Integralrechnung einer Variablen.* Wiley-VCH, Weinheim, 3., überarb. Auflage, 2000.

[2] H. J. BARTSCH. *Taschenbuch mathematischer Formeln.* Fachbuchverlag Leipzig im Carl Hanser Verlag, 21. Auflage, 2007.

[3] G. BÄRWOLFF. *Höhere Mathematik für Naturwissenschaftler und Ingenieure.* Spektrum Akademischer Verlag, München, Heidelberg, 2. Auflage, 2006.

[4] D. A. BERNSTEIN und T. D. BORKOVEC. *Entspannungs-Training: Handbuch der progressiven Muskelentspannung nach Jacobson.* Klett-Cotta, Stuttgart, 11. Auflage, 2004.

[5] W. BRAUCH, H.-J. DREYER und W. HAACKE. *Mathematik für Ingenieure.* Teubner, Stuttgart, 11., durchges. Auflage, 2006.

[6] K. BURG, H. HAF und F. WILLE. *Höhere Mathematik für Ingenieure, Band I: Analysis.* Teubner, Stuttgart, 7., überarb. u. erw. Auflage, 2006.

[7] A. DUMA. *Kompaktkurs Mathematik für Ingenieure und Naturwissenschaftler.* Springer, Berlin, 2002.

[8] K. DÜRRSCHNABEL. *Mathematik für Ingenieure: Eine Einführung mit Anwendungs- und Alltagsbeispielen.* Teubner, Stuttgart, 2004.

[9] K. ENDL und W. LUH. *Analysis, Band 1 und 2.* AULA-Verlag, Wiesbaden, 9. und 7. Auflage, 1989.

[10] J. ERVEN und D. SCHWÄGERL. *Mathematik für Ingenieure.* Oldenbourg Wissenschaftsverlag, München, 2., überarb. u. erw. Auflage, 2002.

[11] J. ERVEN und D. SCHWÄGERL. *Übungsbuch zur Mathematik für Ingenieure.* Oldenbourg Wissenschaftsverlag, München, 2002.

[12] D. FERUS. Analysis I für Ingenieure. Skript zur gleichnamigen Vorlesung, TU Berlin, Institut für Mathematik, 2006. Siehe auch [48].

[13] A. FETZER und H. FRÄNKEL. *Mathematik 1: Lehrbuch für ingenieurwissenschaftliche Studiengänge.* Springer, Berlin, 9., bearb. Auflage, 2007.

[14] P. FURLAN. *Das gelbe Rechenbuch 1 und 2 für Ingenieure, Naturwissenschaftler und Mathematiker.* M. Furlan, Dortmund, 1995.

[15] W. GELLERT et al., Hrsg. *Kleine Enzyklopädie Mathematik.* Bibliographisches Institut, Leipzig, 13. Auflage, 1986.

[16] B. GEUENICH et al. *Das große Buch der Lerntechniken.* Compact, München, 2005.

[17] H. GRÜNN. *Einfach zuhören und die Angst besiegen.* Lange Media, Düsseldorf, 2002. Als Audio-CD oder -kassette.

[18] H. GRÜNN. *Einfach zuhören und leichter lernen.* Lange Media, Düsseldorf, 2002. Als Audio-CD oder -kassette.

[19] N. M. GÜNTER und R. O. KUSMIN. *Aufgabensammlung zur höheren Mathematik, Band 1 und 2.* Harri Deutsch, Frankfurt a. M., 13. und 9. Auflage, 1993.

[20] A. HOFFMANN, B. MARX und W. VOGT. *Mathematik für Ingenieure 1: Lineare Algebra, Analysis – Theorie und Numerik.* Addison Wesley in Pearson Studium, München, 2005.

[21] B. HOFFMANN. *Handbuch Autogenes Training: Grundlagen, Technik, Anwendung.* dtv, München, 14. Auflage, 2000.

[22] JIAO GUORUI. *Qigong Yangsheng: Chinesische Übungen zur Stärkung der Lebenskraft.* Fischer, 7. Auflage, 2003.

[23] A. KEMNITZ. *Mathematik zum Studienbeginn: Grundlagenwissen für alle technischen, mathematisch-naturwissenschaftlichen und wirtschaftswissenschaftlichen Studiengänge.* Vieweg, Wiesbaden, 6., überarb. Auflage, 1998.

[24] M. KNORRENSCHILD. *Vorkurs Mathematik: Ein Übungsbuch für Fachhochschulen.* Fachbuchverlag Leipzig im Carl Hanser Verlag, 2004.

[25] W. T. KÜSTENMACHER, H. PARTOLL und I. WAGNER. *Mathe macchiato: Cartoon-Mathematikkurs für Schüler und Studenten.* Addison Wesley in Pearson Studium, München, 2003.

[26] W. LEUPOLD. *Mathematik – ein Studienbuch für Ingenieure, Band 1 und 2.* Fachbuchverlag Leipzig im Carl Hanser Verlag, 2. Auflage, 2004 und 2006.

[27] H. LINDEMANN. *Autogenes Training: Der bewährte Weg zur Entspannung.* Mosaik bei Goldmann, München, 2004.

[28] W. LUH und M. WIESSNER. *Aufgabensammlung Analysis, Band 1 und 2.* AULA-Verlag, Wiesbaden, 1991 und 1992.

[29] V. MEHRMANN et al. Lineare Algebra für Ingenieure. Skript zur gleichnamigen Vorlesung, TU Berlin, Institut für Mathematik, 2006. Siehe auch [48].

[30] W. METZIG und M. SCHUSTER. *Lernen zu lernen: Lernstrategien wirkungsvoll einsetzen.* Springer, Berlin, 7., verb. Auflage, 2006.

[31] W. METZIG und M. SCHUSTER. *Prüfungsangst und Lampenfieber: Bewertungssituationen vorbereiten und meistern.* Springer, Berlin, 3., aktualisierte Auflage, 2006.

[32] K. MEYBERG und P. VACHENAUER. *Höhere Mathematik 1: Differential- und Integralrechnung, Vektor- und Matrizenrechnung.* Springer, Berlin, 6., korr. Nachdr., 2003.

[33] H. J. OBERLE, K. ROTHE und T. SONAR. *Mathematik für Ingenieure, Band 3: Aufgaben und Lösungen.* Wiley-VCH, Weinheim, 2000.

[34] L. PAPULA. *Mathematik für Ingenieure und Naturwissenschaftler, Band 1: Ein Lehr- und Arbeitsbuch für das Grundstudium.* Vieweg, Wiesbaden, 10. Auflage, 2001.

[35] L. PAPULA. *Mathematik für Ingenieure und Naturwissenschaftler – Anwendungsbeispiele: Aufgabenstellungen aus Naturwissenschaft und Technik mit ausführlichen Lösungen.* Vieweg, Wiesbaden, 5., erw. Auflage, 2004.

[36] L. PAPULA. *Mathematik für Ingenieure und Naturwissenschaftler – Klausur- und Übungsaufgaben: Über 600 Aufgaben zum Selbststudium und zur Vorbereitung auf die Prüfung.* Vieweg, Wiesbaden, 2., durchges. u. erw. Auflage, 2007.

[37] H. PARTOLL und I. WAGNER. *Mathe macchiato Analysis: Differential- und Integralrechnung mit Cartoons für Abitur und Universität.* Addison Wesley in Pearson Studium, München, 2005.

[38] W. PREUSS und G. WENISCH, Hrsg. *Lehr- und Übungsbuch Mathematik, Band 1 und 2.* Fachbuchverlag Leipzig im Carl Hanser Verlag, 2. und 3. Auflage, 2003.

[39] T. RIESSINGER. *Mathematik für Ingenieure: Eine anschauliche Einführung für das praxisorientierte Studium.* Springer, Berlin, 6. Auflage, 2007.

[40] T. RIESSINGER. *Übungsaufgaben zur Mathematik für Ingenieure: Mit durchgerechneten und erklärten Lösungen.* Springer, Berlin, 3. Auflage, 2007.

[41] M. SCHERFNER und T. SENKBEIL. *Lineare Algebra für das erste Semester.* Addison Wesley in Pearson Studium, München, 2006.

[42] W. SCHIROTZEK und S. SCHOLZ. *Starthilfe Mathematik. Für Studienanfänger der Ingenieur-, Natur- und Wirtschaftswissenschaften.* Teubner, Stuttgart, 5., durchges. Auflage, 2005.

[43] D. SCHOTT. *Ingenieurmathematik mit MATLAB.* Fachbuchverlag Leipzig im Carl Hanser Verlag, 2004.

[44] W. STRAMPP. *Analysis mit Mathematica und Maple: Repetitorium und Aufgaben mit Lösungen.* Vieweg, Wiesbaden, 1999.

[45] K. V. FINCKENSTEIN et al. *Arbeitsbuch Mathematik für Ingenieure, Band I: Analysis und Lineare Algebra.* Teubner, Stuttgart, 4. Auflage, 2006.

[46] T. WESTERMANN. *Mathematik für Ingenieure mit Maple, Band 1.* Springer, Berlin, 4., neu bearb. Auflage, 2005.

[47] E. ZEIDLER, Hrsg. *Teubner-Taschenbuch der Mathematik.* Teubner, Stuttgart, 2., durchges. Auflage, 2003.

[48] Internetseite des MOSES-Projekts an der TU Berlin, Institut für Mathematik. www.moses.tu-berlin.de/Mathematik/.

Symbolverzeichnis

$\mathbb{N}, \mathbb{Z}, \mathbb{R}, \mathbb{C}$	Menge der natürliche Zahlen (einschließlich 0), Menge der ganzen, rellen, komplexen Zahlen
$\{\ldots\}$	Menge von Elementen, z. B. ist $\{1,2,3\}$ die Menge der Zahlen 1, 2 und 3
$x \in A,\ x \notin A$	x ist Element, nicht Element der Menge A, z. B. $1 \in \{1,2\}$, $3 \notin \{1,2\}$
$\ldots \subset \ldots$	Teilmenge, z. B. gilt $\{1\} \subset \{1,2,3\}$, als auch $\{1,2\} \subset \{1,2\}$
$\ldots \setminus \ldots$	Mengendifferenz, z. B. ist $\mathbb{R} \setminus \{2\}$ die Menge aller reellen Zahlen ungleich 2
$p \Rightarrow q$	Aus p folgt q.
$[a,b]$	Abgeschlossenes Intervall, $[a,b] = \{x \in \mathbb{R} : a \leq x \leq b\}$
$(a,b],\ [a,b)$	Halboffene Intervalle, $(a,b] = \{x \in \mathbb{R} : a < x \leq b\}$, $[a,b) = \{x \in \mathbb{R} : a \leq x < b\}$
(a,b)	Offenes Intervall, $(a,b) = \{x \in \mathbb{R} : a < x < b\}$ Bei offenen Intervallgrenzen sind auch $-\infty$ und ∞ erlaubt.
$n!$	Fakultät, $n! = n(n-1)(n-2)\cdots 1$
$\binom{n}{k}$	Binomialkoeffizient „n über k" $\binom{n}{k} = \frac{n!}{k!(n-k)!} = \frac{n(n-1)\cdots(n-k+1)}{k(k-1)\cdots 1}$
$\lvert z \rvert,\ \lvert \boldsymbol{a} \rvert$	Betrag der Zahl z, Länge des Vektors $\boldsymbol{a}$
$\sum\limits_{j=1}^{n} a_j$	Summe über a_j von $j=1$ bis n, $\sum\limits_{j=1}^{n} a_j = a_1 + a_2 + \cdots + a_n$, z. B. $\sum\limits_{k=0}^{n} k^2 = 0^2 + 1^2 + 2^2 7 + \cdots + n^2$, $\sum\limits_{k=0}^{0} k^2 = 0^2 = 0$
$\mapsto$	Zuordnungsvorschrift, z. B. bedeutet $x \mapsto x^2$, jedem x wird x^2 zugeordnet
$f : D \to W$	Abbildung f des Definitionsbereichs D in die Menge W
f^{-1}	Umkehrfunktion
$\lim\limits_{n \to \infty} a_n$	Grenzwert der Folge (a_n)
$\lim\limits_{x \to x_0} f(x)$	Grenzwert von $f(x)$ für x gegen x_0
$\lim\limits_{x \to x_0+} f(x)$	Rechtsseitiger Grenzwert von $f(x)$ für x gegen x_0
$\lim\limits_{x \to x_0-} f(x)$	Linksseitiger Grenzwert von $f(x)$ für x gegen x_0
$\boldsymbol{A}^{\mathsf{T}},\ \boldsymbol{A}^{-1},\ \boldsymbol{I}$	Transponierte, Inverse einer Matrix $\boldsymbol{A}$, Einheitsmatrix $\boldsymbol{I}$, die Einheitsmatrix wird auch mit $\boldsymbol{E}$ bezeichnet

Sachwortverzeichnis

In der Regel sind nur jene Fundstellen aufgeführt, an denen der Begriff erstmalig erklärt wird. Sachwörter aus den beiden Abschnitten Prüfungsvorbereitung und Lernen sowie Prüfungsangst wurden nicht aufgenommen.

Rechengesetze

$\sqrt[n]{x} = x^{\frac{1}{n}}$, $\frac{1}{x^a} = x^{-a}$, $a^x = e^{\ln a \cdot x}$

Binomische Formeln

$(a \pm b)^2 = a^2 \pm 2ab + b^2$

$(a + b)(a - b) = a^2 - b^2$

Quadratische Gleichung

$x^2 + px + q = 0 \Rightarrow x_{1,2} = -\frac{p}{2} \pm \sqrt{\frac{p^2}{4} - q}$

Biquadratische Gleichung

$z^4 + pz^2 + q = 0$, $x = z^2 \Rightarrow x^2 + px + q = 0$

Grenzwerte ($a > 0$)

$\lim\limits_{x \to \infty} \frac{x^a}{e^x} = 0$, $\lim\limits_{n \to \infty} \sqrt[n]{a} = 1$, $\lim\limits_{n \to \infty} \sqrt[n]{n} = 1$,

$\lim\limits_{x \to \infty} \frac{\ln x}{x^a} = 0$, $\lim\limits_{z \to \infty} \left(1 + \frac{1}{z}\right)^z = e$,

$\lim\limits_{n \to \infty} \frac{1}{n^a} = 0$, $\lim\limits_{x \to \pm\infty} \arctan x = \pm\frac{\pi}{2}$

Funktion	Ableitung
$ax + b$	a
x^a	ax^{a-1}
$\ln x$	$\frac{1}{x}$
e^x	e^x
$\sin x$	$\cos x$
$\cos x$	$-\sin x$
$\tan x$	$\frac{1}{\cos^2 x} = 1 + \tan^2 x$
$\arctan x$	$\frac{1}{1+x^2}$
$f^{-1}(\cdot)$	$\frac{1}{f'(f^{-1}(\cdot))}$
$u \pm v$	$u' \pm v'$
$u \cdot v$	$u'v + uv'$
$\frac{u}{v}$	$\frac{u'v - uv'}{v^2}$
$u(v(x))$	$u'(v(x)) \cdot v'(x)$

Regel von l'Hospital

$\lim\limits_{x \to \alpha} \frac{f(x)}{g(x)} = \lim\limits_{x \to \alpha} \frac{f'(x)}{g'(x)}$,

wenn $\frac{f(x)}{g(x)} = \frac{0}{0}, \frac{\pm\infty}{\pm\infty}$

(ggf. mehrfach)

Vollständige Induktion

Induktionsanfang: Aussage für $n = 0$ (oder $n = n_0$) hinschreiben und zeigen, dass sie gilt.

Induktionsschritt: Aussage für $n = m$ sei wahr, Aussage für $n = m$ hinschreiben. (∗)

Dann Aussage für $n = m + 1$ hinschreiben und mit (∗) beweisen.

Partielle Integration

$\int_a^b uv' \mathrm{d}x = uv\big|_a^b - \int_a^b u'v \mathrm{d}x$

Substitution $t = g(x), x = g^{-1}(t), \mathrm{d}t = g'(x)\mathrm{d}x$

$\int_{x=a}^b f(x)\mathrm{d}x = \int_{t=g^{-1}(a)}^{t=g^{-1}(b)} f(g^{-1}(t))(g^{-1})'(t)\mathrm{d}t$

Reihe $\sum_{k=k_0}^\infty a_k = \lim_{n \to \infty} \left(\sum_{k=k_0}^n a_k\right)$ konvergiert, wenn $\lim_{k \to \infty} \left|\frac{a_{k+1}}{a_k}\right| < 1$

(a_k) keine Nullfolge oder $\lim_{k \to \infty} \left|\frac{a_{k+1}}{a_k}\right| > 1 \Rightarrow$ keine Konvergenz

$0 \leq |a_k| \leq b_k$ und $\sum_{k=k_0}^\infty b_k$ konvergiert $\Rightarrow \sum_{k=k_0}^\infty a_k$ konvergiert

$0 \leq b_k \leq a_k$ und $\sum_{k=k_0}^\infty b_k$ konv. nicht $\Rightarrow \sum_{k=k_0}^\infty a_k$ konv. nicht

alternierende Reihe konvergiert, wenn Glieder monotone Nullfolge bilden

$\sum_{k=0}^\infty q^k = \frac{1}{1-q}$ ($|q| < 1$), $\sum_{k=1}^\infty \frac{1}{k^\alpha}$ ($\alpha > 1$), $\sum_{k=1}^\infty \frac{(-1)^{k+1}}{k^\alpha}$ ($\alpha > 0$) konv.

$\sum_{k=0}^\infty q^k$ ($|q| \geq 1$), $\sum_{k=1}^\infty \frac{1}{k^\alpha}$ ($\alpha \leq 1$) nicht konvergent

Potenzreihe $\sum_{k=k_0}^\infty a_k(x - x_0)^k$ konvergiert, wenn $|x - x_0| < R$; konv. nicht,

wenn $|x - x_0| > R$; Randpunkte mit $|x - x_0| = R$ extra; $R = 1/\lim_{k \to \infty} \left|\frac{a_{k+1}}{a_k}\right|$

Uneigentliches Integral $\int_a^\infty f(x)\mathrm{d}x = \lim_{A \to \infty} \int_a^A f(x)\mathrm{d}x$

$0 \leq |f(x)| \leq g(x)$ und $\int_a^\infty g(x)\mathrm{d}x$ existiert $\Rightarrow \int_a^\infty f(x)\mathrm{d}x$ existiert

$0 \leq g(x) \leq f(x)$ und $\int_a^\infty g(x)\mathrm{d}x$ ex. nicht $\Rightarrow \int_a^\infty f(x)\mathrm{d}x$ ex. nicht

Partialbruchzerlegung

Nenner	Ansatz
$x - a$	$\frac{A}{x-a}$
$(x - a)^2$	$\frac{A}{x-a} + \frac{B}{(x-a)^2}$
$(x - u)^2 + v^2$	$\frac{Ax+B}{(x-u)^2+v^2}$

Funktion $f : \mathbb{R} \to \mathbb{R}$ bzw. $f : D \to W$

gerade: $f(-x) = f(x)$
ungerade: $f(-x) = -f(x)$
surjektiv: zu $w \in W$ ex. $d \in D$ mit $f(d) = w$
injektiv: $c, d \in D$, $c \neq d \Rightarrow f(c) \neq f(d)$
bijektiv: injektiv und surjektiv

Stetigkeit

$$f(x) = \begin{cases} f_l(x), & \text{falls } x < x_0 \\ f_0, & \text{falls } x = x_0 \\ f_r(x), & \text{falls } x > x_0 \end{cases}$$

stetig in x_0, wenn

f_l stetig auf $(-\infty, x_0)$,
f_r stetig auf (x_0, ∞) und
$$\lim_{x \to x_0-} f_l(x) = \lim_{x \to x_0+} f_r(x) = f_0$$

Differenzierbarkeit

$f : (a, b) \to \mathbb{R}$ in $x_0 \in (a, b)$
differenzierbar, wenn
$f'(x_0) = \lim\limits_{x \to x_0} \frac{f(x)-f(x_0)}{x-x_0}$ ex.

Extrema von $f : D \to \mathbb{R}$ (D sei Intervall)

lokales Max (Min) im Innern von D: $f'(x_0) = 0$
und $f''(x_0) < 0 \ (> 0)$; Rand von D untersuchen
globales Max (Min) ist größtes (kleinstes) lok.
Max (Min); kein globales, wenn f unbeschränkt

Taylorpolynom

$T_n(x) = f(x_0) + f'(x_0)(x - x_0) + \frac{f''(x_0)}{2!}(x - x_0)^2 + \ldots + \frac{f^{(n)}(x_0)}{n!}(x - x_0)^n$ mit **Restglied** $R_n(x) = f(x) - T_n(x) = \frac{f^{(n+1)}(\xi)}{(n+1)!}(x - x_0)^{n+1}$,
ξ zwischen x und x_0 unbekannt; oft ist $|R_n(x)|$ abzuschätzen

Fourierreihe der T-periodischen Funktion $f : \mathbb{R} \to \mathbb{R}$, $f(x + T) = f(x)$

$\frac{a_0}{2} + \sum_{k=1}^{\infty}(a_k \cos(k\omega x) + b_k \sin(k\omega x)) = \sum_{k=-\infty}^{\infty} c_k e^{ik\omega x}$, $\omega = \frac{2\pi}{T}$
$a_k = \frac{2}{T}\int_0^T f(x)\cos(k\omega x)\mathrm{d}x$, $b_k = \frac{2}{T}\int_0^T f(x)\sin(k\omega x)\mathrm{d}x$, $c_k = \frac{1}{T}\int_0^T f(x)e^{-ik\omega x}\mathrm{d}x$
f gerade $\Rightarrow b_k = 0$, f ungerade $\Rightarrow a_k = 0$; f stückweise monoton, stetig $\Rightarrow$
Fourierreihe konvergiert an Stetigkeitsstellen gegen f, an Sprungstellen gegen
arithmetisches Mittel aus links- und rechtsseitigem Grenzwert

x	0	$\frac{\pi}{6}$	$\frac{\pi}{4}$	$\frac{\pi}{3}$	$\frac{\pi}{2}$	$\frac{2\pi}{3}$	$\frac{3\pi}{4}$	$\frac{5\pi}{6}$	π	$\frac{3\pi}{2}$	$\pi = 180°$
$\sin x$	0	$\frac{1}{2}$	$\frac{\sqrt{2}}{2}$	$\frac{\sqrt{3}}{2}$	1	$\frac{\sqrt{3}}{2}$	$\frac{\sqrt{2}}{2}$	$\frac{1}{2}$	0	-1	$\frac{\pi}{2} = 90°$
$\cos x$	1	$\frac{\sqrt{3}}{2}$	$\frac{\sqrt{2}}{2}$	$\frac{1}{2}$	0	$-\frac{1}{2}$	$-\frac{\sqrt{2}}{2}$	$-\frac{\sqrt{3}}{2}$	-1	0	$\tan x = \frac{\sin x}{\cos x}$
$\tan x$	0	$\frac{\sqrt{3}}{3}$	1	$\sqrt{3}$	$-$	$-\sqrt{3}$	-1	$-\frac{\sqrt{3}}{3}$	0	$-$	$\cot x = \frac{1}{\tan x}$

$\sin(x \pm y) = \sin x \cos y \pm \sin y \cos x$, $\cos(x \pm y) = \cos x \cos y \mp \sin x \sin y$

Komplexe Zahl $z = a + ib = re^{i\varphi} = r(\cos\varphi + i\sin\varphi)$ mit $r = |z|$ und

$$|z| = \sqrt{a^2 + b^2}, \quad \varphi = \arg z = \begin{cases} \arctan\frac{b}{a}, & \text{falls } a > 0 \text{ und } b \geq 0, \\ 2\pi + \arctan\frac{b}{a}, & \text{falls } a > 0 \text{ und } b < 0, \\ \pi + \arctan\frac{b}{a}, & \text{falls } a < 0, \end{cases}$$

$\varphi = \frac{\pi}{2}$, falls $a = 0$, $b > 0$, und $\varphi = \frac{3\pi}{2}$, falls $a = 0$, $b < 0$. Es gilt $\overline{z} = a - ib = re^{-i\varphi}$, $z^\alpha = r^\alpha e^{i\alpha\varphi}$. Brüche werden mit der zum Nenner konjugiert komplexen Zahl erweitert. Die n Lösungen von $z^n = v$ mit $v = se^{i\psi}$ lauten

$$z_k = \sqrt[n]{s} \cdot e^{i\varphi_k} \quad \text{mit} \quad \varphi_k = \frac{\psi}{n} + (k - 1)\cdot\frac{2\pi}{n}, \quad k = 1, 2, \ldots, n.$$